高职高专"十三五"规划教材

# 石油加工
# 虚拟仿真操作

李萍萍　主编　　　　孙士铸　主审

化学工业出版社

·北京·

《石油加工虚拟仿真操作》充分结合石油加工生产实际，在介绍炼油装置虚拟化工仿真系统的基础上，重点介绍常减压、催化裂化、加氢裂化、催化重整、延迟焦化等典型炼油装置的工艺流程、控制指标、仿真操作方法等内容。

　　本教材可作为职业院校化工类专业以及相关专业炼油装置仿真教学教材，也可供石油化工企业操作工、技术人员参考。

**图书在版编目（CIP）数据**

石油加工虚拟仿真操作/李萍萍主编. —北京：化学工业出版社，2019.7（2025.10重印）
高职高专"十三五"规划教材
ISBN 978-7-122-34287-4

Ⅰ.①石⋯　Ⅱ.①李⋯　Ⅲ.①石油炼制-高等职业教育-教材　Ⅳ.①TE62

中国版本图书馆 CIP 数据核字（2019）第 067792 号

---

责任编辑：张双进　　　　　　　　　　文字编辑：李　玥
责任校对：王鹏飞　　　　　　　　　　装帧设计：王晓宇

---

出版发行：化学工业出版社（北京市东城区青年湖南街 13 号　邮政编码 100011）
印　　装：北京科印技术咨询服务有限公司数码印刷分部
787mm×1092mm　1/16　印张 11¼　字数 283 千字　　2025 年 10 月北京第 1 版第 4 次印刷

---

购书咨询：010-64518888　　　　　　　售后服务：010-64518899
网　　址：http://www.cip.com.cn
凡购买本书，如有缺损质量问题，本社销售中心负责调换。

---

定　　价：35.00 元

# 前 言
PREFACE

  本教材从最新高等职业教育化工技术类专业人才培养目标出发，以培养学生的岗位能力为重点，突出职业性、实践性、开放性的原则，结合生产企业实际设置内容，具有很强的实用性。

  虚拟化工仿真系统是以真实工厂为原型开发研制的虚拟化仿真系统，是科技与实践相结合，计算机科学、控制科学、化工科学相结合，学校与工厂相结合的高新科技产品。它是可以实现单人独立操作、内外操联合操作以及3D漫游等功能的虚拟仿真软件。

  《石油加工虚拟仿真操作》在介绍炼油装置虚拟化工仿真系统的基础上，重点介绍常减压、催化裂化、加氢裂化、催化重整、延迟焦化等典型炼油装置的工艺流程、控制指标、仿真操作方法等内容。将典型炼油装置的运行、操作、控制、典型案例等引入课堂，让"虚拟生产"进入课堂中，真实模拟工厂中内操作员（DCS操作员）与外操作员（装置现场操作员）协作，内操作员完成电动阀门操作，外操作员按照内操作员指令完成手动阀门操作，展现了真实工厂的工作环境和工作流程。本书可作为职业院校化工类专业以及相关专业炼油装置仿真教学教材，也可供石油化工企业操作工、技术人员参考。

  本教材由东营职业学院李萍萍主编，孙士铸主审。本书第一章、第二章由东营职业学院李萍萍编写，第三章、第四章由东营职业学院张颖编写，第五章、第六章、第七章由东营职业学院刘鹏鹏编写。本书在编写过程中得到了秦皇岛博赫科技开发有限公司、化学工业出版社、富海集团及合作院校的大力支持，在此表示衷心的感谢！本书在编写过程中参考了大量的文献资料，在此特向文献资料的作者一并表示感谢！

  限于编者对职教教改的理解和教学经验，书中难免存在不妥之处，恳请读者批评指正，不胜感谢。

编者

2018 年 12 月

# 目录
CONTENTS

# 第一部分

## 基础知识

**软件简介**

虚拟化工仿真系统（virtual chemical industrialized emulational system，VCIES）分为两个子系统，分别为虚拟现实系统（virtual reality system，VRS）和集散控制系统（distributed control system，DCS）。

在 VRS 系统中，采用三维虚拟现实场景设计技术，按照真实工厂设备进行仿真建模，依据设备布局图进行场景布局，将真实工厂在计算机中再现，满足用户无法进入真实工厂却又需要进入真实工厂实践的需求。

在 DCS 系统中，以真实工艺指标为标准，结合真实工艺流程，模拟真实工厂的工作状况，设置了工厂装置的冷态开车、正常运行、正常停车、紧急停车、事故处理等功能状态。通过学习，学生可为将来入厂后操作 DCS 奠定良好基础。

在 VCIES 系统中，实现了 VRS 与 DCS 交互功能，真实模拟工厂中内操作员（DCS 操作员）与外操作员（装置现场操作员）协作，内操作员完成电动阀门操作，外操作员按照内操作员指令完成手动阀门操作，展现了真实工厂的工作环境和工作流程。

VCIES 基于实际工厂，却又高于实际工厂，使用户足不出户即可进入"真实工厂"，节省了用户的时间和经费，达到事半功倍的效果。

# 第一章

# 教师站使用手册

## 一、启动教师站

化工仿真教师站软件安装完毕，自动在"桌面"和"开始菜单"生成快捷图标。启动化工仿真教师站的过程如下。

① 双击桌面快捷图标。

② 通过"开始菜单—所有程序—博赫化工仿真软件—××××装置仿真系统教师站"启动软件。

教师站启动之后，出现如图 1-1 所示界面，教师站主要用于显示当前在线的学员信息、切换到学员站监控学生的操作情况、建立主机开启联网运行模式以及查看并修改学生成绩。

图 1-1　教师站主界面

## 二、教师站功能介绍

### 1. 学员站点监控

点击站点信息界面的"查看"按钮切换到该站点的监控界面，如图 1-2 所示。关闭该界面即可切换回教师站主界面。

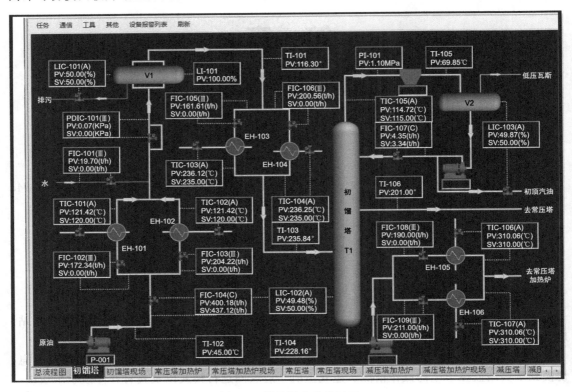

图 1-2　学员站点监控界面

### 2. 开启联网模式

点击主界面的"开启联网模式"按钮，弹出联网模式选项窗口，如图 1-3 所示。单击"关闭"按钮则放弃操作返回主界面。

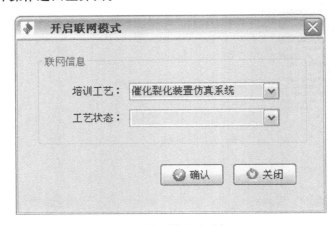

图 1-3　联网模式选项窗口

### 3. 成绩管理

成绩管理包括成绩查询和成绩修改功能，点击主界面的"查看学生成绩"按钮，弹出查看学生成绩窗口，如图 1-4 所示。

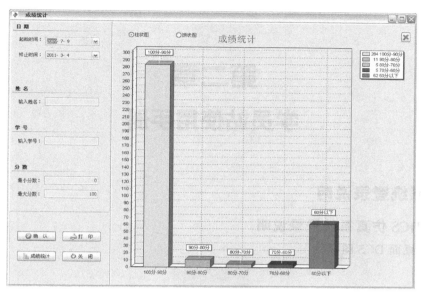

图 1-4　查看学生成绩窗口

可点击下方的排列顺序中的按钮对成绩进行排序，也可在查询中输入要查询的学生姓名进行成绩查询，点击查询后，查询结果显示在列表中。单击"修改成绩"按钮，弹出修改成绩窗口，如图 1-5 所示。

图 1-5　修改成绩窗口

输入总成绩后单击"确认"按钮即可保存成绩，单击"关闭"按钮返回查看成绩窗口。

# 第二章
## 学员站使用手册

## 一、系统登录说明

### (一) DCS 仿真系统登录说明

① 双击桌面 DCS 图标：

② 在内操作员处输入学员组号、学号、姓名。组号以小写 n 开头接 100 以内数字，如 n1、n2……（外操工厂端组号以 w 开头，接与内操相对应的 100 以内的数字，如 n1 对 w1、n2 对 w2……内外操为一组），内操作员信息输入界面如图 2-1 所示。

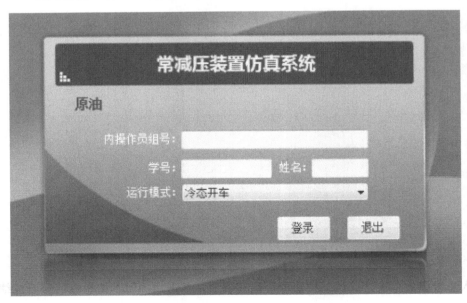

图 2-1　内操作员信息输入界面

③ 在运行模式下拉选框中，单击冷态开车，如图 2-2 所示。

④ 单击运行模式下方的"登录"按钮，如图 2-3 所示。

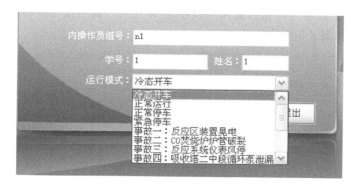

图 2-2 运行模式选择界面

图 2-3 内操作员登录界面

## （二）VRS 仿真系统登录说明

① 双击桌面图标：

② 进入 VRS 系统登录界面，如图 2-4 所示。

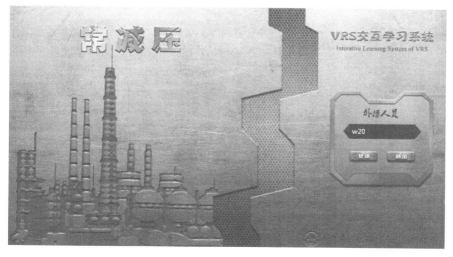

图 2-4 VRS 系统登录界面

③ 输入外操人员账号（外操人员账号以小写 w 开头，其后接 100 以内的数字），点击登录，进入主界面，如图 2-5 所示。

图 2-5　VRS 系统主界面

## 二、系统功能介绍

### （一）DCS 仿真系统功能

#### 1. 任务—提交考核

DCS 操作全部完成后，点击工具栏中"任务"菜单下的"提交考核"，系统操作结束并显示操作评分，如图 2-6 所示。

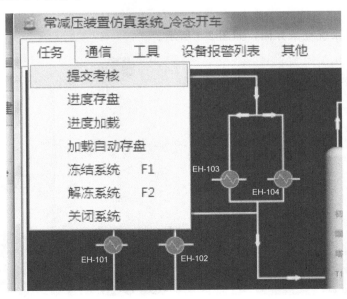

图 2-6　提交考核窗口

## 2. 任务—进度存盘

当操作未完成，需要保存操作进度时，点击工具栏中"任务"菜单下的"进度存盘"，如图 2-7 所示；在弹出的 DCS 工作进度文件保存对话框中记录文件名并点击"保存"，如图 2-8 所示。

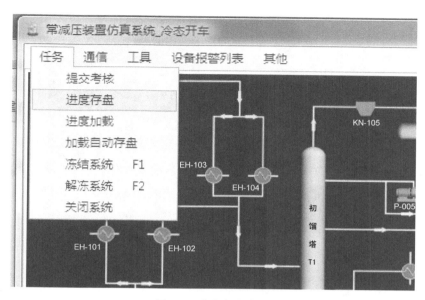

图 2-7 进度存盘窗口

图 2-8 DCS 工作进度文件保存对话框

## 3. 任务—进度加载

当需要从保存的进度开始操作时，点击工具栏中"任务"菜单下的"进度加载"，如图 2-9 所示；在弹出的选择 DCS 工作进度文件对话框中找到保存进度的文件并点击"打开"，如图 2-10 所示。

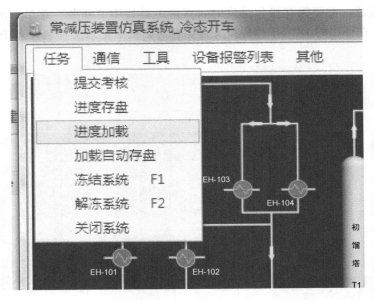

图 2-9　进度加载窗口

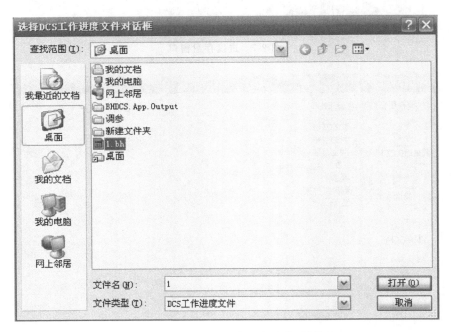

图 2-10　选择 DCS 工作进度文件对话框

### 4. 任务—加载自动存盘

点击工具栏中"任务"菜单下的"加载自动存盘"，可以读取系统最近自动存储的数据，以防止断电等原因对操作造成的影响，如图 2-11 所示。

### 5. 任务—冻结系统/解冻系统

当需要暂停操作进度时，点击工具栏中"任务"菜单下的"冻结系统"，系统即被冻结，保持当前操作状态；当系统冻结后要继续进行操作时，点击工具栏中"任务"菜单下的"解冻系统"，系统即被解冻，可以继续进行操作，如图 2-12 所示。

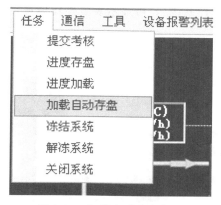

图 2-11　加载自动存盘窗口

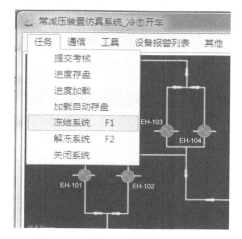

图 2-12　冻结系统/解冻系统窗口

### 6. 任务—关闭系统

无数据保存将系统关闭。

### 7. 通信—VRS 仿真现场通讯

点击"通信"菜单下的"VRS 仿真现场通讯"，可通过 DCS 软件对相对应的 VRS 仿真系统进行操作，如图 2-13 所示。

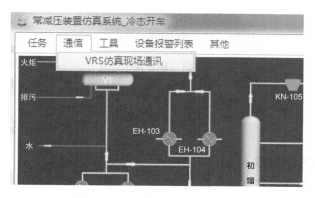

图 2-13　VRS 仿真现场通讯窗口

### 8. 工具—智能考评系统

点击工具栏中的"智能考评系统"，可显示装置操作信息，如图 2-14、图 2-15 所示。

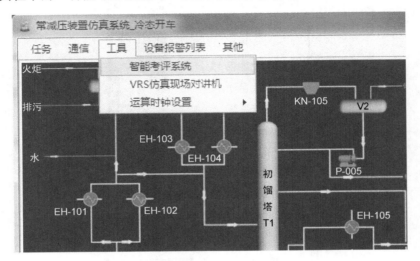

图 2-14　智能考评系统窗口

图 2-15　装置操作信息

### 9. 工具—VRS 仿真现场对讲机

点击"工具"菜单下的"VRS 仿真现场对讲机"，可与 VRS 仿真现场进行实时对讲，如图 2-16、图 2-17 所示。

### 10. 工具—运算时钟设置

点击"工具"菜单下的"运算时钟设置"，可调整反应速度，减少不必要的等待时间或因参数变化快误操作，如图 2-18 所示。

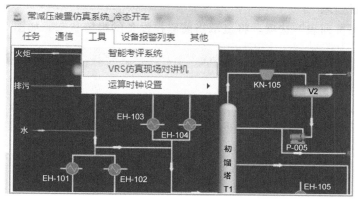

图 2-16 VRS 仿真现场对讲机窗口

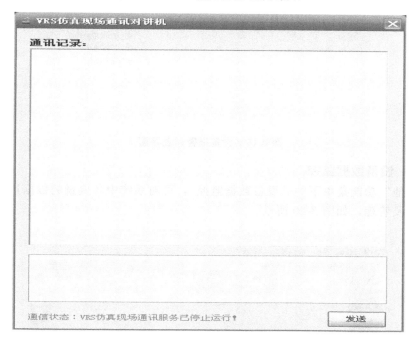

图 2-17 VRS 仿真现场对讲机操作界面

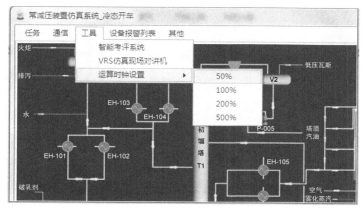

图 2-18 运算时钟设置界面

## 11. 设备报警列表

点击“设备报警列表”选项，将显示当前监控设备的报警状态，如图 2-19 所示。

| 控件名称 | 是否报警 | 最小报警值 | 最大报警值 | 当前PV | 备注 |
|---|---|---|---|---|---|
| TIC-201 | 未报警 | 25 | 800 | 25 | 常压塔加热炉炉膛温度 |
| LIC-102 | 未报警 | 0 | 70 | 0 | 初馏塔塔釜液位 |
| LIC-103 | 未报警 | 0 | 80 | 0 | 初馏塔顶回流罐液位 |
| TIC-105 | 未报警 | 25 | 125 | 25 | 初馏塔塔顶温度 |
| LIC-305 | 未报警 | 0 | 70 | 0 | 常压塔塔釜液位 |
| LIC-101 | 未报警 | 0 | 65 | 0 | 电脱盐罐水面液位 |
| TIC-202 | 未报警 | 25 | 500 | 25 | 常压塔加热炉出口温度 |
| TIC-401 | 未报警 | 25 | 800 | 25 | 减压塔加热炉炉膛温度 |
| TIC-402 | 未报警 | 25 | 500 | 25 | 减压塔加热炉出口温度 |
| TIC-503 | 未报警 | 25 | 80 | 25 | 减压塔塔顶温度 |
| LIC-301 | 未报警 | 0 | 80 | 0 | 常压塔塔顶回流罐液位 |
| TIC-303 | 未报警 | 25 | 125 | 25 | 常压塔塔顶温度 |
| LIC-505 | 未报警 | 0 | 80 | 0 | 减压塔塔釜液位 |

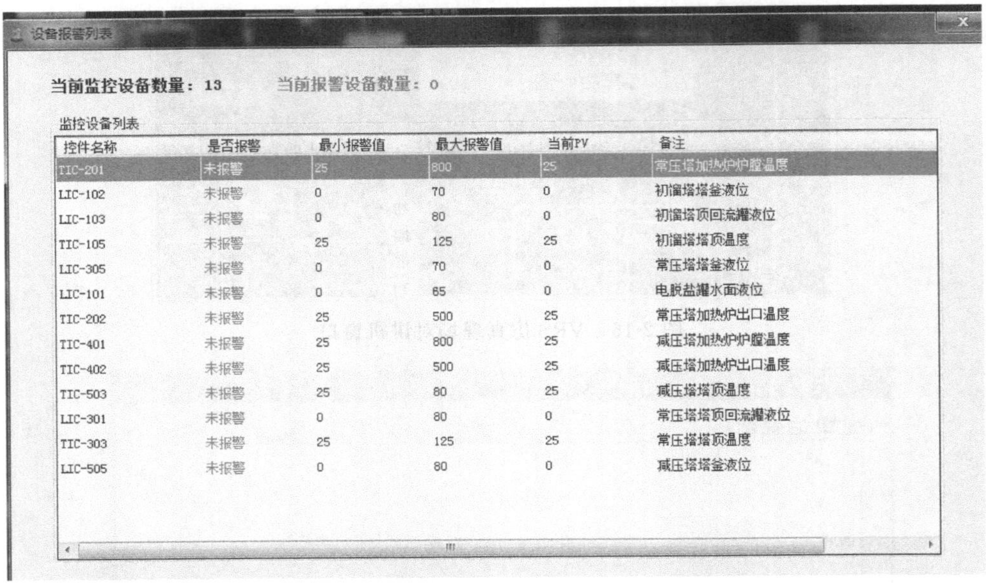

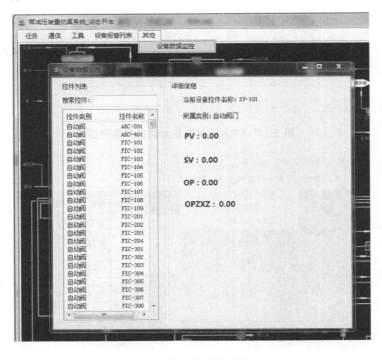

图 2-19　设备报警列表界面

## 12. 其他—设备数据监控

点击“其他”功能菜单下的“设备数据监控”，可对系统中各变量的数据进行实时监控，便于对比分析及管理，如图 2-20 所示。

图 2-20　设备数据监控窗口

## （二）VRS 仿真系统功能

### 1. 冷态开车/正常停车/紧急停车/事故处理

点击冷态开车等模式，开始进行装置操作，此时弹出通信显示和对话内容，如图 2-21 所示。

图 2-21　VRS 仿真系统冷态开车界面

### 2. 操作帮助

操作帮助界面如图 2-22 所示。

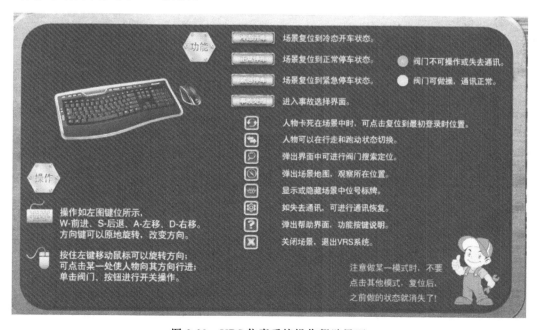

图 2-22　VRS 仿真系统操作帮助界面

### 3. 人物复位

在工厂中人物卡死在场景中时，可点击复位使其回到初始位置。

### 4. 退出系统

操作完成后点击退出可退出 VRS 仿真系统。

### 5. 装置地图

打开装置地图，可以查看操作人物在工厂中的位置。地图可以放大或者缩小。再次点击图标可关闭地图，如图 2-23 所示。

图 2-23　VRS 仿真系统装置地图界面

### 6. 行进方式切换

人物的行进方式可以为行走和跑动，点击图标可以相互切换，如图 2-24、图 2-25 所示。

图 2-24　行走行进方式

图 2-25　跑动行进方式

## 7. 背景音乐开关

系统中自带背景音乐，通过点击图标可以进行打开和关闭操作。

### 8. 标牌显示

阀门标牌显示与不显示可以进行切换，以增加难度和考验操作人员对工厂的熟悉程度，如图 2-26、图 2-27 所示。

图 2-26　阀门标牌显示切换

图 2-27　阀门标牌不显示切换

## （三）交互功能介绍

### 1. 确定操作步骤

DCS端通过"智能考评系统"查看操作步骤，确定进行哪步操作，如图2-28所示。

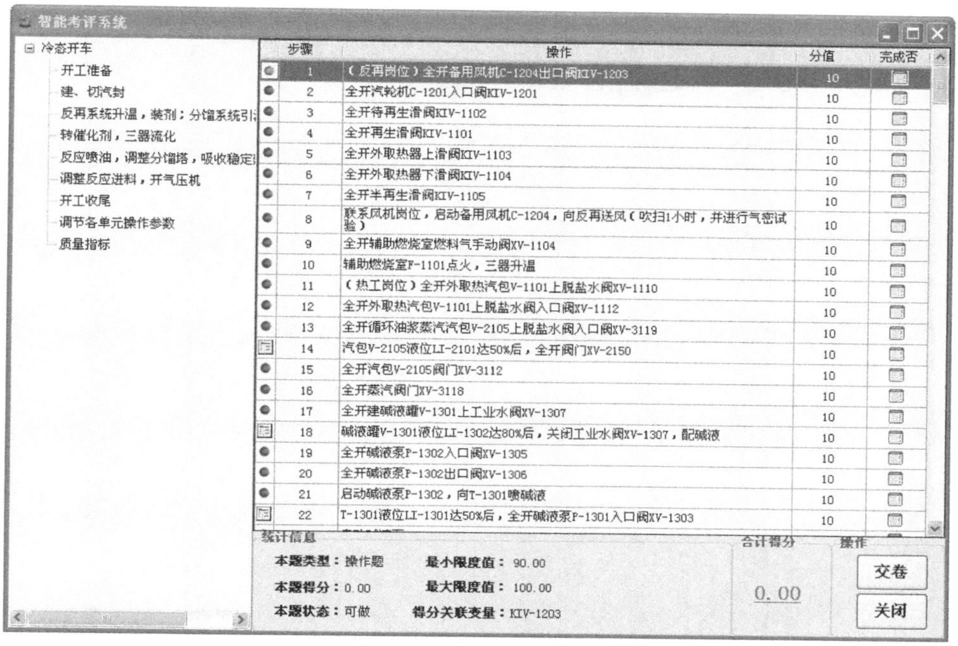

图2-28　交互操作窗口

注：1. 在本图内浅灰色小圆点为当前可操作步骤；深灰色为不可操作步骤，当浅灰色小圆点对应的步骤完成后（不可做步骤满足条件后），该步变为可操作步骤。

2. 如在小圆点位置出现如下所示图标：

表明该步骤答题条件对数值有要求，需提前监控相应参数的PV值。

3. 如在小圆点位置出现如下所示图标：

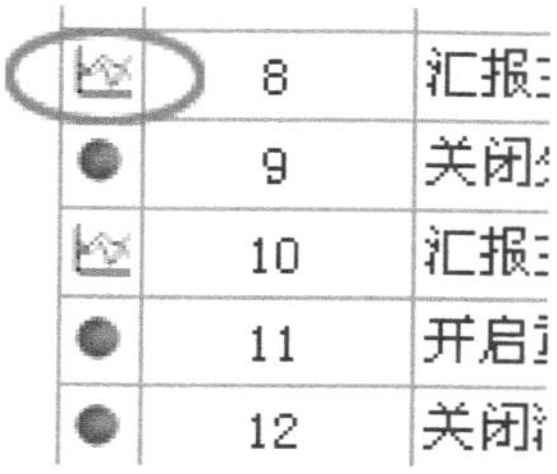

表明该步骤为确认、汇报或监测质量指标等内容，不需要操作任何控件。

4. 完成当前步骤并正确，"完成否"列打钩；错误"完成否"列打叉。

5. 左侧树形列表为当前运行模式及工段。

6. 下方最小限度值、最大限度值为当前操作步骤正确取值范围和题型得分状态等。

## 2. 向外操发送操作指令

双击已选定的操作步骤或手动输入操作指令，点击"发送"，如图 2-29 所示。

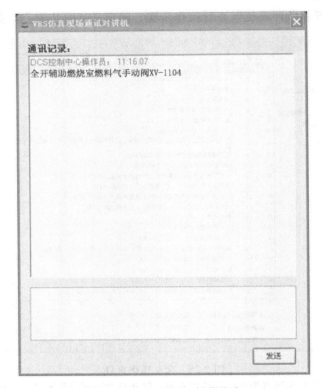

图 2-29　向外操发送操作指令

## 3. 外操进行操作

外操接到通知并对相应阀门进行相应操作，如图 2-30 所示。

图 2-30　外操进行操作

#### 4. 内外操交互操作

通知内操循序操作进行交互，如图 2-31 所示。

图 2-31　内外操交互操作

### （四）注意事项

① 外操与内操进行交互时，VRS 系统中的功能操作界面中，头像小光条为绿色可以进行阀门开关操作，如果其变为红色说明不可进行阀门开关操作。在红色光条状态下，其他阀门是不可操作的，如图 2-32 所示。

图 2-32　VRS 系统阀门开关操作

② 外操选择冷态开车时，内操也应选择冷态开车，同理外操选择紧急停车时，内操也需要选择紧急停车，即外操的操作模式要与内操一致，否则通信会发生错误。

③ 内操切换模式时，需要退出当前系统重新登录，选择相应的运行模式；外操切换模式时只需要重新点击功能面板上的对应模式按钮即可进行模式切换，进行对应的数据和阀门初始化。

# 第二部分

## 装置操作

# 第三章

## 常减压蒸馏装置

### 【工艺流程】

本系统为秦皇岛博赫科技开发有限公司以真实常减压装置为原型开发研制的虚拟化工仿真系统，本装置主要分为常压蒸馏、减压蒸馏等工艺过程。

图 3-1 是原油常减压蒸馏工艺总流程图。原油经原油泵送入装置，到装置内经两路换热

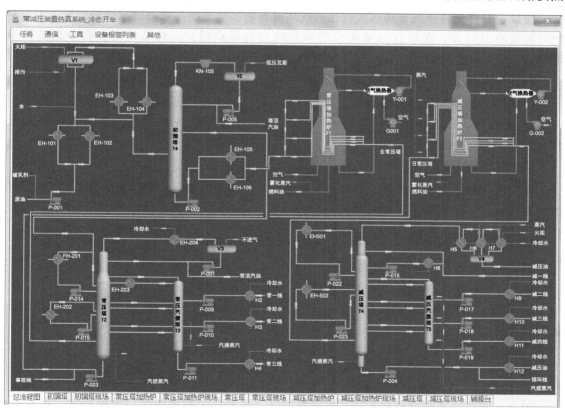

图 3-1　原油常减压蒸馏工艺总流程图

器，换热至120℃加入精制水和破乳剂，经混合后进入电脱盐脱水器（V1），在高压交流电场作用下使混悬在原油中的微小液滴逐步扩大成较大液滴，借助重力合并成水层，将水及溶解在水中的盐、杂质等脱除。经脱盐脱水后的原油换热至235℃，进入初馏塔（T1），塔顶拔出轻汽油，塔底拔顶原油经换热和常压炉（F1）加热到368℃进入常压分馏塔（T2），分出汽油、煤油、轻柴油、重柴油馏分，经电化学精制后作为成品出厂。常压分馏塔塔底重油经减压炉（F2）加热至395℃进入减压分馏塔（T4），在残压为2～8kPa下，分馏出各种减压馏分，作润滑油馏分或催化裂化、加氢裂化等装置的原料。减压渣油经换热冷却后作为燃料油或经换热后作为焦化、催化裂化、氧化沥青等装置的原料。

### 【工艺原理】

炼油厂经常遇到烃类混合物的分离问题。分离烃类混合物的方法很多，最常用的方法是分馏。分馏是在分馏塔内进行的，它是一种物理分离过程。

烃类混合物能够用分馏方法进行分离的根本原因是烃类混合物内部各组分的沸点不同。因此，在受热时轻组分（低沸点组分）优先汽化，在冷凝时重组分（高沸点组分）优先冷凝。这就是分馏的根本依据。

将混合液体不断加热，使它不断地部分汽化，剩余在最后液相中的主要是沸点最高的组分。将含有汽油、煤油、柴油、蜡油等的气相混合物逐渐冷凝（或称部分冷凝），首先冷凝的是沸点较高的蜡油组分，而留在气相中的是汽油、煤油、柴油组分的混合物。再将这些气体混合物冷凝，则又有沸点较高的柴油组分被冷凝。这样把气体混合物进行多次部分冷凝，剩在最后气体中的是沸点较低的汽油及气体。

所以，只要把液体混合物多次汽化，气体混合物多次冷凝，就可以在最后的气相中得到较纯的低沸点组分，在最后的液相中得到较纯的高沸点组分。这就是混合物分离的简单原理。

### 【任务描述】

① 图3-1是原油常减压蒸馏工艺总流程图，在A3图纸上绘制该工艺流程图。

② 根据图3-1回答问题：原油常减压蒸馏工艺主要设备有哪些？各设备的作用是什么？

### 【知识拓展】

要完成任务描述中的任务，必须了解化工工艺流程图的相关规定，认识化工工艺流程图的相关内容。下面就来学习相关知识。

## 一、带控制点的工艺流程图的内容

图3-2为带控制点的工艺流程图。

由图3-2可知，带控制点的工艺流程图一般包括以下内容。

① 图形　应画出全部设备的示意图和各种物料的流程线以及阀门、管件、仪表控制点的符号等。

② 标注　注写设备位号及名称、管段编号、控制点及必要的说明等。

③ 图例　说明阀门、管件、控制点等符号的意义。

④ 标题栏　注写图名、图号及签字等。

因此在阅读或绘制带控制点的工艺流程图时，就必须了解图样所用图纸幅面、标题栏、标注、图例等相关知识。

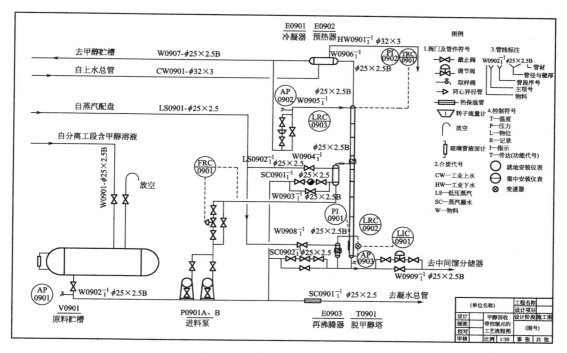

图 3-2　带控制点的工艺流程图

# 二、化工工艺流程图的一般规定

## （一）图纸幅面及格式

国家标准（GB/T 14689—2008）规定的图纸幅面有五种，其尺寸见表 3-1。必要时也允许加长幅面，但应按基本幅面的短边整数倍增加。化工工艺流程图常采用 A1、A2 两种幅面形式。

表 3-1　图纸基本幅面尺寸　　　　　　　　　　单位：mm

| 幅面代号 | A0 | A1 | A2 | A3 | A4 |
|---|---|---|---|---|---|
| $B×L$ | 841×1189 | 594×841 | 420×594 | 297×420 | 210×297 |
| $e$ | | | 25 | | |
| $c$ | | 10 | | 5 | |
| $c$ | | 20 | | 10 | |

图纸上应使用中粗实线（线宽为 0.5mm 或 0.7mm）画出图框，其格式分为留装订边和不留装订边两种。

不留装订边的图框格式如图 3-3 所示。留装订边的图框格式如图 3-4 所示。

## （二）标题栏

每张图纸都必须按规定（GB/T 10609.1—2008）画出标题栏与明细栏，作业中可按表 3-2 所示的标题栏与明细栏绘制。而化工工艺设计施工图的标题栏与明细栏应按表 3-3 所示的标题栏与明细栏绘制。

标题栏应画在图纸的右下角，并使底边和右边与图框线（也用中粗实线）绘制重合，标题栏中的文字方向通常为看图方向。

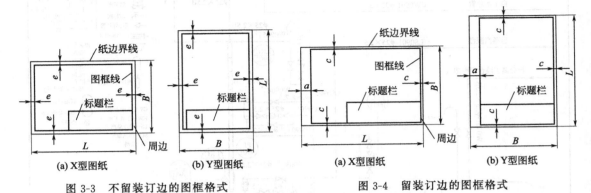

(a) X型图纸　　(b) Y型图纸　　(a) X型图纸　　(b) Y型图纸

图 3-3　不留装订边的图框格式　　　图 3-4　留装订边的图框格式

**表 3-2　作业用装配图标题栏与明细栏格式**

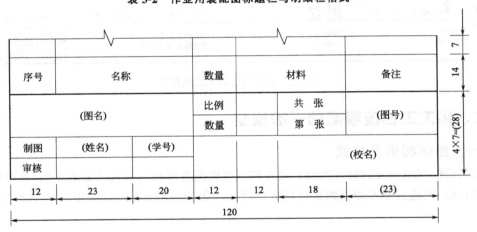

| 序号 | 名称 | | 数量 | 材料 | | 备注 |
|---|---|---|---|---|---|---|
| （图名） | | | 比例 | 共　张 | | （图号） |
| | | | 数量 | 第　张 | | |
| 制图 | （姓名） | （学号） | | | （校名） | |
| 审核 | | | | | | |

| 12 | 23 | 20 | 12 | 12 | 18 | (23) |

120

**表 3-3　化工工艺设计施工图使用的标题栏与明细栏格式**

| 15 | 30 | 55 | 10 | 30 | 20 | |
|---|---|---|---|---|---|---|

| 件号 | 图号或标准号 | 名称 | 数量 | 材料 | 单 总 质量(kg) | 备注 |
|---|---|---|---|---|---|---|
| （设计单位名称） | | | | （工程项目编号） | | |
| 设计 | | | | 设计项目 | 制图 | |
| 制图 | | | | 设计阶段 | （图号） | |
| 描图 | | （图号） | | | | |
| 校对 | | | | | | |
| 校核 | | | | | | |
| 审核 | | | | 第　张 | 共　张 | |
| 审定 | 比例 | | | 专业 | | |

| 20 | 25 | 15 | 15 | 45 | 30 | |

180

### （三）化工工艺流程图文字及字母高度规定

① 文字及字母：图样中书写的汉字、数字和字母，必须做到"字体工整、笔画清楚、间隔均匀、排列整齐"。

字体高度（用 $h$ 表示）的工程尺寸系列为：1.8mm、2.5mm、3.5mm、5mm、7mm、10mm、14mm、20mm。

汉字应写成长仿宋体（字宽和字高比例约为 2/3），汉字高度（$h$）不应小于 3.5mm（3.5 号字）并应采用国家正式公布的简化字。

工艺流程图上的各种文字字体要求：汉字高度（$h$）不宜小于 2.5mm（2.5 号字），0 号（A0）和 1 号（A1）标准尺寸图纸的汉字应大于 5mm。指数、分数、注脚尺寸数字一般采用小一号字体，且和分数线之间至少应有 1.5mm 的空隙，文字、字母、数字在同类标注中大小应相同。字体示例如图 3-5 所示。

10号字

# 字体工整笔画清楚间隔均匀

7号字

## 横平竖直注意起落结构均匀

5号字

技术制图机械电子汽车航空船舶土木建筑矿山井坑港口

图 3-5　字体示例

推荐的字体适用对象如下：

a. 7 号字体和 5 号字体用于设备名称、备注栏、详图的题首字。

b. 5 号字体和 3.5 号字体用于其他设计内容的文字标注、说明、注释等。

② 字母和数字分为 A 型和 B 型。A 型字体的笔画宽度（$d$）为字高（$h$）的 1/14，B 型字体的笔画宽度（$d$）为字高（$h$）的 1/10。在同一图样上，只允许选用一种形式的字体。

字母和数字可写成斜体和直体。斜体字字头向右倾斜，与水平基准线成 75°。数字、字母示例如图 3-6 所示。

$$ABCDEFGHIJKL \qquad abcdefghijkl \qquad 0123456789$$

图 3-6　B 型斜体字母和数字示例

### （四）比例

制图中的绘图比例（GB/T 14689—2008）是指图样中机件要素的线性尺寸与实际机件相应要素的线性尺寸之比。如图 3-7 所示。

绘制图样时，一般应采用表 3-4 中规定的比例，其中没有括号的比值为首选。绘制同一机器或设备的各个视图应采用相同的比例，并在标题栏的比例一栏中填写上比值。

为了反映它们的真实大小和便于绘图，尽可能选用 1：1 的比例。

由于化工图样中所涉及的设备、机器都具有较大尺寸，故一般采用缩小比例，如1：50、1：100 等。

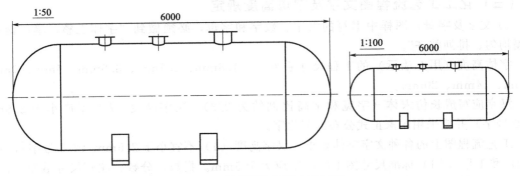

图 3-7　用不同比例画出的图形

表 3-4　比例系列（其中 $n$ 为正整数）

| 原值比例 | $1:1$ |
|---|---|
| 缩小比例 | $(1:1.5)$　$1:2$　$(1:3)$　$(1:4)$　$1:5$　$(1:6)$　$1:10$<br>$(1:1.5\times10^n)$　$1:2\times10^n$　$(1:3\times10^n)$　$(1:4\times10^n)$　$1:5\times10^n$<br>$(1:6\times10^n)$　$1:10\times10^n$ |
| 放大比例 | $2:1$　$(2.5:1)$　$(4:1)$　$5:1$<br>$2\times10^n:1$　$(2.5\times10^n:1)$　$(4\times10^n:1)$　$5\times10^n:1$ |

## （五）化工工艺流程图中的图线及箭头的画法

### 1. 化工工艺流程图中常用的图线宽度及应用

所有图线都要清晰、光洁、均匀，线与线间要有充分间隔，平行线之间的最小间隔不小于最宽线条宽度的两倍，在同一张图纸上，同一类的线条宽度应一致。表 3-5 为工艺流程图上各种管道常用的图线。表 3-6 为工艺流程图上图线宽度及应用情况。

表 3-5　工艺流程图上各种管道常用的图线

| 名称 | 图例 | 备注 |
|---|---|---|
| 主物料管道 | ——————— | 粗实线(0.9mm) |
| 辅助物料管道 | ——————— | 中粗实线(0.5mm 或 0.7mm) |
| 引线、设备、管件、阀门、仪表等图例 | ——————— | 细实线(0.25mm 或 0.35mm) |
| 原有管道 | —————— | 管线宽度与其相连的新管线宽度相同 |
| 可拆短管 | - - - - - - - - - | |
| 伴热(冷)管道 | ═══════ | |
| 电伴热管道 | ═══════ | |

表 3-6　工艺流程图上图线宽度及应用情况

| 图线类别 | 粗实线 | 中粗实线 | 细实线 |
|---|---|---|---|
| 线宽/mm | 0.9～1.2 | 0.5～0.7 | 0.15～0.35 |
| 推荐线宽/mm | 0.9 | 0.5 | 0.25 |

续表

| 图线类别 | 粗实线 | 中粗实线 | 细实线 |
|---|---|---|---|
| 应用 | 主要工艺物料管道、主产品管道和设备位线号 | 次要物料、产品管道和其他辅助物料管道,代表设备、公用工程站等的长方框,管道的图纸接续标志,管道的界区标志 | 其他图形和线条。如:设备、机械图形符号,阀门、管件等图形符号和仪表图形符号,仪表管线,区域线、尺寸线,各种标志线,范围线、引出线,参考线,表格线,分界线,保温、绝热层线,伴管、夹套管线,特殊件编号框以及其他辅助线条 |

### 2. 化工工艺流程图中箭头的绘制

在化工工艺流程图中,物料要在管道中流动,表示物料流向的箭头按图 3-8 所示绘制。

图 3-8　表示物料流向的箭头

## (六) 带控制点的工艺流程图中的标注

### 1. 设备的标注

带控制点的工艺流程图上所有设备和机器都要标注位号和名称,标注的设备位号在整个车间内不得重复,两台或两台以上相同设备联机时,在尾号部加注 A、B、C 等字样作为设备的尾号。一般要在两个地方标注设备位号,第一处在设备内或设备旁,用粗实线画一水平位号线,在位号线的上方标注设备位号,但应注意,此处不标注设备名称。第二处在设备相应位置图纸上方或下方,由设备位号、设备位号线和设备名称组成,要求水平排列整齐,并尽可能正对设备,用粗实线画出设备位号线,在位号线的上方标注设备位号,在位号线的下方标注设备名称,设备名称用汉字(长仿宋体)标注。若在垂直方向排列设备较多时,它们的位号和名称也可由上而下按序标注。

每台设备均有相应的位号,如图 3-9 所示。设备的标注包括以下四个方面:

① 设备类别代号　按设备类别编制不同的代号,一般取设备英文名称的第一个字母(大写)作代号。

② 主项编号　一般采用一位或两位阿拉伯数字由前到后顺序表示,取 1~9 或 01~99。

③ 设备顺序号　按同类设备在工艺流程图中流向的先后顺序编制,采用两位数字,从 01 开始,最大为 99。

④ 相同设备的数量尾号　设备标注的位号前三项完全相同,可用不同的尾号予以区别。按数量和排列顺序依次以大写英文字母 A、B、C 等作为每台设备的尾号。

### 2. 管路代号的标注

管路代号包括物料代号、车间(工段)号、管段序号、管径、管壁等内容。必要时,还可注明管路压力等级、管路材料、隔声或隔热等代号。管路代号的标注如图 3-10 所示。

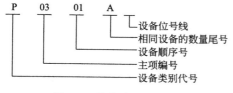

图 3-9　设备位号的组成

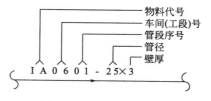

图 3-10　管路代号的标注

### 3. 仪表、控制点的标注

在流程图中相应的管道旁用符号将仪表及控制点正确地绘出。这些符号包括图形符号和表示被测变量、仪表功能的字母代号。仪表表盘使用直径为 10mm 的细实线圆表示，并用细实线连到工艺设备的轮廓线或工艺管道上的测量点上，如图 3-11 所示。

图 3-11 仪表的图形符号

仪表位号由字母代号组合与阿拉伯数字编号组成：第一位字母表示被测变量，后续字母表示仪表的功能（可一个或多个组合，最多不超过五个）。

用一位或两位数字表示工段号，用两位数字表示仪表序号，不同被测参数的仪表位号不得连续编号。仪表序号编制按工艺生产流程图中仪表依次编号，如图 3-12 所示。

在管道仪表流程图中，仪表位号中的字母代号填写在圆圈的上半圆中，数字编号填写在圆圈的下半圆中，如图 3-13 所示。

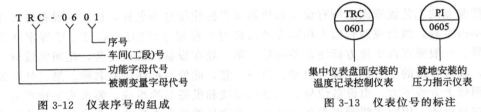

图 3-12 仪表序号的组成          图 3-13 仪表位号的标注

## 三、化工工艺流程图的绘制

方案流程图是一种示意性的展开图，即按工艺流程顺序，把设备和流程线从左向右展开，画在同一平面上，空压站方案流程图如图 3-14 所示。

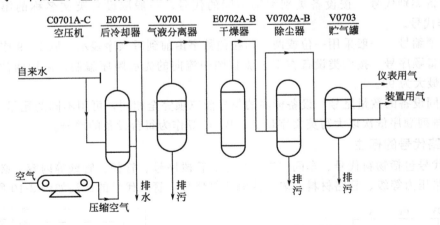

图 3-14 空压站方案流程图

### 1. 设备的画法

在图样中，用细实线按流程顺序依次画出设备示意图，一般情况下设备取相对比例，应保持它们的相对大小，允许实际尺寸过大的设备适当缩小比例，实际尺寸过小的设备适当放大比例。各设备之间的高低位置及设备上重要接管口的位置，需大致符合实际情况。各台设备之间应保持适当的距离，以便布置流程线。

在方案流程图中同样的设备可只画一套，对于备用设备，一般可以省略不画。例如，图3-14 中三台空压机仅画出一台。

## 2. 工艺流程线的画法

用粗实线画出主要工艺流程线，用中粗实线画出其他辅助物料流程线，在流程线上应用箭头标明物料流向，并在流程线的起点和终点注明物料名称、来源或去向。流程线一般画成水平或垂直。

注意：在方案流程图中一般只画出主要工艺物料流程线，其他辅助流程线则不必一一画出。如遇有流程线之间发生交错或重叠而实际上并不相交时，应将其中的一线断开，同一物料按"先不断后断"的原则断开其中一根；不同物料的流程线按"主物料线不断，辅助物料线断"即"主不断辅断"的原则绘制。总之，要使各设备之间流程线的来龙去脉清晰、排列整齐。

## 3. 设备位号的标注

在方案流程图的正上方或正下方标注设备的位号及名称，标注时排成一行，如图3-14所示。设备的位号包括设备分类代号、工段号、同类设备顺序号和相同设备数量尾号等，设备位号的标注如图3-15所示。

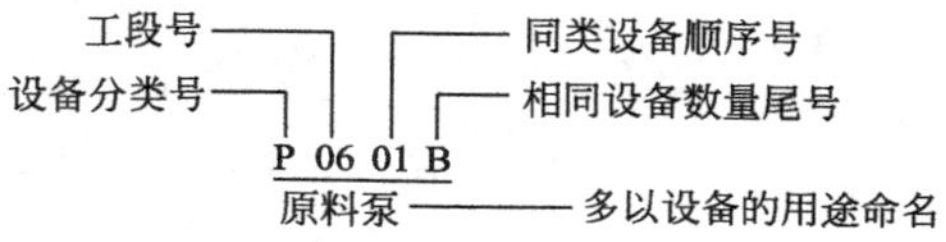

有的方案流程图上也可以将设备依次编号，并在图纸空白处按编号顺序集中列出设备名称。对于流程简单、设备较少的方案流程图，图中的

图 3-15  设备位号的标注

设备也可以不编号，而将名称直接写在设备的图形上。但为了简化设计和方便阅读整套工艺图纸，还是列出各台设备的位号及名称较好。

为了给讨论工艺方案和设计带控制点的工艺流程图提供更为详细具体的资料，常将工艺流程中的流量、温度、压力、液位控制以及成分分析等测量控制点画在方案流程图上，图3-14 中并未标出此内容。

因为方案流程图一般只保留在设计说明书中，因此，方案流程图的图幅一般不做规定，图框、标题栏也可省略。

以图 3-14 为例说明阅读方案流程图的方法和步骤。

通过读空压站方案流程图，可以填写空压站方案流程图的阅读情况表，如表 3-7 所示。

**表 3-7  空压站方案流程图的阅读情况表**

| 序号 | 信息种类 | 获取信息情况 | | | | | | |
|---|---|---|---|---|---|---|---|---|
| 1 | 设备情况 | 设备名称 | 空压机 | 后冷却器 | 气液分离器 | 干燥器 | 除尘器 | 贮气罐 |
| | | 台数 | 3 | 1 | 1 | 2 | 2 | 1 |
| | | 位号 | C0701 | E0701 | V0701 | E0702 | V0702 | V0703 |
| 2 | 物料情况 | 空气 | 流程:空气→压缩机→后冷却器→气液分离器→干燥器→除尘器→贮气罐→仪表用气及装置用气 | | | | | |
| | | 自来水 | 流程:自来水→后冷却水→排水 | | | | | |

## 任务二 控制指标

### 【任务描述】

① 图 3-16 是岗位 DCS 图，在 A3 图纸上绘制初馏塔带控制点的工艺流程图。

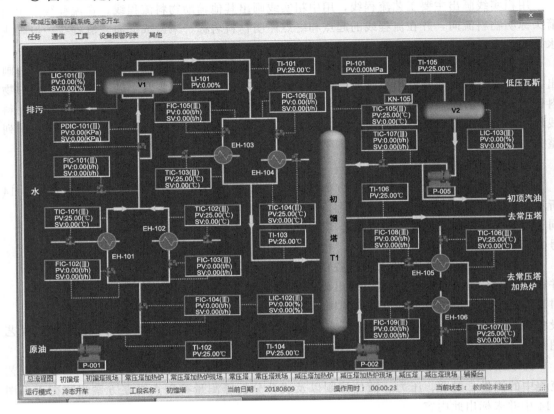

图 3-16　岗位 DCS 图

② 根据图 3-16 回答下面问题：解释 LIC-101、PDIC-101、TIC-103、PI-101、FIC-109、PI-101 仪表位号的意义，PV、SV、OP 等符号意义如何？手动、自动、串级等仪表工作状态标识是什么？如何调节？

③ 认识常减压蒸馏工艺中的仪表。

### 【知识拓展】

常减压蒸馏工艺主要仪表包括控制仪表和显示仪表。主要控制仪表的位号、正常值、单位及说明见表 3-8，主要显示仪表的位号、正常值、单位及说明见表 3-9。

表 3-8　主要控制仪表

| 序号 | 位号 | 正常值 | 单位 | 说明 |
| --- | --- | --- | --- | --- |
| 1 | LIC-101 | 50.00 | % | 电脱盐罐水位 |
| 2 | LIC-102 | 50.00 | % | 初馏塔塔底液位 |
| 3 | LIC-103 | 50.00 | % | 初馏塔塔顶回流罐液位 |

续表

| 序号 | 位号 | 正常值 | 单位 | 说明 |
|---|---|---|---|---|
| 4 | LIC-305 | 50.00 | % | 常压塔塔底液位 |
| 5 | LIC-301 | 50.00 | % | 常压塔塔顶回流罐液位 |
| 6 | LIC-302 | 50.00 | % | 常一线汽提塔液位 |
| 7 | LIC-303 | 50.00 | % | 常二线汽提塔液位 |
| 8 | LIC-304 | 50.00 | % | 常三线汽提塔液位 |
| 9 | LIC-505 | 50.00 | % | 减压塔塔底液位 |
| 10 | LIC-501 | 50.00 | % | 减压塔塔顶分离罐液位 |
| 11 | LIC-502 | 50.00 | % | 减二线汽提塔液位 |
| 12 | LIC-503 | 50.00 | % | 减三线汽提塔液位 |
| 13 | LIC-304 | 50.00 | % | 减四线汽提塔液位 |
| 14 | FIC-104 | 437 | t/h | 原油流量 |
| 15 | FIC-101 | 19.7 | t/h | 电脱盐补水量 |
| 16 | FIC-102 | 200 | t/h | 脱前原油一路流量 |
| 17 | FIC-103 | 237 | t/h | 脱前原油二路流量 |
| 18 | FIC-105 | 195 | t/h | 脱后原油一路流量 |
| 19 | FIC-106 | 242 | t/h | 脱后原油二路流量 |
| 20 | FIC-108 | 190 | t/h | 拔头原油一路流量 |
| 21 | FIC-109 | 211 | t/h | 拔头原油二路流量 |
| 22 | FIC-110 | | t/h | 初馏塔塔顶回流量 |
| 23 | FIC-201 | 100.25 | t/h | 常压塔加热炉一路进料量 |
| 24 | FIC-202 | 100.25 | t/h | 常压塔加热炉二路进料量 |
| 25 | FIC-203 | 100.25 | t/h | 常压塔加热炉三路进料量 |
| 26 | FIC-204 | 100.25 | t/h | 常压塔加热炉四路进料量 |
| 27 | FIC-301 | 86.6 | t/h | 常一中循环量 |
| 28 | FIC-302 | 96.6 | t/h | 常二中循环量 |
| 29 | FIC-306 | 29.7 | t/h | 常一线抽出量 |
| 30 | FIC-307 | 63.4 | t/h | 常二线抽出量 |
| 31 | FIC-308 | 35.8 | t/h | 常三线抽出量 |
| 32 | FIC-303 | 281.3 | t/h | 常压塔底油抽出量 |
| 33 | FIC-304 | | t/h | 常压塔顶部回流量 |
| 34 | FIC-401 | 70.38 | t/h | 减压塔加热炉一路进料量 |
| 35 | FIC-402 | 70.38 | t/h | 减压塔加热炉二路进料量 |
| 36 | FIC-403 | 70.38 | t/h | 减压塔加热炉三路进料量 |
| 37 | FIC-404 | 70.38 | t/h | 减压塔加热炉四路进料量 |

| 序号 | 位号 | 正常值 | 单位 | 说明 |
|---|---|---|---|---|
| 38 | FIC-501 | 207.2 | t/h | 减一中循环量 |
| 39 | FIC-502 | 161.8 | t/h | 减二中循环量 |
| 40 | FIC-505 | 148.7 | t/h | 减压渣油抽出量 |
| 41 | FIC-507 | | t/h | 减一线回流量 |
| 42 | FIC-508 | 48.1 | t/h | 减二线抽出量 |
| 43 | FIC-509 | 24.1 | t/h | 减三线抽出量 |
| 44 | FIC-510 | 39.4 | t/h | 减四线抽出量 |
| 45 | PDIC-101 | | | V1入口含盐压差 |
| 46 | PIC-201 | −0.03 | MPa | 常压塔加热炉炉膛负压 |
| 47 | PIC-401 | −0.03 | MPa | 减压塔加热炉炉膛负压 |
| 48 | ARC-201 | 2 | % | 常压塔加热炉氧含量 |
| 49 | ARC-401 | 2 | % | 减压塔加热炉氧含量 |
| 50 | TIC-101 | | ℃ | 与E6换热后的温度 |
| 51 | TIC-102 | | ℃ | 与E17换热后的温度 |
| 52 | TIC-103 | | ℃ | 与E10换热后的温度 |
| 53 | TIC-104 | | ℃ | 与E13换热后的温度 |
| 54 | TIC-105 | 115 | ℃ | 初馏塔塔顶温度 |
| 55 | TIC-106 | | ℃ | 与E34换热后的温度 |
| 56 | TIC-107 | | ℃ | 与E39换热后的温度 |
| 57 | TIC-202 | 367 | ℃ | 常压塔加热炉出口温度 |
| 58 | TIC-201 | 760 | ℃ | 常压塔加热炉炉膛温度 |
| 59 | TIC-302 | | ℃ | 常二中返回温度 |
| 60 | TIC-301 | | ℃ | 常一中返回温度 |
| 61 | TIC-303 | 110 | ℃ | 常压塔加热塔塔顶温度 |
| 62 | TIC-304 | | ℃ | 常压塔塔顶回流温度 |
| 63 | TIC-402 | 395 | ℃ | 减压塔加热炉出口温度 |
| 64 | TIC-401 | 760 | ℃ | 减压塔加热炉炉膛温度 |
| 65 | TIC-501 | | ℃ | 减一中返回温度 |
| 66 | TIC-502 | | ℃ | 减二中返回温度 |
| 67 | TIC-503 | 55 | ℃ | 减压塔塔顶温度 |

表3-9 主要显示仪表

| 序号 | 位号 | 正常值 | 单位 | 说明 |
|---|---|---|---|---|
| 1 | TI-101 | | ℃ | 原油电脱盐罐出口温度 |
| 2 | TI-102 | 45 | ℃ | 原油温度 |

| 序号 | 位号 | 正常值 | 单位 | 说明 |
|---|---|---|---|---|
| 3 | TI-103 | | ℃ | 原油进初馏塔温度 |
| 4 | TI-104 | 226 | ℃ | 初馏塔塔底温度 |
| 5 | TI-106 | | ℃ | 初馏塔侧线油温 |
| 6 | TI-201 | 308 | ℃ | 常压塔加热炉进料温度 |
| 7 | TI-206 | 368 | ℃ | 常压塔加热炉出口温度 |
| 8 | TI-207 | 368 | ℃ | 常压塔加热炉出口温度 |
| 9 | TI-208 | 368 | ℃ | 常压塔加热炉出口温度 |
| 10 | TI-209 | 368 | ℃ | 常压塔加热炉出口温度 |
| 11 | TI-303 | 355 | ℃ | 常压塔加热塔塔底温度 |
| 12 | TI-302 | 288 | ℃ | 常二中出口温度 |
| 13 | TI-301 | 204 | ℃ | 常一中出口温度 |
| 14 | TI-304 | 170 | ℃ | 常一线出口温度 |
| 15 | TI-305 | 260 | ℃ | 常二线出口温度 |
| 16 | TI-306 | 325 | ℃ | 常三线出口温度 |
| 17 | TI-401 | 355 | ℃ | 减压塔加热炉进料温度 |
| 18 | TI-406 | 395 | ℃ | 减压塔加热炉出口温度 |
| 19 | TI-407 | 395 | ℃ | 减压塔加热炉出口温度 |
| 20 | TI-408 | 395 | ℃ | 减压塔加热炉出口温度 |
| 21 | TI-409 | 395 | ℃ | 减压塔加热炉出口温度 |
| 22 | TI-501 | 214 | ℃ | 减一中出口温度 |
| 23 | TI-502 | 300 | ℃ | 减二中出口温度 |
| 24 | TI-503 | 130 | ℃ | 减一线出口温度 |
| 25 | TI-504 | 270 | ℃ | 减二线出口温度 |
| 26 | TI-505 | 338 | ℃ | 减三线出口温度 |
| 27 | TI-506 | 358 | ℃ | 减四线出口温度 |
| 28 | TI-507 | 370 | ℃ | 减压渣油出口温度 |
| 29 | LI-101 | 100 | % | 电脱盐液位 |
| 30 | FI-301 | 17.5 | t/h | 初馏塔侧线流量 |

## 任务三　仿真操作

**【任务描述】**

① 熟悉常减压蒸馏装置工艺流程及相关流量、压力、温度等的控制方法。

② 根据操作规程单人操作 DCS 仿真系统，完成装置冷态开车、正常停车、紧急停车、事故处理操作。

③ 两人一组同时登陆 DCS 系统和 VRS 交互系统，协作完成装置冷态开车、正常停车仿真操作。

**【操作规程】**

冷态开车操作规程见表 3-10。正常停车操作规程见表 3-11。紧急停车操作规程见表 3-12。事故一操作规程见表 3-13。事故二操作规程见表 3-14。

表 3-10　冷态开车操作规程

| 步骤 | 操作 | 分值 | 完成否 |
|---|---|---|---|
| | 装油 | | |
| 1 | 去现场全开原油泵 P-001 入口手动阀 XV-105 | 10 | |
| 2 | 启动原油泵 P-001 | 10 | |
| 3 | 去现场全开原油泵 P-001 出口手动阀 XV-106 | 10 | |
| 4 | 全开原油入口调节阀 FIC-104 前阀 XV-114 | 10 | |
| 5 | 全开原油入口调节阀 FIC-104 后阀 XV-115 | 10 | |
| 6 | 打开原油入口调节阀 FIC-104 至 20% | 10 | |
| 7 | 打开一路脱前原油调节阀 FIC-102 至 50% | 10 | |
| 8 | 打开二路脱前原油调节阀 FIC-103 至 50% | 10 | |
| 9 | 去现场全开电脱盐罐入口手动阀 XV-101 | 10 | |
| 10 | 去现场全开电脱盐罐出口手动阀 XV-102 | 10 | |
| 11 | 打开压差调节阀 PDIC-101 至 50% | 10 | |
| 12 | 打开一路脱后原油调节阀 FIC-105 至 50% | 10 | |
| 13 | 打开二路脱后原油调节阀 FIC-106 至 50% | 10 | |
| 14 | 当初馏塔 T1 液位 LIC-102 超过 30% 后,去现场全开分馏塔塔底泵 P-002 入口手动阀 XV-112 | 10 | |
| 15 | 启动分馏塔塔底泵 P-002 | 10 | |
| 16 | 去现场全开分馏塔塔底泵 P-002 出口手动阀 XV-113 | 10 | |
| 17 | 打开一路拔头原油调节阀 FIC-108 至 25% | 10 | |
| 18 | 打开二路拔头原油调节阀 FIC-109 至 20% | 10 | |
| 19 | 全开常压塔加热炉 F1 一路进料调节阀 FIC-201 前阀 XV-207 | 10 | |
| 20 | 全开常压塔加热炉 F1 一路进料调节阀 FIC-201 后阀 XV-208 | 10 | |
| 21 | 打开常压塔加热炉 F1 一路进料调节阀 FIC-201 至 50% | 10 | |
| 22 | 全开常压塔加热炉 F1 二路进料调节阀 FIC-202 前阀 XV-209 | 10 | |
| 23 | 全开常压塔加热炉 F1 二路进料调节阀 FIC-202 后阀 XV-210 | 10 | |
| 24 | 打开常压塔加热炉 F1 二路进料调节阀 FIC-202 至 50% | 10 | |
| 25 | 全开常压塔加热炉 F1 三路进料调节阀 FIC-203 前阀 XV-211 | 10 | |
| 26 | 全开常压塔加热炉 F1 三路进料调节阀 FIC-203 后阀 XV-212 | 10 | |
| 27 | 打开常压塔加热炉 F1 三路进料调节阀 FIC-203 至 50% | 10 | |
| 28 | 全开常压塔加热炉 F1 四路进料调节阀 FIC-204 前阀 XV-213 | 10 | |
| 29 | 全开常压塔加热炉 F1 四路进料调节阀 FIC-204 后阀 XV-214 | 10 | |
| 30 | 打开常压塔加热炉 F1 四路进料调节阀 FIC-204 至 50% | 10 | |
| 31 | 当常压塔塔底液位 LIC-305 超过 30% 后,去现场全开常压塔塔底泵 P-003 入口手动阀 XV-307 | 10 | |

续表

| 步骤 | 操作 | 分值 | 完成否 |
|---|---|---|---|
| 32 | 启动常压塔塔底泵 P-003 | 10 | |
| 33 | 去现场全开常压塔塔底泵 P-003 出口手动阀 XV-306 | 10 | |
| 34 | 全开常压塔塔底调节阀 FIC-303 前阀 XV-340 | 10 | |
| 35 | 全开常压塔塔底调节阀 FIC-303 后阀 XV-323 | 10 | |
| 36 | 打开常压塔塔底调节阀 FIC-303 至 30％ | 10 | |
| 37 | 全开减压塔加热炉 F2 一路进料调节阀 FIC-401 前阀 XV-408 | 10 | |
| 38 | 全开减压塔加热炉 F2 一路进料调节阀 FIC-401 后阀 XV-409 | 10 | |
| 39 | 打开减压塔加热炉 F2 一路进料调节阀 FIC-401 至 50％ | 10 | |
| 40 | 全开减压塔加热炉 F2 二路进料调节阀 FIC-402 前阀 XV-410 | 10 | |
| 41 | 全开减压塔加热炉 F2 二路进料调节阀 FIC-402 后阀 XV-411 | 10 | |
| 42 | 打开减压塔加热炉 F2 二路进料调节阀 FIC-402 至 50％ | 10 | |
| 43 | 全开减压塔加热炉 F2 三路进料调节阀 FIC-403 前阀 XV-412 | 10 | |
| 44 | 全开减压塔加热炉 F2 三路进料调节阀 FIC-403 后阀 XV-413 | 10 | |
| 45 | 打开减压塔加热炉 F2 三路进料调节阀 FIC-403 至 50％ | 10 | |
| 46 | 全开减压塔加热炉 F2 四路进料调节阀 FIC-404 前阀 XV-414 | 10 | |
| 47 | 全开减压塔加热炉 F2 四路进料调节阀 FIC-404 后阀 XV-415 | 10 | |
| 48 | 打开减压塔加热炉 F2 四路进料调节阀 FIC-404 至 50％ | 10 | |
| 49 | 当减压塔塔底液位 LIC-505 超过 30％后,去现场全开减压塔塔底泵 P-004 入口手动阀 XV-508 | 10 | |
| 50 | 启动减压塔塔底泵 P-004 | 10 | |
| 51 | 去现场全开减压塔塔底泵 P-004 出口手动阀 XV-509 | 10 | |
| 52 | 全开减压塔塔底流量调节阀 FIC-505 前阀 XV-546 | 10 | |
| 53 | 全开减压塔塔底流量调节阀 FIC-505 后阀 XV-547 | 10 | |
| 54 | 打开减压塔塔底流量调节阀 FIC-505 至 55％ | 10 | |
| 55 | 去现场全开减压塔塔底开工循环线手动阀 XV-523 | 10 | |
| 注水、注破乳剂 | | | |
| 56 | 打开注水调节阀 FIC-101 至 50％ | 10 | |
| 57 | 当电脱盐罐水位 LIC-101 超过 40％后,打开电脱盐罐液位调节阀 LIC-101 至 50％ | 10 | |
| 58 | 去现场全开破乳剂手动阀 XV-104,注入破乳剂 | 10 | |
| 冷循环 | | | |
| 59 | 控制分馏塔塔底液位 LIC-102 维持在 40％～60％ | 10 | |
| 60 | 控制常压塔塔底液位 LIC-305 维持在 40％～60％ | 10 | |
| 61 | 控制减压塔塔底液位 LIC-505 维持在 40％～60％ | 10 | |
| 热循环 | | | |
| 62 | 去现场全开常压塔加热炉 F1 鼓风机 G-001 入口手动阀 XV-206 | 10 | |
| 63 | 启动常压塔加热炉 F1 鼓风机 G-001 | 10 | |
| 64 | 去现场全开常压塔加热炉 F1 鼓风机 G-001 出口手动阀 XV-205 | 10 | |
| 65 | 打开常压塔加热炉 F1 空气入口调节阀 ARC-201 至 50％ | 10 | |

| 步骤 | 操作 | 分值 | 完成否 |
|---|---|---|---|
| 66 | 去现场全开常压塔加热炉 F1 引风机 Y-001 入口手动阀 XV-203 | 10 | |
| 67 | 启动常压塔加热炉 F1 引风机 Y-001 | 10 | |
| 68 | 去现场全开常压塔加热炉 F1 引风机 Y-001 出口手动阀 XV-204 | 10 | |
| 69 | 打开常压塔加热炉 F1 烟气出口调节阀 PIC-201 至 50% | 10 | |
| 70 | 打开常压塔加热炉 F1 燃料油入口调节阀 TIC-201 至 20% | 10 | |
| 71 | 去现场全开常压塔加热炉 F1 燃料油雾化蒸汽手动阀 XV-201 | 10 | |
| 72 | 去现场启动常压塔加热炉 F1 点火按钮 IG-001 | 10 | |
| 73 | 打开常压塔加热炉 F1 燃料油入口调节阀 TIC-201 至 50% | 10 | |
| 74 | 去现场全开减压塔加热炉 F2 鼓风机 G-002 入口手动阀 XV-407 | 10 | |
| 75 | 启动减压塔加热炉 F2 鼓风机 G-002 | 10 | |
| 76 | 去现场全开减压塔加热炉 F2 鼓风机 G-002 出口手动阀 XV-406 | 10 | |
| 77 | 打开减压塔加热炉 F2 空气入口调节阀 ARC-401 至 50% | 10 | |
| 78 | 去现场全开减压塔加热炉 F2 引风机 Y-002 入口手动阀 XV-404 | 10 | |
| 79 | 启动减压塔加热炉 F2 引风机 Y-002 | 10 | |
| 80 | 去现场全开减压塔加热炉 F2 引风机 Y-002 出口手动阀 XV-405 | 10 | |
| 81 | 打开减压塔加热炉 F2 烟气出口调节阀 PIC-401 至 50% | 10 | |
| 82 | 打开减压塔加热炉 F2 燃料油入口调节阀 TIC-401 至 20% | 10 | |
| 83 | 去现场全开减压塔加热炉 F2 燃料油雾化蒸汽手动阀 XV-403 | 10 | |
| 84 | 启动减压塔加热炉 F2 点火按钮 IG-002 | 10 | |
| 85 | 打开减压塔加热炉 F2 燃料油入口调节阀 TIC-401 至 50% | 10 | |
| 86 | 打开温度调节阀 TIC-101 至 50% | 10 | |
| 87 | 打开温度调节阀 TIC-102 至 50% | 10 | |
| 88 | 打开温度调节阀 TIC-103 至 50% | 10 | |
| 89 | 打开温度调节阀 TIC-104 至 50% | 10 | |
| 90 | 打开温度调节阀 TIC-106 至 50% | 10 | |
| 91 | 打开温度调节阀 TIC-107 至 50% | 10 | |
| 92 | 去现场全开空冷器 KN-105 入口手动阀 XV-107 | 10 | |
| 93 | 启动初馏塔塔顶空冷器 KN-105 | 10 | |
| 94 | 去现场全开空冷器 KN-105 出口手动阀 XV-108 | 10 | |
| 95 | 去现场全开常一线冷却水手动阀 XV-312 | 10 | |
| 96 | 去现场全开常二线冷却水手动阀 XV-315 | 10 | |
| 97 | 去现场全开常三线冷却水手动阀 XV-318 | 10 | |
| 98 | 去现场全开减一线冷却水手动阀 XV-507 | 10 | |
| 99 | 去现场全开减二线冷却水手动阀 XV-514 | 10 | |
| 100 | 去现场全开减三线冷却水手动阀 XV-517 | 10 | |
| 101 | 去现场全开减四线冷却水手动阀 XV-520 | 10 | |
| 102 | 去现场全开减渣油冷却水手动阀 XV-521 | 10 | |
| 103 | 打开常压塔塔顶温度调节阀 TIC-304 至 50% | 10 | |

| 步骤 | 操作 | 分值 | 完成否 |
|---|---|---|---|
| | 常压系统操作 | | |
| 104 | 当常压塔加热炉 F1 出口温度 TIC-202 达到 290℃左右时,打开常压塔汽提蒸汽调节阀 FIC-305 至 50% | 10 | |
| 105 | 打开常压汽提塔汽提蒸汽调节阀 FIC-309 至 50% | 10 | |
| 106 | 全开常一线汽提塔液位调节阀 LIC-302 前阀 XV-328 | 10 | |
| 107 | 全开常一线汽提塔液位调节阀 LIC-302 后阀 XV-329 | 10 | |
| 108 | 打开常一线汽提塔液位调节阀 LIC-302 至 50% | 10 | |
| 109 | 当常一线汽提塔液位 LIC-302 超过 30%后,去现场全开常一线泵 P-009 入口手动阀 XV-310 | 10 | |
| 110 | 启动常一线泵 P-009 | 10 | |
| 111 | 去现场全开常一线泵 P-009 出口手动阀 XV-311 | 10 | |
| 112 | 全开常一线出口调节阀 FIC-306 前阀 XV-330 | 10 | |
| 113 | 全开常一线出口调节阀 FIC-306 后阀 XV-331 | 10 | |
| 114 | 打开常一线出口调节阀 FIC-306 至 50% | 10 | |
| 115 | 去现场全开常一中泵 P-014 入口手动阀 XV-302 | 10 | |
| 116 | 启动常一中泵 P-014 | 10 | |
| 117 | 去现场全开常一中泵 P-014 出口手动阀 XV-301 | 10 | |
| 118 | 全开常一中流量调节阀 FIC-301 前阀 XV-319 | 10 | |
| 119 | 全开常一中流量调节阀 FIC-301 后阀 XV-320 | 10 | |
| 120 | 打开常一中流量调节阀 FIC-301 至 50% | 10 | |
| 121 | 打开常一中温度调节阀 TIC-301 至 50% | 10 | |
| 122 | 去现场全开常二中泵 P-015 入口手动阀 XV-304 | 10 | |
| 123 | 启动常二中泵 P-015 | 10 | |
| 124 | 去现场全开常二中泵 P-015 出口手动阀 XV-303 | 10 | |
| 125 | 全开常二中流量调节阀 FIC-302 前阀 XV-321 | 10 | |
| 126 | 全开常二中流量调节阀 FIC-302 后阀 XV-322 | 10 | |
| 127 | 打开常二中流量调节阀 FIC-302 至 50% | 10 | |
| 128 | 打开常二中温度调节阀 TIC-302 至 50% | 10 | |
| 129 | 当常压塔塔顶温度 TIC-303 达到 90℃左右时,去现场全开常压塔塔顶回流泵 P-007 入口手动阀 XV-309 | 10 | |
| 130 | 启动常压塔塔顶回流泵 P-007 | 10 | |
| 131 | 去现场全开常压塔塔顶回流泵 P-007 出口手动阀 XV-308 | 10 | |
| 132 | 全开常压塔塔顶回流调节阀 FIC-304 前阀 XV-324 | 10 | |
| 133 | 全开常压塔塔顶回流调节阀 FIC-304 后阀 XV-325 | 10 | |
| 134 | 打开常压塔塔顶回流调节阀 FIC-304 至 50% | 10 | |
| 135 | 全开常压塔塔顶液位调节阀 LIC-301 前阀 XV-326 | 10 | |
| 136 | 全开常压塔塔顶液位调节阀 LIC-301 后阀 XV-327 | 10 | |
| 137 | 当常压塔塔顶回流罐液位 LIC-301 达到 50%左右时,打开常压塔塔顶液位调节阀 LIC-301 至 50% | 10 | |

| 步骤 | 操作 | 分值 | 完成否 |
|---|---|---|---|
| 138 | 全开压力调节阀 PIC-301 前阀 XV-341 | 10 | |
| 139 | 全开压力调节阀 PIC-301 后阀 XV-342 | 10 | |
| 140 | 当常压塔塔顶压力 PIC-301 达到 0.05MPa 左右时，打开压力调节阀 PIC-301 至 50% | 10 | |
| 141 | 当常压塔加热炉 F1 出口温度 TIC-202 达到 350℃ 左右时，去现场全开初馏塔侧线手动阀 XV-111 | 10 | |
| 142 | 全开常二线汽提塔液位调节阀 LIC-303 前阀 XV-332 | 10 | |
| 143 | 全开常二线汽提塔液位调节阀 LIC-303 后阀 XV-333 | 10 | |
| 144 | 打开常二线汽提塔液位调节阀 LIC-303 至 50% | 10 | |
| 145 | 全开常三线汽提塔液位调节阀 LIC-304 前阀 XV-334 | 10 | |
| 146 | 全开常三线汽提塔液位调节阀 LIC-304 后阀 XV-335 | 10 | |
| 147 | 打开常三线汽提塔液位调节阀 LIC-304 至 50% | 10 | |
| 148 | 当常二线汽提塔液位 LIC-303 超过 30% 后，去现场全开常二线泵 P-010 入口手动阀 XV-313 | 10 | |
| 149 | 启动常二线泵 P-010 | 10 | |
| 150 | 去现场全开常二线泵 P-010 出口手动阀 XV-314 | 10 | |
| 151 | 全开常二线出口调节阀 FIC-307 前阀 XV-336 | 10 | |
| 152 | 全开常二线出口调节阀 FIC-307 后阀 XV-337 | 10 | |
| 153 | 打开常二线出口调节阀 FIC-307 至 50% | 10 | |
| 154 | 当常三线汽提塔液位 LIC-304 超过 30% 后，去现场全开常三线泵 P-011 入口手动阀 XV-316 | 10 | |
| 155 | 启动常三线泵 P-011 | 10 | |
| 156 | 去现场全开常三线泵 P-011 出口手动阀 XV-317 | 10 | |
| 157 | 全开常三线出口调节阀 FIC-308 前阀 XV-338 | 10 | |
| 158 | 全开常三线出口调节阀 FIC-308 后阀 XV-339 | 10 | |
| 159 | 打开常三线出口调节阀 FIC-308 至 50% | 10 | |
| 提高处理量 | | | |
| 160 | 打开原油入口调节阀 FIC-104 至 50% | 10 | |
| 161 | 调整一路拔头原油流量调节阀 FIC-108 至 50% | 10 | |
| 162 | 调整二路拔头原油流量调节阀 FIC-109 至 50% | 10 | |
| 163 | 调整常压塔塔底流量调节阀 FIC-303 至 50% | 10 | |
| 164 | 调整减压塔塔底流量调节阀 FIC-505 至 50% | 10 | |
| 165 | 去现场全开减压塔塔底出料手动阀 XV-522 | 10 | |
| 166 | 去现场关闭减压渣油循环线手动阀 XV-523 | 10 | |
| 初馏塔开车 | | | |
| 167 | 当初馏塔塔顶温度 TIC-105 达到 90℃ 左右时，去现场全开初馏塔塔顶回流泵 P-005 入口手动阀 XV-109 | 10 | |
| 168 | 启动初馏塔塔顶回流泵 P-005 | 10 | |
| 169 | 去现场全开初馏塔塔顶回流泵 P-005 出口手动阀 XV-110 | 10 | |
| 170 | 全开初馏塔塔顶回流调节阀 FIC-107 前阀 XV-127 | 10 | |
| 171 | 全开初馏塔塔顶回流调节阀 FIC-107 后阀 XV-126 | 10 | |

续表

| 步骤 | 操作 | 分值 | 完成否 |
|---|---|---|---|
| 172 | 打开初馏塔塔顶回流调节阀 FIC-107 至 50％ | 10 | |
| 173 | 全开初馏塔塔顶回流罐液位调节阀 LIC-103 前阀 XV-128 | 10 | |
| 174 | 全开初馏塔塔顶回流罐液位调节阀 LIC-103 后阀 XV-129 | 10 | |
| 175 | 当初馏塔塔顶回流罐液位 LIC-103 超过 40％后,打开初馏塔塔顶回流罐液位调节阀 LIC-103 至 50％ | 10 | |
| 减压炉出口温度升至 300℃期间 | | | |
| 176 | 当减压炉出口温度 TIC-402 升至 300℃左右时,去现场全开减压炉注汽手动阀 XV-401 | 10 | |
| 177 | 打开减压塔汽提蒸汽调节阀 FIC-503 至 50％ | 10 | |
| 178 | 打开减压汽提塔汽提蒸汽调节阀 FIC-506 至 50％ | 10 | |
| 179 | 去现场全开减压塔塔顶蒸汽手动阀 XV-510 | 10 | |
| 180 | 去现场全开减压塔塔顶冷却水手动阀 XV-511 | 10 | |
| 181 | 去现场全开减一线泵 P-016 入口手动阀 XV-505 | 10 | |
| 182 | 启动减一线泵 P-016 | 10 | |
| 183 | 去现场全开减一线泵 P-016 出口手动阀 XV-506 | 10 | |
| 184 | 全开减一线出口流量调节阀 FIC-507 前阀 XV-530 | 10 | |
| 185 | 全开减一线出口流量调节阀 FIC-507 后阀 XV-531 | 10 | |
| 186 | 打开减一线出口流量调节阀 FIC-507 至 50％ | 10 | |
| 187 | 全开减压塔塔顶回流调节阀 FIC-504 前阀 XV-528 | 10 | |
| 188 | 全开减压塔塔顶回流调节阀 FIC-504 后阀 XV-529 | 10 | |
| 189 | 当减压塔塔顶温度 TIC-503 接近 50℃左右时,打开减压塔塔顶回流调节阀 FIC-504 至 50％ | 10 | |
| 190 | 去现场全开减一中泵 P-022 入口手动阀 XV-502 | 10 | |
| 191 | 启动减一中泵 P-022 | 10 | |
| 192 | 去现场全开减一中泵 P-022 出口手动阀 XV-501 | 10 | |
| 193 | 全开减一中流量调节阀 FIC-501 前阀 XV-524 | 10 | |
| 194 | 全开减一中流量调节阀 FIC-501 后阀 XV-525 | 10 | |
| 195 | 打开减一中流量调节阀 FIC-501 至 50％ | 10 | |
| 196 | 打开减一中温度调节阀 TIC-501 至 50％ | 10 | |
| 197 | 全开减二线汽提塔液位调节阀 LIC-502 前阀 XV-534 | 10 | |
| 198 | 全开减二线汽提塔液位调节阀 LIC-502 后阀 XV-535 | 10 | |
| 199 | 打开减二线汽提塔液位调节阀 LIC-502 至 50％ | 10 | |
| 200 | 当减二线汽提液位 LIC-502 超过 30％后,去现场全开减二线泵 P-017 入口手动阀 XV-512 | 10 | |
| 201 | 启动减二线泵 P-017 | 10 | |
| 202 | 去现场全开减二线泵 P-017 出口手动阀 XV-513 | 10 | |
| 203 | 打开减二线出料调节阀 FIC-508 至 50％ | 10 | |
| 204 | 全开减压塔塔顶油出口调节阀 LIC-501 前阀 XV-532 | 10 | |
| 205 | 全开减压塔塔顶油出口调节阀 LIC-501 后阀 XV-533 | 10 | |
| 206 | 当减压塔塔顶罐液位 LIC-501 超过 40％后,打开减压塔塔顶油出口调节阀 LIC-501 至 50％ | 10 | |

| 步骤 | 操作 | 分值 | 完成否 |
|---|---|---|---|
| | 减压炉出口温度升至350℃期间 | | |
| 207 | 当减压炉出口温度 TIC-402 达到 350℃后,去现场全开减二中泵 P-023 入口手动阀 XV-504 | 10 | |
| 208 | 启动减二中泵 P-023 | 10 | |
| 209 | 去现场全开减二中泵 P-023 出口手动阀 XV-503 | 10 | |
| 210 | 全开减二中流量调节阀 FIC-502 前阀 XV-526 | 10 | |
| 211 | 全开减二中流量调节阀 FIC-502 后阀 XV-527 | 10 | |
| 212 | 打开减二中流量调节阀 FIC-502 至 50% | 10 | |
| 213 | 打开减二中温度调节阀 TIC-502 至 50% | 10 | |
| 214 | 全开减三线汽提塔液位调节阀 LIC-503 前阀 XV-536 | 10 | |
| 215 | 全开减三线汽提塔液位调节阀 LIC-503 后阀 XV-537 | 10 | |
| 216 | 打开减三线汽提塔液位调节阀 LIC-503 至 50% | 10 | |
| 217 | 全开减四线汽提塔液位调节阀 LIC-504 前阀 XV-540 | 10 | |
| 218 | 全开减四线汽提塔液位调节阀 LIC-504 后阀 XV-541 | 10 | |
| 219 | 打开减四线汽提塔液位调节阀 LIC-504 至 50% | 10 | |
| 220 | 当减三线汽提塔液位 LIC-503 超过 30%后,去现场全开减三线泵 P-018 入口手动阀 XV-515 | 10 | |
| 221 | 启动减三线泵 P-018 | 10 | |
| 222 | 去现场全开减三线泵 P-018 出口手动阀 XV-516 | 10 | |
| 223 | 打开减三线出料调节阀 FIC-509 至 50% | 10 | |
| 224 | 当减四线汽提塔液位 LIC-504 超过 30%后,去现场全开减四线泵 P-019 入口手动阀 XV-518 | 10 | |
| 225 | 启动减四线泵 P-019 | 10 | |
| 226 | 去现场全开减四线泵 P-019 出口手动阀 XV-519 | 10 | |
| 227 | 打开减四线出料调节阀 FIC-510 至 50% | 10 | |
| | 调至正常 | | |
| 228 | 调整初馏塔液位 LIC-102 至 50%左右,投自动,设为 50% | 10 | |
| 229 | 入口原油流量调节阀 FIC-104 投串级 | 10 | |
| 230 | 调整脱盐罐水位 LIC-101 至 50%左右,投自动,设为 50% | 10 | |
| 231 | 调整初顶回流罐液位 LIC-103 至 50%左右,投自动,设为 50% | 10 | |
| 232 | 调整一路脱前原油温度 TIC-101 至 120℃左右,投自动,设为 120℃ | 10 | |
| 233 | 调整二路脱前原油温度 TIC-102 至 120℃左右,投自动,设为 120℃ | 10 | |
| 234 | 调整一路脱后原油温度 TIC-103 至 235℃左右,投自动,设为 235℃ | 10 | |
| 235 | 调整二路脱后原油温度 TIC-104 至 235℃左右,投自动,设为 235℃ | 10 | |
| 236 | 调整一路拔头原油温度 TIC-106 至 310℃左右,投自动,设为 310℃ | 10 | |
| 237 | 调整二路拔头原油温度 TIC-107 至 310℃左右,投自动,设为 310℃ | 10 | |
| 238 | 调整初馏塔塔顶温度 TIC-105 至 115℃左右,投自动,设为 115℃ | 10 | |
| 239 | 初馏塔塔顶回流量 FIC-107 投串级 | 10 | |
| 240 | 调整常压塔加热炉 F1 出口温度 TIC-202 至 367℃左右,投自动,设为 367℃ | 10 | |
| 241 | 常压塔加热炉 F1 炉膛温度 TIC-201 投串级 | 10 | |

续表

| 步骤 | 操作 | 分值 | 完成否 |
|---|---|---|---|
| 242 | 调整常压塔加热炉 F1 氧含量调节阀 ARC-201 至 2%左右,投自动,设为 2% | 10 | |
| 243 | 调整常一中返塔温度 TIC-301 至 154℃左右,投自动,设为 154℃ | 10 | |
| 244 | 调整常二中返塔温度 TIC-302 至 154℃左右,投自动,设为 154℃ | 10 | |
| 245 | 调整常压塔塔顶温度 TIC-303 至 110℃左右,投自动,设为 110℃ | 10 | |
| 246 | 常压塔塔顶回流量 FIC-304 投串级 | 10 | |
| 247 | 调整常压塔塔顶回流罐温度 TIC-304 至 86℃左右,投自动,设为 86℃ | 10 | |
| 248 | 调整常压塔塔顶回流罐液位 LIC-301 至 50%左右,投自动,设为 50% | 10 | |
| 249 | 调整常一线汽提塔液位 LIC-302 至 50%左右,投自动,设为 50% | 10 | |
| 250 | 调整常二线汽提塔液位 LIC-303 至 50%左右,投自动,设为 50% | 10 | |
| 251 | 调整常三线汽提塔液位 LIC-304 至 50%左右,投自动,设为 50% | 10 | |
| 252 | 调整常压塔塔底液位 LIC-305 至 50%左右,投自动,设为 50% | 10 | |
| 253 | 常压塔塔底流量 FIC-303 投串级 | 10 | |
| 254 | 调整常一线出料量 FIC-306 至 29.75t/h 左右,投自动,设为 29.75t/h | 10 | |
| 255 | 调整常二线出料量 FIC-307 至 63.44t/h 左右,投自动,设为 63.44t/h | 10 | |
| 256 | 调整常三线出料量 FIC-308 至 35.88t/h 左右,投自动,设为 35.88t/h | 10 | |
| 257 | 调整减压塔加热炉 F2 出口温度 TIC-402 至 395℃左右,投自动,设为 395℃ | 10 | |
| 258 | 减压塔加热炉 F2 炉膛温度 TIC-401 投串级 | 10 | |
| 259 | 调整减压塔加热炉 F2 氧含量 ARC-401 至 2%左右,投自动,设为 2% | 10 | |
| 260 | 调整减一中返塔温度 TIC-501 至 150℃左右,投自动,设为 150℃ | 10 | |
| 261 | 调整减二中返塔温度 TIC-502 至 236℃左右,投自动,设为 236℃ | 10 | |
| 262 | 调整减压塔塔顶温度 TIC-503 至 55℃左右,投自动,设为 55℃ | 10 | |
| 263 | 减压塔塔顶回流量 FIC-504 投串级 | 10 | |
| 264 | 调整减压塔塔顶回流罐液位 LIC-501 至 50%左右,投自动,设为 50% | 10 | |
| 265 | 调整减二线汽提塔液位 LIC-502 至 50%左右,投自动,设为 50% | 10 | |
| 266 | 调整减三线汽提塔液位 LIC-503 至 50%左右,投自动,设为 50% | 10 | |
| 267 | 调整减四线汽提塔液位 LIC-504 至 50%左右,投自动,设为 50% | 10 | |
| 268 | 调整减压塔塔底液位 LIC-505 至 50%左右,投自动,设为 50% | 10 | |
| 269 | 减压塔塔底流量 FIC-505 投串级 | 10 | |
| 270 | 调整减一线出料流量 FIC-507 至 20.12t/h 左右,投自动,设为 20.12t/h | 10 | |
| 271 | 调整减二线出料流量 FIC-508 至 48.13t/h 左右,投自动,设为 48.13t/h | 10 | |
| 272 | 调整减三线出料流量 FIC-509 至 24.06t/h 左右,投自动,设为 24.06t/h | 10 | |
| 273 | 调整减四线出料流量 FIC-510 至 39.37t/h 左右,投自动,设为 39.37t/h | 10 | |
| 质量指标 | | | |
| 274 | 电脱盐罐水位 LIC-101 | 10 | |
| 275 | 初馏塔塔顶回流罐液位 LIC-103 | 10 | |
| 276 | 初馏塔塔底液位 LIC-102 | 10 | |
| 277 | 初馏塔塔顶温度 TIC-105 | 10 | |

| 步骤 | 操作 | 分值 | 完成否 |
|---|---|---|---|
| 278 | 常压塔加热炉 F1 出口温度 TIC-202 | 10 | |
| 279 | 常压塔加热炉 F1 炉膛温度 TIC-201 | 10 | |
| 280 | 常压塔加热炉 F1 氧含量 ARC-201 | 10 | |
| 281 | 常压塔塔顶回流罐液位 LIC-301 | 10 | |
| 282 | 常一线汽提塔液位 LIC-302 | 10 | |
| 283 | 常二线汽提塔液位 LIC-303 | 10 | |
| 284 | 常三线汽提塔液位 LIC-304 | 10 | |
| 285 | 常压塔塔底液位 LIC-305 | 10 | |
| 286 | 常压塔塔顶温度 TIC-303 | 10 | |
| 287 | 减压塔加热炉 F2 出口温度 TIC-402 | 10 | |
| 288 | 减压塔加热炉 F2 炉膛温度 TIC-401 | 10 | |
| 289 | 减压塔加热炉 F2 氧含量 ARC-401 | 10 | |
| 290 | 减压塔塔顶回流罐液位 LIC-501 | 10 | |
| 291 | 减二线汽提塔液位 LIC-502 | 10 | |
| 292 | 减三线汽提塔液位 LIC-503 | 10 | |
| 293 | 减四线汽提塔液位 LIC-504 | 10 | |
| 294 | 减压塔塔底液位 LIC-505 | 10 | |
| 295 | 减压塔塔顶温度 TIC-503 | 10 | |

表 3-11　正常停车操作规程

| 步骤 | 操作 | 分值 | 完成否 |
|---|---|---|---|
| | 停辅助系统 | | |
| 1 | 去现场关闭破乳剂手动阀 XV-104,停注破乳剂 | 10 | |
| 2 | 关闭注水调节阀 FIC-101,停止注水 | 10 | |
| | 停电脱盐系统 | | |
| 3 | 去现场全开停车副线手动阀 XV-103 | 10 | |
| 4 | 去现场关闭电脱盐入口手动阀 XV-101 | 10 | |
| 5 | 去现场关闭电脱盐出口手动阀 XV-102 | 10 | |
| 6 | 全开电脱盐罐水位调节阀 LIC-101 | 10 | |
| 7 | 关闭脱后原油温度调节阀 TIC-103 | 10 | |
| 8 | 关闭脱后原油温度调节阀 TIC-104 | 10 | |
| | 系统降量 | | |
| 9 | 调整原油入口调节阀 FIC-104 开度至 20% | 10 | |
| 10 | 调整初馏塔塔底一路流量调节阀 FIC-108 开度至 30% | 10 | |
| 11 | 调整初馏塔塔底二路流量调节阀 FIC-109 开度至 30% | 10 | |
| | 常压系统降温停车 | | |
| 12 | 调整常压塔加热炉燃料油调节阀 TIC-201 开度至 20% | 10 | |
| 13 | 关闭常压塔加热炉燃料油调节阀 TIC-201 | 10 | |

| 步骤 | 操作 | 分值 | 完成否 |
|---|---|---|---|
| 14 | 去现场关闭常压塔加热炉点火按钮 IG-001 | 10 | |
| 15 | 去现场全开常压塔加热炉空气手动阀 XV-202 | 10 | |
| 16 | 关闭常压塔加热炉烟气氧含量调节阀 ARC-201 | 10 | |
| 17 | 去现场关闭常压塔加热炉鼓发机 G-001 出口手动阀 XV-205 | 10 | |
| 18 | 停常压塔加热炉鼓风机 G-001 | 10 | |
| 19 | 去现场关闭常压塔加热炉鼓发机 G-001 入口手动阀 XV-206 | 10 | |
| 20 | 去现场打开常压塔加热炉烟道挡板 HC-201 至 50% | 10 | |
| 21 | 关闭常压塔加热炉压力调节阀 PIC-201 | 10 | |
| 22 | 去现场关闭常压塔加热炉引风机 Y-001 出口手动阀 XV-204 | 10 | |
| 23 | 停常压塔加热炉引风机 Y-001 | 10 | |
| 24 | 去现场关闭常压塔加热炉引风机 Y-001 入口手动阀 XV-203 | 10 | |
| 25 | 去现场关闭初馏塔侧线手动阀 XV-111 | 10 | |
| 26 | 关闭初馏塔塔顶回流量 FIC-107 | 10 | |
| 27 | 关闭初馏塔塔顶回流量 FIC-107 前阀 XV-127 | 10 | |
| 28 | 关闭初馏塔塔顶回流量 FIC-107 后阀 XV-126 | 10 | |
| 29 | 当初馏塔塔顶回流罐液位 LIC-103 降至 0 时,关闭初馏塔塔顶回流罐液位调节阀 LIC-103 | 10 | |
| 30 | 关闭初馏塔塔顶回流罐液位调节阀 LIC-103 前阀 XV-128 | 10 | |
| 31 | 关闭初馏塔塔顶回流罐液位调节阀 LIC-103 后阀 XV-129 | 10 | |
| 32 | 去现场关闭初馏塔塔顶回流泵 P-005 出口手动阀 XV-110 | 10 | |
| 33 | 停初馏塔塔顶回流泵 P-005 | 10 | |
| 34 | 去现场关闭初馏塔塔顶回流泵 P-005 入口手动阀 XV-109 | 10 | |
| 35 | 去现场关闭空冷器 KN-105 出口手动阀 XV-108 | 10 | |
| 36 | 停空冷器 KN-105 | 10 | |
| 37 | 去现场关闭空冷器 KN-105 入口手动阀 XV-107 | 10 | |
| 38 | 关闭常压塔汽提蒸汽调节阀 FIC-305 | 10 | |
| 39 | 关闭常压汽提塔汽提蒸汽调节阀 FIC-309 | 10 | |
| 40 | 关闭常一线液位调节阀 LIC-302 | 10 | |
| 41 | 关闭常一线液位调节阀 LIC-302 前阀 XV-328 | 10 | |
| 42 | 关闭常一线液位调节阀 LIC-302 后阀 XV-329 | 10 | |
| 43 | 关闭常二线液位调节阀 LIC-303 | 10 | |
| 44 | 关闭常二线液位调节阀 LIC-303 前阀 XV-332 | 10 | |
| 45 | 关闭常二线液位调节阀 LIC-303 后阀 XV-333 | 10 | |
| 46 | 关闭常三线液位调节阀 LIC-304 | 10 | |
| 47 | 关闭常三线液位调节阀 LIC-304 前阀 XV-334 | 10 | |
| 48 | 关闭常三线液位调节阀 LIC-304 后阀 XV-335 | 10 | |
| 49 | 当常一线液位 LIC-302 降至 0 时,关闭常一线出料调节阀 FIC-306 | 10 | |
| 50 | 关闭常一线出料调节阀 FIC-306 前阀 XV-330 | 10 | |

| 步骤 | 操作 | 分值 | 完成否 |
|---|---|---|---|
| 51 | 关闭常一线出料调节阀 FIC-306 后阀 XV-331 | 10 | |
| 52 | 去现场关闭常一线泵 P-009 出口手动阀 XV-311 | 10 | |
| 53 | 停常一线泵 P-009 | 10 | |
| 54 | 去现场关闭常一线泵 P-009 入口手动阀 XV-310 | 10 | |
| 55 | 当常二线液位 LIC-303 降至 0 时,关闭常二线出料调节阀 FIC-307 | 10 | |
| 56 | 关闭常二线出料调节阀 FIC-307 前阀 XV-336 | 10 | |
| 57 | 关闭常二线出料调节阀 FIC-307 后阀 XV-337 | 10 | |
| 58 | 去现场关闭常二线泵 P-010 出口手动阀 XV-314 | 10 | |
| 59 | 停常二线泵 P-010 | 10 | |
| 60 | 去现场关闭常二线泵 P-010 入口手动阀 XV-313 | 10 | |
| 61 | 当常三线液位 LIC-304 降至 0 时,关闭常三线出料调节阀 FIC-308 | 10 | |
| 62 | 关闭常三线出料调节阀 FIC-308 前阀 XV-338 | 10 | |
| 63 | 关闭常三线出料调节阀 FIC-308 后阀 XV-339 | 10 | |
| 64 | 去现场关闭常三线泵 P-011 出口手动阀 XV-317 | 10 | |
| 65 | 停常三线泵 P-011 | 10 | |
| 66 | 去现场关闭常三线泵 P-011 入口手动阀 XV-316 | 10 | |
| 67 | 关闭常一中返塔温度调节阀 TIC-301 | 10 | |
| 68 | 关闭常一中流量调节阀 FIC-301 | 10 | |
| 69 | 关闭常一中流量调节阀 FIC-301 前阀 XV-319 | 10 | |
| 70 | 关闭常一中流量调节阀 FIC-301 后阀 XV-320 | 10 | |
| 71 | 去现场关闭常一中泵 P-014 出口手动阀 XV-301 | 10 | |
| 72 | 停常一中泵 P-014 | 10 | |
| 73 | 去现场关闭常一中泵 P-014 入口手动阀 XV-302 | 10 | |
| 74 | 关闭常二中返塔温度调节阀 TIC-302 | 10 | |
| 75 | 关闭常二中流量调节阀 FIC-302 | 10 | |
| 76 | 关闭常二中流量调节阀 FIC-302 前阀 XV-321 | 10 | |
| 77 | 关闭常二中流量调节阀 FIC-302 后阀 XV-322 | 10 | |
| 78 | 去现场关闭常二中泵 P-015 出口手动阀 XV-303 | 10 | |
| 79 | 停常二中泵 P-015 | 10 | |
| 80 | 去现场关闭常二中泵 P-015 入口手动阀 XV-304 | 10 | |
| 81 | 关闭常压塔塔顶回流量 FIC-304 | 10 | |
| 82 | 关闭常压塔塔顶回流量 FIC-304 前阀 XV-324 | 10 | |
| 83 | 关闭常压塔塔顶回流量 FIC-304 后阀 XV-325 | 10 | |
| 84 | 当常压塔塔顶回流罐液位 LIC-301 降至 0 时,关闭常压塔塔顶回流液位调节阀 LIC-301 | 10 | |
| 85 | 关闭常压塔塔顶回流罐液位调节阀 LIC-301 前阀 XV-326 | 10 | |
| 86 | 关闭常压塔塔顶回流罐液位调节阀 LIC-301 后阀 XV-327 | 10 | |
| 87 | 去现场关闭常压塔塔顶回流泵 P-007 出口手动阀 XV-308 | 10 | |

续表

| 步骤 | 操作 | 分值 | 完成否 |
|---|---|---|---|
| 88 | 停常压塔塔顶回流泵 P-007 | 10 | |
| 89 | 去现场关闭常压塔塔顶回流泵 P-007 入口手动阀 XV-309 | 10 | |
| 切断进料 | | | |
| 90 | 关闭原油入口调节阀 FIC-104 | 10 | |
| 91 | 关闭原油入口调节阀 FIC-104 前阀 XV-114 | 10 | |
| 92 | 关闭原油入口调节阀 FIC-104 后阀 XV-115 | 10 | |
| 93 | 去现场关闭原油泵 P-001 出口手动阀 XV-106 | 10 | |
| 94 | 停原油泵 P-001 | 10 | |
| 95 | 去现场关闭原油泵 P-001 入口手动阀 XV-105 | 10 | |
| 96 | 关闭脱前原油一路温度调节阀 TIC-101 | 10 | |
| 97 | 关闭脱前原油二路温度调节阀 TIC-102 | 10 | |
| 98 | 当初馏塔液位 LIC-102 降至 0 时,关闭初馏塔底一路流量调节阀 FIC-108 | 10 | |
| 99 | 关闭初馏塔塔底一路温度调节阀 TIC-106 | 10 | |
| 100 | 关闭初馏塔塔底二路流量调节阀 FIC-109 | 10 | |
| 101 | 关闭初馏塔塔底二路温度调节阀 TIC-107 | 10 | |
| 102 | 去现场关闭初馏塔塔底泵 P-002 出口手动阀 XV-113 | 10 | |
| 103 | 停初馏塔塔底泵 P-002 | 10 | |
| 104 | 去现场关闭初馏塔塔底泵 P-002 入口手动阀 XV-112 | 10 | |
| 105 | 当常压塔塔底液位 LIC-305 降至 0 时,关闭常压塔塔底流量调节阀 FIC-303 | 10 | |
| 106 | 关闭常压塔塔底流量调节阀 FIC-303 前阀 XV-340 | 10 | |
| 107 | 关闭常压塔塔底流量调节阀 FIC-303 后阀 XV-323 | 10 | |
| 108 | 去现场关闭常压塔塔底泵 P-003 出口手动阀 XV-306 | 10 | |
| 109 | 停常压塔塔底泵 P-003 | 10 | |
| 110 | 去现场关闭常压塔塔底泵 P-003 入口手动阀 XV-307 | 10 | |
| 减压系统降温停车 | | | |
| 111 | 去现场关闭减压塔加热炉注汽手动阀 XV-401 | 10 | |
| 112 | 调整减压塔加热炉燃料油调节阀 TIC-401 开度至 20% | 10 | |
| 113 | 关闭减压塔加热炉燃料油调节阀 TIC-401 | 10 | |
| 114 | 去现场关闭减压塔加热炉点火按钮 IG-002 | 10 | |
| 115 | 去现场全开减压塔加热炉空气手动阀 XV-402 | 10 | |
| 116 | 关闭减压塔加热炉烟气氧含量调节阀 ARC-401 | 10 | |
| 117 | 去现场关闭减压塔加热炉鼓发机 G-002 出口手动阀 XV-406 | 10 | |
| 118 | 停减压塔加热炉鼓风机 G-002 | 10 | |
| 119 | 去现场关闭减压塔加热炉鼓发机 G-002 入口手动阀 XV-407 | 10 | |
| 120 | 去现场打开减压塔加热炉烟道挡板 HC-401 至 50% | 10 | |
| 121 | 关闭减压塔加热炉压力调节阀 PIC-401 | 10 | |
| 122 | 去现场关闭减压塔加热炉引风机 Y-002 出口手动阀 XV-405 | 10 | |

| 步骤 | 操作 | 分值 | 完成否 |
|---|---|---|---|
| 123 | 停减压塔加热炉引风机 Y-002 | 10 | |
| 124 | 去现场关闭减压塔加热炉引风机 Y-002 入口手动阀 XV-404 | 10 | |
| 125 | 关闭减压塔汽提蒸汽流量调节阀 FIC-503 | 10 | |
| 126 | 关闭减压汽提塔汽提蒸汽流量调节阀 FIC-506 | 10 | |
| 127 | 全开减压塔塔底流量调节阀 FIC-505 | 10 | |
| 128 | 关闭减一中返塔温度调节阀 TIC-501 | 10 | |
| 129 | 关闭减一中流量调节阀 FIC-501 | 10 | |
| 130 | 关闭减一中流量调节阀 FIC-501 前阀 XV-524 | 10 | |
| 131 | 关闭减一中流量调节阀 FIC-501 后阀 XV-525 | 10 | |
| 132 | 去现场关闭减一中泵 P-022 出口手动阀 XV-501 | 10 | |
| 133 | 停减一中泵 P-022 | 10 | |
| 134 | 去现场关闭减一中泵 P-022 入口手动阀 XV-502 | 10 | |
| 135 | 关闭减二中返塔温度调节阀 TIC-502 | 10 | |
| 136 | 关闭减二中流量调节阀 FIC-502 | 10 | |
| 137 | 关闭减二中流量调节阀 FIC-502 前阀 XV-526 | 10 | |
| 138 | 关闭减二中流量调节阀 FIC-502 后阀 XV-527 | 10 | |
| 139 | 去现场关闭减二中泵 P-023 出口手动阀 XV-503 | 10 | |
| 140 | 停减二中泵 P-023 | 10 | |
| 141 | 去现场关闭减二中泵 P-023 入口手动阀 XV-504 | 10 | |
| 142 | 去现场关闭减压塔塔顶喷射蒸汽手动阀 XV-510 | 10 | |
| 143 | 去现场关闭减压塔塔顶冷却水手动阀 XV-511 | 10 | |
| 144 | 当减压塔塔顶罐液位 LIC-501 降至 0 时,关闭减压塔塔顶罐液位调节阀 LIC-501 | 10 | |
| 145 | 关闭减压塔塔顶罐液位调节阀 LIC-501 前阀 XV-532 | 10 | |
| 146 | 关闭减压塔塔顶罐液位调节阀 LIC-501 后阀 XV-533 | 10 | |
| 147 | 关闭减压塔塔顶回流量调节阀 FIC-504 | 10 | |
| 148 | 关闭减压塔塔顶回流量调节阀 FIC-504 前阀 XV-528 | 10 | |
| 149 | 关闭减压塔塔顶回流量调节阀 FIC-504 后阀 XV-529 | 10 | |
| 150 | 关闭减二线汽提塔液位调节阀 LIC-502 | 10 | |
| 151 | 关闭减二线汽提塔液位调节阀 LIC-502 前阀 XV-534 | 10 | |
| 152 | 关闭减二线汽提塔液位调节阀 LIC-502 后阀 XV-535 | 10 | |
| 153 | 关闭减三线汽提塔液位调节阀 LIC-503 | 10 | |
| 154 | 关闭减三线汽提塔液位调节阀 LIC-503 前阀 XV-536 | 10 | |
| 155 | 关闭减三线汽提塔液位调节阀 LIC-503 后阀 XV-537 | 10 | |
| 156 | 关闭减四线汽提塔液位调节阀 LIC-504 | 10 | |
| 157 | 关闭减四线汽提塔液位调节阀 LIC-504 前阀 XV-540 | 10 | |
| 158 | 关闭减四线汽提塔液位调节阀 LIC-504 后阀 XV-541 | 10 | |
| 159 | 关闭减一线出料调节阀 FIC-507 | 10 | |

续表

| 步骤 | 操作 | 分值 | 完成否 |
|---|---|---|---|
| 160 | 关闭减一线出料调节阀 FIC-507 前阀 XV-530 | 10 | |
| 161 | 关闭减一线出料调节阀 FIC-507 后阀 XV-531 | 10 | |
| 162 | 去现场关闭减一线泵 P-016 出口手动阀 XV-506 | 10 | |
| 163 | 停减一线泵 P-016 | 10 | |
| 164 | 去现场关闭减一线泵 P-016 入口手动阀 XV-505 | 10 | |
| 165 | 当减二线汽提塔液位 LIC-502 降至 0 时,关闭减二线出料调节阀 FIC-508 | 10 | |
| 166 | 去现场关闭减二线泵 P-017 出口手动阀 XV-513 | 10 | |
| 167 | 停减二线泵 P-017 | 10 | |
| 168 | 去现场关闭减二线泵 P-017 入口手动阀 XV-512 | 10 | |
| 169 | 当减三线汽提塔液位 LIC-503 降至 0 时,关闭减三线出料调节阀 FIC-509 | 10 | |
| 170 | 去现场关闭减三线泵 P-018 出口手动阀 XV-516 | 10 | |
| 171 | 停减三线泵 P-018 | 10 | |
| 172 | 去现场关闭减三线泵 P-018 入口手动阀 XV-515 | 10 | |
| 173 | 当减四线汽提塔液位 LIC-504 降至 0 时,关闭减四线出料调节阀 FIC-510 | 10 | |
| 174 | 去现场关闭减四线泵 P-019 出口手动阀 XV-519 | 10 | |
| 175 | 停减四线泵 P-019 | 10 | |
| 176 | 去现场关闭减四线泵 P-019 入口手动阀 XV-518 | 10 | |
| 177 | 当减压塔塔底液位 LIC-505 降至 0 时,关闭减压塔塔底流量调节阀 FIC-505 | 10 | |
| 178 | 关闭减压塔塔底流量调节阀 FIC-505 前阀 XV-546 | 10 | |
| 179 | 关闭减压塔塔底流量调节阀 FIC-505 后阀 XV-547 | 10 | |
| 180 | 去现场关闭减压塔塔底泵 P-004 出口手动阀 XV-509 | 10 | |
| 181 | 停减压塔塔底泵 P-004 | 10 | |
| 182 | 去现场关闭减压塔塔底泵 P-004 入口手动阀 XV-508 | 10 | |
| 质量指标 | | | |
| 183 | 电脱盐罐水位 LIC-101 | 10 | |
| 184 | 初馏塔塔顶回流罐液位 LIC-103 | 10 | |
| 185 | 初馏塔塔底液位 LIC-102 | 10 | |
| 186 | 常压塔塔顶回流罐液位 LIC-301 | 10 | |
| 187 | 常一线汽提塔液位 LIC-302 | 10 | |
| 188 | 常二线汽提塔液位 LIC-303 | 10 | |
| 189 | 常三线汽提塔液位 LIC-304 | 10 | |
| 190 | 常压塔塔底液位 LIC-305 | 10 | |
| 191 | 减压塔塔顶回流罐液位 LIC-501 | 10 | |
| 192 | 减二线汽提塔液位 LIC-502 | 10 | |
| 193 | 减三线汽提塔液位 LIC-503 | 10 | |
| 194 | 减四线汽提塔液位 LIC-504 | 10 | |
| 195 | 减压塔塔底液位 LIC-505 | 10 | |

表 3-12　紧急停车操作规程

| 步骤 | 操作 | 分值 | 完成否 |
|---|---|---|---|
| 1 | 去现场关闭破乳剂手动阀 XV-104,停止注破乳剂 | 10 | |
| 2 | 去现场全开电脱盐副线手动阀 XV-103 | 10 | |
| 3 | 去现场关闭电脱盐罐入口手动阀 XV-101 | 10 | |
| 4 | 去现场关闭电脱盐罐出口手动阀 XV-102 | 10 | |
| 5 | 关闭常压塔加热炉燃料油调节阀 TIC-201,常压塔加热炉熄火 | 10 | |
| 6 | 关闭减压塔加热炉燃料油调节阀 TIC-401,减压塔加热炉熄火 | 10 | |
| 7 | 关闭原油入口调节阀 FIC-104 | 10 | |
| 8 | 去现场关闭原油泵 P-001 出口手动阀 XV-106 | 10 | |
| 9 | 停原油泵 P-001 | 10 | |
| 10 | 去现场关闭原油泵 P-001 入口手动阀 XV-105 | 10 | |
| 11 | 去现场关闭初馏塔侧线手动阀 XV-111 | 10 | |
| 12 | 关闭常一线出料调节阀 FIC-306 | 10 | |
| 13 | 去现场关闭常一线泵 P-009 出口手动阀 XV-311 | 10 | |
| 14 | 停常一线泵 P-009 | 10 | |
| 15 | 去现场关闭常一线泵 P-009 入口手动阀 XV-310 | 10 | |
| 16 | 关闭常二线出料调节阀 FIC-307 | 10 | |
| 17 | 去现场关闭常二线泵 P-010 出口手动阀 XV-314 | 10 | |
| 18 | 停常二线泵 P-010 | 10 | |
| 19 | 去现场关闭常二线泵 P-010 入口手动阀 XV-313 | 10 | |
| 20 | 关闭常三线出料调节阀 FIC-308 | 10 | |
| 21 | 去现场关闭常三线泵 P-011 出口手动阀 XV-317 | 10 | |
| 22 | 停常三线泵 P-011 | 10 | |
| 23 | 去现场关闭常三线泵 P-011 入口手动阀 XV-316 | 10 | |
| 24 | 关闭减一线出料调节阀 FIC-507 | 10 | |
| 25 | 关闭减二线出料调节阀 FIC-508 | 10 | |
| 26 | 去现场关闭减二线泵 P-017 出口手动阀 XV-513 | 10 | |
| 27 | 停减二线泵 P-017 | 10 | |
| 28 | 去现场关闭减二线泵 P-017 入口手动阀 XV-512 | 10 | |
| 29 | 关闭减三线出料调节阀 FIC-509 | 10 | |
| 30 | 去现场关闭减三线泵 P-018 出口手动阀 XV-516 | 10 | |
| 31 | 停减三线泵 P-018 | 10 | |
| 32 | 去现场关闭减三线泵 P-018 入口手动阀 XV-515 | 10 | |
| 33 | 关闭减四线出料调节阀 FIC-510 | 10 | |
| 34 | 去现场关闭减四线泵 P-019 出口手动阀 XV-519 | 10 | |
| 35 | 停减四线泵 P-019 | 10 | |
| 36 | 去现场关闭减四线泵 P-019 入口手动阀 XV-518 | 10 | |

表 3-13　事故—操作规程

| 步骤 | 操作 | 分值 | 完成否 |
|---|---|---|---|
| 1 | 关闭常压塔塔底流量调节阀 FIC-303 | 10 | |
| 2 | 去现场全开常压塔塔底事故线手动阀 XV-305 | 10 | |
| 3 | 关闭减压塔汽提蒸汽调节阀 FIC-503 | 10 | |
| 4 | 关闭减压汽提塔汽提蒸汽调节阀 FIC-506 | 10 | |
| 5 | 去现场关闭减压塔塔顶喷射蒸汽手动阀 XV-510 | 10 | |
| 6 | 去现场关闭减压塔塔顶冷却水手动阀 XV-511 | 10 | |
| 7 | 关闭减二线汽提塔液位调节阀 LIC-502 | 10 | |
| 8 | 关闭减三线汽提塔液位调节阀 LIC-503 | 10 | |
| 9 | 关闭减四线汽提塔液位调节阀 LIC-504 | 10 | |
| 10 | 关闭减一线出料调节阀 FIC-507 | 10 | |
| 11 | 关闭减二线出料调节阀 FIC-508 | 10 | |
| 12 | 去现场关闭减二线泵 P-017 出口手动阀 XV-513 | 10 | |
| 13 | 停减二线泵 P-017 | 10 | |
| 14 | 去现场关闭减二线泵 P-017 入口手动阀 XV-512 | 10 | |
| 15 | 关闭减三线出料调节阀 FIC-509 | 10 | |
| 16 | 去现场关闭减三线泵 P-018 出口手动阀 XV-516 | 10 | |
| 17 | 停减三线泵 P-018 | 10 | |
| 18 | 去现场关闭减三线泵 P-018 入口手动阀 XV-515 | 10 | |
| 19 | 关闭减四线出料调节阀 FIC-510 | 10 | |
| 20 | 去现场关闭减四线泵 P-019 出口手动阀 XV-519 | 10 | |
| 21 | 停减四线泵 P-019 | 10 | |
| 22 | 去现场关闭减四线泵 P-019 入口手动阀 XV-518 | 10 | |
| 23 | 关闭减一中返塔温度调节阀 TIC-501 | 10 | |
| 24 | 关闭减一中流量调节阀 FIC-501 | 10 | |
| 25 | 去现场关闭减一中泵 P-022 出口手动阀 XV-501 | 10 | |
| 26 | 停减一中泵 P-022 | 10 | |
| 27 | 去现场关闭减一中泵 P-022 入口手动阀 XV-502 | 10 | |
| 28 | 关闭减二中返塔温度调节阀 TIC-502 | 10 | |
| 29 | 关闭减二中流量调节阀 FIC-502 | 10 | |
| 30 | 去现场关闭减二中泵 P-023 出口手动阀 XV-503 | 10 | |
| 31 | 停减二中泵 P-023 | 10 | |
| 32 | 去现场关闭减二中泵 P-023 入口手动阀 XV-504 | 10 | |
| 质量指标 | | | |
| 33 | 常压塔塔顶回流罐液位 LIC-301 | 10 | |
| 34 | 常一线汽提塔液位 LIC-302 | 10 | |
| 35 | 常二线汽提塔液位 LIC-303 | 10 | |
| 36 | 常三线汽提塔液位 LIC-304 | 10 | |
| 37 | 常压塔塔底液位 LIC-305 | 10 | |
| 38 | 常压塔塔顶温度 TIC-303 | 10 | |
| 39 | 常压塔塔顶压力 PIC-301 | 10 | |

表 3-14　事故二操作规程

| 步骤 | 操作 | 分值 | 完成否 |
|---|---|---|---|
| 1 | 去现场关闭破乳剂手动阀 XV-104,停止注破乳剂 | 10 | |
| 2 | 去现场全开电脱盐副线手动阀 XV-103 | 10 | |
| 3 | 去现场关闭电脱盐罐入口手动阀 XV-101 | 10 | |
| 4 | 去现场关闭电脱盐罐出口手动阀 XV-102 | 10 | |
| 5 | 关闭常压塔加热炉燃料油调节阀 TIC-201,常压塔加热炉熄火 | 10 | |
| 6 | 关闭减压塔加热炉燃料油调节阀 TIC-401,减压塔加热炉熄火 | 10 | |
| 7 | 关闭原油入口调节阀 FIC-104 | 10 | |
| 8 | 去现场关闭原油泵 P-001 出口手动阀 XV-106 | 10 | |
| 9 | 停原油泵 P-001 | 10 | |
| 10 | 去现场关闭原油泵 P-001 入口手动阀 XV-105 | 10 | |
| 11 | 去现场关闭初馏塔侧线手动阀 XV-111 | 10 | |
| 12 | 关闭常一线出料调节阀 FIC-306 | 10 | |
| 13 | 去现场关闭常一线泵 P-009 出口手动阀 XV-311 | 10 | |
| 14 | 停常一线泵 P-009 | 10 | |
| 15 | 去现场关闭常一线泵 P-009 入口手动阀 XV-310 | 10 | |
| 16 | 关闭常二线出料调节阀 FIC-307 | 10 | |
| 17 | 去现场关闭常二线泵 P-010 出口手动阀 XV-314 | 10 | |
| 18 | 停常二线泵 P-010 | 10 | |
| 19 | 去现场关闭常二线泵 P-010 入口手动阀 XV-313 | 10 | |
| 20 | 关闭常三线出料调节阀 FIC-308 | 10 | |
| 21 | 去现场关闭常三线泵 P-011 出口手动阀 XV-317 | 10 | |
| 22 | 停常三线泵 P-011 | 10 | |
| 23 | 去现场关闭常三线泵 P-011 入口手动阀 XV-316 | 10 | |
| 24 | 关闭减一线出料调节阀 FIC-507 | 10 | |
| 25 | 关闭减二线出料调节阀 FIC-508 | 10 | |
| 26 | 去现场关闭减二线泵 P-017 出口手动阀 XV-513 | 10 | |
| 27 | 停减二线泵 P-017 | 10 | |
| 28 | 去现场关闭减二线泵 P-017 入口手动阀 XV-512 | 10 | |
| 29 | 关闭减三线出料调节阀 FIC-509 | 10 | |
| 30 | 去现场关闭减三线泵 P-018 出口手动阀 XV-516 | 10 | |
| 31 | 停减三线泵 P-018 | 10 | |
| 32 | 去现场关闭减三线泵 P-018 入口手动阀 XV-515 | 10 | |
| 33 | 关闭减四线出料调节阀 FIC-510 | 10 | |
| 34 | 去现场关闭减四线泵 P-019 出口手动阀 XV-519 | 10 | |
| 35 | 停减四线泵 P-019 | 10 | |
| 36 | 去现场关闭减四线泵 P-019 入口手动阀 XV-518 | 10 | |

【知识拓展】

# 一、常压塔参数控制

常压塔的参数控制主要是温度、液面和压力的控制，塔的平稳操作关键是控制好塔的物料平衡、热量平衡，维持好一个合理的操作条件，工艺参数的控制主要就是针对上述两点要求进行的。

## （一）温度控制

常压蒸馏系统主要控制的温度点有：加热炉出口温度、塔顶温度、侧线温度。

侧线温度是影响侧线产品收率和质量的主要因素，侧线温度高，侧线馏分变重。侧线温度可通过侧线产品抽出量和中段回流进行调节和控制。

### 1. 温度控制原则

① 塔顶温度用塔顶回流量及塔顶回流温度调节。

塔顶温度是影响塔顶产品收率和质量的主要因素，常压塔顶温度对汽油组分及常一线的质量有决定性的影响。塔顶温度高，则塔顶产品收率提高，相应塔顶产品终馏点提高，即产品变重；反之则相反。塔顶温度主要通过塔顶回流量和回流温度进行控制。

② 侧线温度用侧线抽出量及塔顶温度调节。

常压侧线温度是控制侧线产品质量的一个重要因素，它是通过改变塔顶温度和侧线抽出量从而使抽出板上下液相回流量发生变化来进行调节的，但由于侧线的抽出量与进料量之间有一定的比例关系，不允许做大幅度的变化。

③ 循环回流、中段回流用于塔顶温度和侧线温度调节。

### 2. 塔顶温度控制

| 影响因素 | 调节方法 |
| --- | --- |
| ① 常压炉出口波动 | 稳定炉出口温度 |
| ② 塔顶回流量变化 | 控制好塔顶回流量 |
| ③ 回流油温度变化 | 调整好汽油冷后温度 |
| ④ 塔顶回流带水 | 加强回流罐切水 |
| ⑤ 侧线抽出量变化 | 稳定侧线抽出量 |
| ⑥ 原油含水量变化 | 加强电脱盐罐切水 |
| ⑦ 原油性质变化 | 根据原油密度调整塔顶温度 |
| ⑧ 塔底吹气量变化 | 稳定塔底吹气开度及压力 |
| ⑨ 原油量波动 | 稳定原油量 |
| ⑩ 塔顶压力变化 | 分析变化原因及时调整 |
| ⑪ 冲塔 | 按冲塔事故处理方法处理 |
| ⑫ 仪表失灵或指示假象 | 校验仪表 |
| ⑬ 侧线量波动 | 稳定侧线量 |
| ⑭ 热电偶接触不好 | 联系仪表工处理 |
| ⑮ 操作不当 | 及时调整操作 |

### 3. 侧线温度控制

| 影响因素 | 调节方法 |
| --- | --- |
| ① 塔顶温度变化 | 稳定塔顶温度 |
| ② 塔顶压力变化 | 稳定塔顶压力 |

| 影响因素 | 调节方法 |
|---|---|
| ③ 侧线抽出量变化 | 调整侧线抽出量 |
| ④ 炉出口温度波动 | 平衡炉出口温度 |
| ⑤ 原油量变化 | 稳定原油量 |
| ⑥ 原油性质变化 | 根据原油密度调整侧线量 |
| ⑦ 塔盘堵或泄漏 | 必要时停工处理 |
| ⑧ 冲塔 | 按冲塔事故处理方法处理 |
| ⑨ 塔底吹气量波动 | 稳定过热蒸汽压力及开度 |
| ⑩ 仪表失灵 | 校验仪表 |
| ⑪ 塔底液面过高淹塔 | 稳定塔底液面 |
| ⑫ 回流量变化 | 稳定回流量 |
| ⑬ 操作不当 | 及时调整操作 |

## （二）液面控制

### 1. 控制原则

① 常压塔塔底液面由塔底抽出量及原油量调节。

② 侧线汽提塔液面由侧线抽出量调节。

③ 常压塔塔顶回流罐汽油液面用汽油外送量调节。

④ 汽提塔内液面由外送量调节。

### 2. 闪底液面控制

| 影响因素 | 调节方法 |
|---|---|
| ① 原油量变化 | 稳定原油量 |
| ② 原油罐无液位 | 及时换罐 |
| ③ 原油含水量大 | 加强罐区切水、电脱盐罐脱水，必要时切换原油罐 |

### 3. 常压塔塔底液面控制

| 影响因素 | 调节方法 |
|---|---|
| ① 原油量变化 | 稳定原油量 |
| ② 炉出口温度变化 | 稳定炉出口温度 |
| ③ 侧线抽出量变化 | 调整侧线抽出量 |
| ④ 塔顶温度变化 | 稳定塔顶温度 |
| ⑤ 塔底吹气量变化 | 调整塔底吹气量 |
| ⑥ 原油含水量变化 | 提高原油脱水效果 |
| ⑦ 原油性质变化 | 根据原油密度调整侧线量 |
| ⑧ 塔顶压力变化 | 调整塔顶压力 |
| ⑨ 塔底泵抽空 | 切换处理塔底泵 |
| ⑩ 仪表失灵 | 校验仪表，排除故障 |
| ⑪ 常压塔进料量变化 | 稳定进料量 |

## （三）压力控制

压力是油品分馏的主要工艺条件之一，它的变化会引起全塔操作条件的改变，塔顶压力实际上反映了塔顶系统压力降的大小。

### 1. 控制原则

要求保持塔顶压力低并且平稳，以提高拔出率，并使产品质量合格。

## 2. 塔顶压力控制

| 影响因素 | 调节方法 |
| --- | --- |
| ① 原油处理量变化 | 调整原油量 |
| ② 炉出口温度变化 | 稳定炉出口温度 |
| ③ 原油含水量变化 | 加强原油脱水 |
| ④ 原油性质变化 | 适当变化操作条件 |
| ⑤ 塔底吹气量变化 | 调整塔底吹气量 |
| ⑥ 回流油温度变化 | 调整汽油冷后温度 |
| ⑦ 塔顶温度变化 | 调整塔顶回流量 |
| ⑧ 回流带水 | 加强回流罐切水 |
| ⑨ 天气温度变化 | 调整冷却系统上水量 |
| ⑩ 塔顶冷却系统堵塞 | 停工处理 |
| ⑪ 回流罐憋压 | 回流罐顶部放空 |
| ⑫ 仪表失灵 | 校验仪表 |

# 二、减压塔参数控制

## （一）温度控制

### 1. 温度控制原则

① 塔顶温度用塔顶回流量调节。

② 减压侧线温度用侧线抽出量调节。

### 2. 塔顶温度控制

| 影响因素 | 调节方法 |
| --- | --- |
| ① 减压炉出口温度波动 | 稳定炉出口温度 |
| ② 塔顶回流量波动 | 稳定回流量 |
| ③ 侧线量波动 | 稳定侧线外送量 |
| ④ 塔进料量变化 | 相应调节塔顶温度 |
| ⑤ 塔底吹汽量变化 | 调整过热蒸汽压力，调整吹汽量 |
| ⑥ 塔顶回流温度变化 | 稳定减一线冷后温度 |
| ⑦ 真空度波动 | 调整真空度 |
| ⑧ 常压拔出率变化 | 调整减一线外送量 |
| ⑨ 冲塔 | 按冲塔事故处理 |
| ⑩ 仪表失灵 | 改手控，修理仪表 |

### 3. 侧线温度控制

| 影响因素 | 调节方法 |
| --- | --- |
| ① 塔顶温度变化 | 调整回流量，稳定顶温 |
| ② 侧线量变化 | 调整侧线量 |
| ③ 塔底吹汽量变化 | 平稳过热蒸汽压力，稳定吹汽量 |
| ④ 真空度变化 | 稳定真空度 |
| ⑤ 炉出口温度变化 | 稳定减压炉出口温度 |
| ⑥ 塔进料量变化 | 适当调节侧线量 |

## （二）液面控制原则

减压塔液面用塔底抽出量控制。

| 影响因素 | 调节方法 |
|---|---|
| ① 减压炉出口温度变化 | 平稳炉出口温度 |
| ② 减压塔塔底泵上量差，抽空 | 处理或切换泵使其上量 |
| ③ 渣油外送线憋压 | 找出憋压原因及时处理 |
| ④ 真空度下降 | 提高真空度 |
| ⑤ 侧线拔出率变化 | 调整、平稳侧线量 |
| ⑥ 减压塔进料量变化 | 稳定减压塔进料量 |
| ⑦ 液面控制失灵 | 改手控，修理仪表 |
| ⑧ 备用预热阀开得过大 | 关小预热泵出口阀门 |

## (三) 真空度下降

| 影响因素 | 调节方法 |
|---|---|
| ① 总蒸汽压力下降 | 联系锅炉工段提高蒸汽压力 |
| ② 蒸汽带水 | 加强蒸汽脱水 |
| ③ 循环水压力下降 | 联系供排水工段调节水压 |
| ④ 循环水温度高 | 联系供排水工段调节水温 |
| ⑤ 减压塔塔顶水封破坏 | 减压塔塔顶罐给水建立水封 |
| ⑥ 塔底吹汽量大 | 减小塔底吹汽量 |
| ⑦ 减压系统泄漏 | 找出泄漏处进行处理 |
| ⑧ 减压炉出口温度高 | 降低炉出口温度 |
| ⑨ 减压塔塔底液面过高 | 降低进油量，提高抽出量 |
| ⑩ 减压塔塔顶温度过高 | 加大回流，稳定减压塔塔顶温度 |
| ⑪ 真空泵堵塞 | 停泵检查处理 |
| ⑫ 真空表失灵 | 检修仪表 |
| ⑬ 冷凝器结垢严重 | 检修处理 |

# 第四章
## 催化裂化装置

### 【工艺流程】

本系统为秦皇岛博赫科技开发有限公司以真实催化裂化装置为原型开发研制的虚拟化仿真系统，装置主要由反应再生系统、分馏系统、吸收稳定系统组成。

图 4-1 为催化裂化工艺总流程图。新鲜原料（减压馏分油）与回炼油进入加热炉预热至

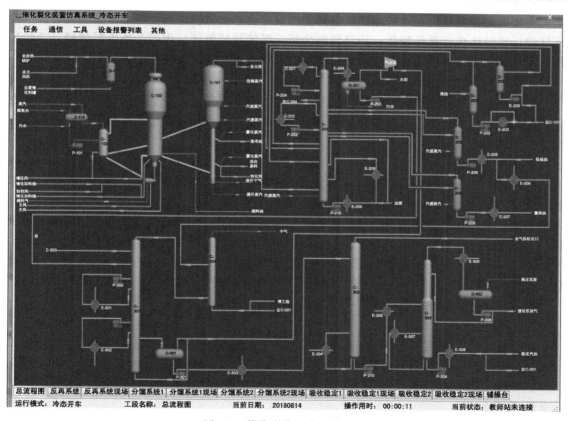

图 4-1　催化裂化工艺总流程图

300～380℃（温度过高会发生热裂解），借助于雾化水蒸气，由原料油喷嘴以雾化状态喷入提升管反应器（C-101）下部（回炼油浆不经加热直接进入提升管），与来自再生器（C-102）的温度高达650～700℃的催化剂接触后立即汽化，油气与雾化水蒸气和预提升水蒸气以7～8m/s的速度携带催化剂沿提升管向上流动，同时进行化学反应，在470～510℃的温度下，停留3～4s，以13～20m/s的速度通过提升管出口，经过快速分离器，大部分催化剂被分出落入沉降器下部。油气和水蒸气的混合气体携带少量催化剂，混合气体经两级旋风分离器分出夹带的催化剂后进入集气室，通过沉降器顶部出口进入分馏系统。

　　沉降器顶部出来的高温反应油气进入催化分馏塔（C-201）下部，经装有人字挡板的脱过热段后进入分馏段分馏。富气经压缩后去吸收稳定系统的凝缩油罐，粗汽油进吸收塔（C-301）上部；轻柴油汽提冷却后送出装置，重柴油直接送出装置；油浆一部分回炼，一部分回分馏塔，一部分送出装置作自用燃料。

　　从分馏塔塔顶油气分离器出来的富气中带有汽油组分，而粗汽油中又溶有 $C_3$、$C_4$，甚至 $C_2$ 组分，吸收稳定系统的作用是利用各组分之间在液体中溶解度不同将富气和粗汽油分离成干气、液化气、稳定汽油，控制好干气中的 $C_3^+$ 含量和 $C_3^-$ 含量、液化气中的 $C_2^-$ 含量和 $C_5^+$ 含量，稳定汽油的10％点。

## 【工艺原理】

　　催化裂化过程中的化学反应并不是单一烃类裂化反应，而是多种化学反应同时进行。在催化裂化条件下，各种化学反应的快慢、多少和难易程度都不同。主要化学反应如下。

### 1. 裂化反应

　　裂化反应是催化裂化中的主要反应，它的反应速率比较快，同类烃分子量越大，反应速率越快；烯烃比烷烃更易裂化；环烷烃裂化时，既能脱掉侧链，也能开环生成烯烃；芳烃环很稳定，单环芳烃不能脱甲基，只有三个碳以上的侧链才容易脱掉。

### 2. 异构化反应

　　异构化反应是催化裂化中的重要反应，它是指在分子量大小不变的情况下，烃类分子发生结构和空间位置的变化。异构化反应可使催化裂化产品含有较多的异构烃，汽油异构烃含量高，辛烷值高。

### 3. 氢转移反应

　　氢转移反应即某一烃分子上的氢脱下来，转移到另一个烯烃分子上，使这一烯烃分子饱和的反应。氢转移反应是催化裂化中独有的反应，反应速率比较快，带侧链的环烷烃是氢的主要来源。氢转移反应不同于一般的氢分子参加的脱氢反应和加氢反应，它是活泼的氢原子从一个烃分子转移到另一个烃分子上去，使烯烃饱和、二烯烃变成单烯烃或饱和烃、环烷烃变成环烯烃进而变成芳烃，使产品安定性变好。氢转移反应的结果是：一方面某些烯烃转换成烷烃；另一方面给出氢的化合物转化为芳烃或缩合成更大的分子，甚至结焦，使生焦率提高。

　　氢转移反应是放热反应，需要高活性催化剂和低反应温度来获得较高的反应速率。

### 4. 芳构化反应

　　芳构化反应是烷烃、烯烃环化生成环烷烃及环烯烃，然后进一步进行氢转移，放出氢原子，最后生成芳烃的反应。芳构化反应是催化裂化中的重要反应之一，由于芳构化反应，催化汽油、柴油含芳烃量较高，这也是催化汽油辛烷值较热裂解汽油辛烷值高的一个重要原因。

### 5. 叠合反应

　　叠合反应是在烯烃与烯烃之间进行的，其反应结果是生成大分子烯烃。

6. 烷基化反应

烯烃与芳烃的加合反应叫作烷基化反应。

在正常催化裂化操作条件下（500℃，常压），叠合反应和烷基化反应所占比例不大。

**【任务描述】**

① 图 4-1 是催化裂化工艺总流程图，在 A3 图纸上绘制该工艺流程图。

② 根据图 4-1 回答问题：催化裂化工艺主要设备有哪些？各设备的作用是什么？

**【知识拓展】**

# 一、各类单体烃的催化裂化反应规律

## 1. 烷烃

烷烃主要发生裂化反应，分解成较小分子的烷烃和烯烃，生成的烷烃可以继续分解成更小的分子。例如：

$$C_{16}H_{34} \longrightarrow C_8H_{16} + C_8H_{18}$$

烷烃裂化时多从中间的 C—C 键处断裂，而且分子越大越易断裂，异构烷烃的反应速率又比正构烷烃快。

## 2. 烯烃

（1）裂化反应　烯烃发生裂化反应分解为两个较小分子的烯烃。烯烃的裂化反应速率比烷烃大得多，大分子烯烃的裂化反应速率比小分子快，异构烯烃的裂化反应速率比正常烯烃快。例如：

$$C_{16}H_{32} \longrightarrow C_8H_{16} + C_8H_{16}$$

（2）异构化反应　烯烃的异构化反应有两种：一种是分子骨架结构的改变，正构烯烃变成异构烯烃；另一种是分子的双键向中间位置转移。例如：

$$CH_3-CH_2-CH_2-CH_2-CH=CH_2 \longrightarrow CH_3-CH_2-CH=CH-CH_2-CH_3 \text{（双键异构）}$$

$$CH_3-CH_2-CH=CH_2 \longrightarrow CH_3-\underset{\underset{CH_3}{|}}{C}=CH_2 \text{（骨架异构）}$$

（3）氢转移反应　环烷烃或环烷-芳烃放出氢，使烯烃饱和而自身逐渐变成稠环芳烃，或烯烃之间发生氢转移。这类反应的结果是：一方面某些烯烃转化为烷烃；另一方面给出氢的化合物转化为芳烃或缩合成更大的分子。氢转移反应速率较低，需要活性较高的催化剂，反应温度高对氢转移不利。

（4）芳构化反应　烯烃环化并进一步脱氢成为芳香烃。例如：

$$CH_3-CH_2-CH_2-CH_2-CH=CH-CH_3 \longrightarrow \text{（环己基甲基）} \longrightarrow \text{（甲苯）} + 3H_2$$

## 3. 环烷烃

环烷烃的环可断裂生成烯烃，烯烃再继续进行上述各项反应。环烷烃带有长侧链，则侧链本身会发生断裂生成环烷烃和烯烃；环烷烃可以通过氢转移反应转化为芳烃；带侧链的五元环烷烃可以异构化成六元环烷烃，并进一步脱氢生成芳烃。例如：

$$\text{（五元环-CH}_2\text{-CH}_2\text{-CH}_3) \longrightarrow CH_3-CH_2-CH_2-CH=CH-CH_2-CH_2-CH_3$$

$$\text{（五元环-CH}_3) \longrightarrow \text{（六元环）} \longrightarrow \text{（苯环）} + 3H_2$$

### 4. 芳烃

多环芳烃的裂化反应速率很低，它们的主要反应是缩合成稠环芳烃，甚至生成焦炭，同时放出氢使烯烃饱和。

## 二、石油馏分的催化裂化反应特点

### 1. 各烃类之间的竞争吸附和反应的阻滞作用

石油馏分的催化裂化反应是一个气-固相的非均相催化反应，在反应器中，原料和产品是气相，而催化剂是固相，因此在催化剂表面进行裂化反应时，包括以下七个步骤。

① 原料油分子由主气流扩散到催化剂表面。

② 原料油分子沿催化剂微孔向催化剂的内部扩散。

③ 油气分子被催化剂内表面所吸附。

④ 油气分子在催化剂内表面进行化学反应。

⑤ 反应产物分子自催化剂内表面脱附。

⑥ 反应产物分子沿催化剂微孔向外扩散。

⑦ 反应产物分子扩散到主气流中去。

反应物进行催化裂化的先决条件是原料油气扩散到催化剂表面上，并被其吸附，这样才可能进行反应。所以催化裂化反应的总速率是由吸附速率和反应速率共同决定的。

不同烃分子在催化剂表面上的吸附能力不同。大量实验证明，对于碳原子数相同的各族烃，吸附能力的大小顺序为：

稠环芳烃＞稠环环烷烃＞烯烃＞单烷基单环芳烃＞单环环烷烃＞烷烃

同族烃分子，分子量越大越容易被吸附。

如果按化学反应速率的高低进行排列，则大致情况如下：

烯烃＞大分子单烷基侧链的单环芳烃＞异构烷烃和环烷烃＞小分子单烷基侧链的单环芳烃＞正构烷烃＞稠环芳烃

综合上述两个排列顺序可知，石油馏分中的芳烃虽然吸附能力强，但反应能力弱，它首先吸附在催化剂表面上占据了相当的表面积，阻碍了其他烃类的吸附和反应，使整个石油馏分的反应速率变慢。对于烷烃，虽然反应速率快，但吸附能力弱，从而对原料反应的总效应不利。从而可得出结论：环烷烃有一定的吸附能力，又具有适宜的反应速率，因此可以认为，富含环烷烃的石油馏分应是催化裂化的理想原料，然而，实际生产中，这类原料并不多见。

### 2. 石油馏分的催化裂化反应是复杂的平行-顺序反应

实验表明，石油馏分进行催化裂化反应时，原料向几个方向进行反应，中间产物又可继续反应，从反应工程观点来看，这种反应属于平行-顺序反应。原料油可直接裂化为汽油或气体，属于一次反应，汽油又可进一步裂化生成气体，这就是二次反应。如图 4-2 所示，平行-顺序反应的一个重要特点是反应深度对产品产率分布有重大影响。如图 4-3 所示，随着反应时间的增长，转化率提高，气体和焦炭产率一直增加，而汽油产率开始时增加，经过一最高点后又下降。这是因为到一定反应深度后，汽油分解为气体的速率超过了汽油的生成速率，亦即二次反应速率超过了一次反应速率。催化裂化的二次反应是多种多样的，有些二次反应是有利的，有些则不利。例如，烯烃和环烷烃发生氢转移生成稳定的烷烃和芳烃是所希望的，中间馏分缩合生成焦炭则是不希望的。因此在催化裂化工业生产中，对二次反应进行有效的控制是必要的。另外，要根据原料的特点选择合适的转化率，这一转化率应选择在汽油产率最高点附近。如果希望有更多的原料转化成产品，则应将反应产物中的沸程与原料油沸程相似的馏分与新鲜原料混合，重新返回反应器进一步反应。这里所说的沸点范围与原料油沸程相当的那一部分馏分，工业上称为回炼油或循环油。

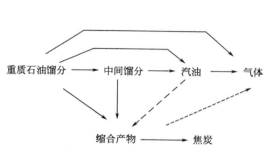

图 4-2　石油馏分的催化裂化反应
（虚线表示不重要的反应）

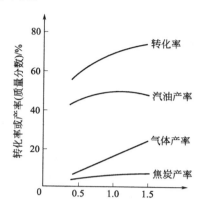

图 4-3　某馏分的催化裂化反应
（转化率＝气体、汽油、焦炭产率之和）

## 任务二　控制指标

### 【任务描述】

① 图 4-4 是反应再生系统 DCS 图，在 A3 图纸上绘制反应器-再生器带控制点的工艺流程图。

② 根据图 4-4 回答问题：PIC-101、LIC-102、PDIC-103 等仪表位号的意义是什么？各参数是如何调节的？

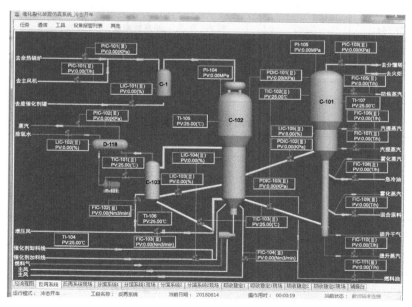

图 4-4　反应再生系统 DCS 图

③ 认识催化裂化工艺中的仪表。

**【知识拓展】**

催化裂化工艺包括反应再生系统主要调节器及指标、分馏系统主要调节器及指标、吸收稳定系统主要调节器及指标，见表 4-1～表 4-3。

表 4-1　反应再生系统主要调节器及指标

| 序号 | 位号 | 正常值 | 单位 | 说明 |
|---|---|---|---|---|
| 1 | LIC-101 | | % | 三旋分离器料位 |
| 2 | LIC-102 | 50 | % | 外取热汽包液位 |
| 3 | LIC-103 | 50 | % | 外取料液位 |
| 4 | LIC-104 | 50 | % | 再生器料位 |
| 5 | LIC-105 | 50 | % | 反应器料位 |
| 6 | FIC-105 | 1.44 | t/h | 反应器防焦蒸汽流量 |
| 7 | FIC-106 | 1.8 | t/h | 反应器汽提蒸汽流量 |
| 8 | FIC-107 | 1.8 | t/h | 反应器汽提蒸汽流量 |
| 9 | FIC-108 | 32.4 | t/h | 急冷油流量 |
| 10 | FIC-109 | 210 | t/h | 混合原料流量 |
| 11 | FIC-110 | 1.2 | t/h | 提升蒸汽流量 |
| 12 | TIC-101 | | ℃ | 外取热器蒸汽温度 |
| 13 | TIC-102 | 515 | ℃ | 反应器出口温度 |
| 14 | TIC-103 | 660 | ℃ | |
| 15 | PIC-101 | 0.2 | MPa | 再生器压力 |
| 16 | PIC-102 | 3.9 | MPa | 外取热汽包压力 |
| 17 | PIC-103 | 0.18 | MPa | 反应器压力 |
| 18 | PDIC-101 | 0.03 | MPa | 再生器-反应器压差 |
| 19 | TI-104 | <500 | ℃ | 卸剂线温度 |
| 20 | TI-105 | 690 | ℃ | 再生器床层温度 |
| 21 | TI-106 | 200 | ℃ | 外取热器取热后的温度 |
| 22 | TI-107 | | ℃ | 反应器反应后的温度 |

表 4-2　分馏系统主要调节器及指标

| 序号 | 位号 | 正常值 | 单位 | 说明 |
|---|---|---|---|---|
| 1 | LIC-201 | 50 | % | 原料油缓冲罐液位 |
| 2 | LIC-202 | 50 | % | 回炼油罐液位 |
| 3 | LIC-203 | | % | 分馏塔塔顶油气分离器水位 |
| 4 | LIC-204 | 50 | % | 分馏塔塔顶油气分离器液位 |
| 5 | LIC-205 | 50 | % | 轻柴油汽提塔液位 |
| 6 | LIC-206 | 50 | % | 重柴油汽提塔液位 |
| 7 | LIC-207 | 50 | % | 分馏塔液位 |
| 8 | FIC-201 | 216 | t/h | 分馏塔塔顶循环流量 |

| 序号 | 位号 | 正常值 | 单位 | 说明 |
|---|---|---|---|---|
| 9 | FIC-202 | 157 | t/h | 分馏塔一中循环流量 |
| 10 | FIC-203 | | t/h | 原料油入口流量 |
| 11 | FIC-204 | 26 | t/h | 回炼油回流流量 |
| 12 | FIC-205 | 1.3 | t/h | 分馏塔汽提蒸汽流量 |
| 13 | FIC-206 | | t/h | 回炼油去混合原料流量 |
| 14 | FIC-207 | 60.1 | t/h | 粗汽油出口流量 |
| 15 | FIC-208 | | t/h | 轻柴油出口流量 |
| 16 | FIC-209 | 5.4 | t/h | 贫吸收油流量 |
| 17 | FIC-210 | | t/h | 轻柴油汽提蒸汽流量 |
| 18 | FIC-211 | | t/h | 重柴油出口流量 |
| 19 | FIC-212 | | t/h | 重柴油汽提蒸汽流量 |
| 20 | FIC-213 | 224 | t/h | 油浆下返塔流量 |
| 21 | FIC-214 | 150 | t/h | 油浆上返塔流量 |
| 22 | FIC-215 | | t/h | 油浆出口流量 |
| 23 | TIC-201 | 110 | ℃ | 分馏塔塔顶温度 |
| 24 | TIC-202 | 190 | ℃ | 分馏塔一中返回温度 |
| 25 | TIC-203 | 220 | ℃ | 原料油换热温度 |
| 26 | TIC-204 | | ℃ | 分馏塔塔顶冷却器温度 |
| 27 | TIC-205 | 60 | ℃ | 轻柴油出口温度 |
| 28 | TIC-206 | 40 | ℃ | 贫吸收油出口温度 |
| 29 | TIC-207 | 60 | ℃ | 重柴油出口温度 |
| 30 | TIC-208 | 249 | ℃ | 油浆下返塔温度 |
| 31 | TIC-209 | 280 | ℃ | 油浆上返塔温度 |

表 4-3　吸收稳定系统主要调节器及指标

| 序号 | 位号 | 正常值 | 单位 | 说明 |
|---|---|---|---|---|
| 1 | LIC-301 | 50 | % | 油气分离器液位 |
| 2 | LIC-302 | 50 | % | 吸收塔液位 |
| 3 | LIC-303 | 50 | % | 再吸收塔液位 |
| 4 | LIC-304 | 50 | % | 解吸塔液位 |
| 5 | LIC-305 | 50 | % | 稳定塔液位 |
| 6 | LIC-306 | 51 | % | 稳定塔塔顶回流罐液位 |
| 7 | FIC-301 | 47 | t/h | 吸收塔一中循环流量 |
| 8 | FIC-302 | 49 | t/h | 吸收塔二中循环流量 |
| 9 | FIC-303 | | t/h | 解吸塔进料流量 |
| 10 | FIC-304 | | t/h | 稳定塔进料流量 |
| 11 | FIC-305 | | t/h | 稳定塔塔顶回流流量 |

| 序号 | 位号 | 正常值 | 单位 | 说明 |
|------|--------|--------|------|------|
| 12 | FIC-306 |  | t/h | 稳定汽油出口流量 |
| 13 | FIC-307 | 12.18 | t/h | 稳定汽油去吸收塔流量 |
| 14 | TIC-301 | 42 | ℃ | 吸收塔一中返回温度 |
| 15 | TIC-302 | 42 | ℃ | 吸收塔二中返回温度 |
| 16 | TIC-303 | 80 | ℃ | 解吸塔进料温度 |
| 17 | TIC-304 | 136 | ℃ | 解吸塔塔底再沸器温度 |
| 18 | TIC-305 | 128 | ℃ | 稳定塔进料温度 |
| 19 | TIC-306 | 60.3 | ℃ | 稳定塔塔顶温度 |
| 20 | TIC-307 |  | ℃ | 稳定塔塔顶冷却器温度 |
| 21 | TIC-308 | 189 | ℃ | 稳定塔塔底再沸器温度 |
| 22 | TIC-309 | 40 | ℃ | 稳定汽油出口温度 |
| 23 | PIC-301 | 1.9 | MPa | 油气分离器 D-301 顶压力 |
| 24 | PIC-302 | 1.35 | MPa | 吸收塔塔顶压力 |
| 25 | PIC-303 | 1.3 | MPa | 再吸收塔塔顶压力 |
| 26 | PIC-304 | 1.45 | MPa | 解吸塔塔顶压力 |
| 27 | PIC-305 | 1.15 | MPa | 稳定塔塔顶压力 |

## 任务三 仿真操作

### 【任务描述】

① 熟悉催化裂化装置工艺流程及相关流量、压力、温度等控制方法。

② 根据操作规程单人操作 DCS 仿真系统，完成装置冷态开车、正常停车、紧急停车、事故处理操作。

③ 两人一组同时登陆 DCS 系统和 VRS 交互系统，协作完成装置冷态开车、正常停车仿真操作。

### 【操作规程】

冷态开车操作规程见表 4-4。正常停车操作规程见表 4-5。紧急停车操作规程见表 4-6。事故处理操作规程见表 4-7。

表 4-4　冷态开车操作规程

| 步骤 | 操作 | 分值 | 完成否 |
|------|------|------|--------|
|  | 准备开车 |  |  |
| 1 | 打开外取热汽包 D-118 上水调节阀 LIC-102 前阀 XV-121 | 10 |  |
| 2 | 打开外取热汽包 D-118 上水调节阀 LIC-102 后阀 XV-122 | 10 |  |
| 3 | 打开外取热汽包 D-118 上水调节阀 LIC-102 至 50% | 10 |  |
| 4 | 维持外取热汽包 D-118 液位 LIC-102 在 40%～60%，打自动，设为 50% | 10 |  |
| 5 | 打开原料油缓冲罐 D-203 入口调节阀 FIC-203 前阀 XV-236 | 10 |  |

| 步骤 | 操作 | 分值 | 完成否 |
|---|---|---|---|
| 6 | 打开原料油缓冲罐 D-203 入口调节阀 FIC-203 后阀 XV-237 | 10 | |
| 7 | 打开原料油缓冲罐 D-203 入口调节阀 FIC-203 至 50％ | 10 | |
| 8 | 维持原料油缓冲罐 D-203 液位 LIC-201 在 40％～60％,打自动,设为 50％ | 10 | |
| 9 | 原料油缓冲罐 D-203 入口调节阀 FIC-203 投串级 | 10 | |
| 10 | 打开反应器顶压力控制调节阀 PIC-103 前阀 XV-147 | 10 | |
| 11 | 打开反应器顶压力控制调节阀 PIC-103 后阀 XV-148 | 10 | |
| 12 | 打开反应器顶压力控制调节阀 PIC-103 至 50％ | 10 | |
| 13 | 全开反应器顶去火炬手动阀 XV-106 | 10 | |
| 14 | 全开待再生滑阀 PDIC-102 | 10 | |
| 15 | 全开再生滑阀 PDIC-103 | 10 | |
| 16 | 全开外取热器上滑阀 LIC-103 | 10 | |
| 17 | 全开外取热器下滑阀 TIC-103 | 10 | |
| 吹扫升温 | | | |
| 18 | 打开再生器主风调节阀 FIC-104 前阀 XV-131 | 10 | |
| 19 | 打开再生器主风调节阀 FIC-104 后阀 XV-132 | 10 | |
| 20 | 打开再生器主风调节阀 FIC-104 至 50％,对三器进行吹扫 | 10 | |
| 21 | 全开辅助燃烧室主风手动阀 XV-104 | 10 | |
| 22 | 打开辅助燃烧室燃料气手动阀 XV-103,三器升温 | 10 | |
| 23 | 当反应器温度 TI-105 达到 500℃,关闭待再生滑阀 PDIC-102 | 10 | |
| 24 | 关闭再生滑阀 PDIC-103 | 10 | |
| 25 | 打开提升蒸汽调节阀 FIC-110 前阀 XV-136 | 10 | |
| 26 | 打开提升蒸汽调节阀 FIC-110 后阀 XV-135 | 10 | |
| 27 | 打开提升蒸汽调节阀 FIC-110 至 50％ | 10 | |
| 28 | 全开提升干气手动阀 XV-110 | 10 | |
| 29 | 全开混合原料雾化蒸汽手动阀 XV-108 | 10 | |
| 30 | 全开急冷油雾化蒸汽手动阀 XV-107 | 10 | |
| 31 | 打开汽提蒸汽调节阀 FIC-107 前阀 XV-142 | 10 | |
| 32 | 打开汽提蒸汽调节阀 FIC-107 后阀 XV-141 | 10 | |
| 33 | 打开汽提蒸汽调节阀 FIC-107 至 50％ | 10 | |
| 34 | 打开汽提蒸汽调节阀 FIC-106 前阀 XV-144 | 10 | |
| 35 | 打开汽提蒸汽调节阀 FIC-106 后阀 XV-143 | 10 | |
| 36 | 打开汽提蒸汽调节阀 FIC-106 至 50％ | 10 | |
| 37 | 打开反应器上部防焦蒸汽调节阀 FIC-105 前阀 XV-146 | 10 | |
| 38 | 打开反应器上部防焦蒸汽调节阀 FIC-105 后阀 XV-145 | 10 | |
| 39 | 打开反应器上部防焦蒸汽调节阀 FIC-105 至 50％ | 10 | |
| 40 | 打开再生器顶烟气去主风机调节阀 FIC-101 前阀 XV-116 | 10 | |
| 41 | 打开再生器顶烟气去主风机调节阀 FIC-101 后阀 XV-115 | 10 | |

| 步骤 | 操作 | 分值 | 完成否 |
|---|---|---|---|
| 42 | 打开再生器顶烟气去主风机调节阀 FIC-101 至 50％ | 10 | |
| 装催化剂 | | | |
| 43 | 关闭外取热器上滑阀 LIC-103 | 10 | |
| 44 | 关闭外取热器下滑阀 TIC-103 | 10 | |
| 45 | 打开催化剂加料线调节阀 LIC-104 前阀 XV-129 | 10 | |
| 46 | 打开催化剂加料线调节阀 LIC-104 后阀 XV-130 | 10 | |
| 47 | 打开催化剂加料线调节阀 LIC-104 至 50％ | 10 | |
| 48 | 当再生器料位 LIC-104 达到 40％后,打开外取热器上滑阀 LIC-103 至 50％ | 10 | |
| 49 | 当外取热器料位 LIC-103 达到 50％,打开外取热器下滑阀 TIC-103 至 50％ | 10 | |
| 50 | 打开外取热器流化风调节阀 FIC-102 前阀 XV-125 | 10 | |
| 51 | 打开外取热器流化风调节阀 FIC-102 后阀 XV-126 | 10 | |
| 52 | 打开外取热器流化风调节阀 FIC-102 至 50％ | 10 | |
| 53 | 打开再生器提升风调节阀 FIC-103 前阀 XV-127 | 10 | |
| 54 | 打开再生器提升风调节阀 FIC-103 后阀 XV-128 | 10 | |
| 55 | 打开再生器提升风调节阀 FIC-103 至 50％,保证流化顺畅 | 10 | |
| 56 | 打开再生器压力调节阀 PIC-101 前阀 XV-114 | 10 | |
| 57 | 打开再生器压力调节阀 PIC-101 后阀 XV-113 | 10 | |
| 58 | 当再生器压力 PIC-101 达到 0.2MPa 时,打开再生器压力调节阀 PIC-101 至 50％ | 10 | |
| 59 | 关闭催化剂进料调节阀 LIC-104 | 10 | |
| 60 | 打开燃烧油调节阀 FIC-111 前阀 XV-133 | 10 | |
| 61 | 打开燃烧油调节阀 FIC-111 后阀 XV-134 | 10 | |
| 62 | 当再生器温度 TI-105 达到 380℃后,打开燃烧油调节阀 FIC-111 至 40％,喷燃烧油 | 10 | |
| 63 | 当再生器温度 TI-105 达到 500℃以上时,关闭辅助燃烧室燃料气手动阀 XV-103 | 10 | |
| 64 | 全开外取热器上水泵 P-101 入口阀 XV-101 | 10 | |
| 65 | 启动外取热器上水泵 P-101 | 10 | |
| 66 | 全开外取热器上水泵 P-101 出口阀 XV-102 | 10 | |
| 67 | 打开外取热器上水调节阀 TIC-101 前阀 XV-123 | 10 | |
| 68 | 打开外取热器上水调节阀 TIC-101 后阀 XV-124 | 10 | |
| 69 | 打开外取热器上水调节阀 TIC-101 至 50％ | 10 | |
| 70 | 打开压力调节阀 PIC-102 前阀 XV-120 | 10 | |
| 71 | 打开压力调节阀 PIC-102 后阀 XV-119 | 10 | |
| 72 | 当外取热汽包压力 PIC-102 达到 3.9MPa 时,打开压力调节阀 PIC-102 至 50％ | 10 | |
| 73 | 调节燃烧油调节阀 FIC-111(开度约 50％),使再生器床层温度 TI-105 维持在 550～600℃ | 10 | |
| 74 | 打开再生滑阀 PDIC-103 至 50％,向沉降器转催化剂 | 10 | |
| 75 | 打开催化剂加料线调节阀 LIC-104 至 50％,继续加催化剂 | 10 | |
| 76 | 当沉降器料位 LIC-105 达到 50％后,打开待再生滑阀 PDIC-102 至 50％,维持三器流化 | 10 | |
| 77 | 将催化剂进料调节阀 LIC-104 开度调小至 5％ | 10 | |

续表

| 步骤 | 操作 | 分值 | 完成否 |
|---|---|---|---|
| 78 | 控制反应器料位 LIC-105 至 50%左右 | 10 | |
| 79 | 控制再生器料位 LIC-104 至 50%左右 | 10 | |
| 80 | 控制外取热器料位 LIC-103 至 50%左右 | 10 | |
| 反应器 C-101 进油 | | | |
| 81 | 当提升管出口温度 TIC-102 在 515℃左右时,全开原料油泵 P-202 入口阀 XV-202 | 10 | |
| 82 | 启动原料油泵 P-202 | 10 | |
| 83 | 全开原料油泵 P-202 出口阀 XV-201 | 10 | |
| 84 | 打开反应器混合原料调节阀 FIC-109 前阀 XV-138 | 10 | |
| 85 | 打开反应器混合原料调节阀 FIC-109 后阀 XV-137 | 10 | |
| 86 | 打开反应器混合原料调节阀 FIC-109 至 20% | 10 | |
| 87 | 逐渐将反应器混合原料调节阀 FIC-109 开度调至 50% | 10 | |
| 88 | 打开急冷油流量调节阀 FIC-108 前阀 XV-140 | 10 | |
| 89 | 打开急冷油流量调节阀 FIC-108 后阀 XV-139 | 10 | |
| 90 | 打开急冷油流量调节阀 FIC-108 至 50% | 10 | |
| 91 | 全开反应器顶去分馏塔手动阀 XV-105 | 10 | |
| 92 | 关闭反应器顶去火炬手动阀 XV-106 | 10 | |
| 93 | 当再生器温度 TI-105 达到 660～700℃时,关闭燃料油调节阀 FIC-111 | 10 | |
| 94 | 关闭燃料油调节阀 FIC-111 前阀 XV-133 | 10 | |
| 95 | 关闭燃料油调节阀 FIC-111 后阀 XV-134 | 10 | |
| 96 | 打开钝化剂手动阀 XV-109,投用钝化剂 | 10 | |
| 97 | 打开三旋分离器中催化器粉末料位 LIC-101 前阀 XV-118 | 10 | |
| 98 | 打开三旋分离器中催化器粉末料位 LIC-101 后阀 XV-117 | 10 | |
| 99 | 控制三旋分离器中催化器粉末料位 LIC-101 接近 50%,投自动,设为 50% | 10 | |
| 分馏系统进料及操作 | | | |
| 100 | 打开分馏塔塔顶压力调节阀 PIC-201 前阀 XV-224 | 10 | |
| 101 | 打开分馏塔塔顶压力调节阀 PIC-201 后阀 XV-225 | 10 | |
| 102 | 打开分馏塔塔顶部压力调节阀 PIC-201 至 50% | 10 | |
| 103 | 全开油气分离器 D-201 顶去火炬手动阀 XV-217 | 10 | |
| 104 | 打开分馏塔汽提蒸汽调节阀 FIC-205 前阀 XV-222 | 10 | |
| 105 | 打开分馏塔汽提蒸汽调节阀 FIC-205 后阀 XV-223 | 10 | |
| 106 | 打开分馏塔汽提蒸汽调节阀 FIC-205 至 50% | 10 | |
| 107 | 打开分馏塔塔顶冷却器温度调节阀 TIC-204 前阀 XV-256 | 10 | |
| 108 | 打开分馏塔塔顶冷却器温度调节阀 TIC-204 后阀 XV-257 | 10 | |
| 109 | 当塔顶温度 TIC-201 超过 100℃,打开分馏塔塔顶冷却器温度调节阀 TIC-204 至 50% | 10 | |
| 110 | 全开分馏塔塔顶循环回流泵 P-204 入口阀 XV-206 | 10 | |
| 111 | 启动分馏塔塔顶循环回流泵 P-204 | 10 | |
| 112 | 全开分馏塔塔顶循环回流泵 P-204 出口阀 XV-205 | 10 | |

| 步骤 | 操作 | 分值 | 完成否 |
|---|---|---|---|
| 113 | 打开分馏塔塔顶循环流量调节阀 FIC-201 前阀 XV-219 | 10 | |
| 114 | 打开分馏塔塔顶循环流量调节阀 FIC-201 后阀 XV-218 | 10 | |
| 115 | 打开分馏塔塔顶循环流量调节阀 FIC-201 至 50% | 10 | |
| 116 | 打开分馏塔塔顶循环温度调节阀 TIC-201 前阀 XV-255 | 10 | |
| 117 | 打开分馏塔塔顶循环温度调节阀 TIC-201 后阀 XV-254 | 10 | |
| 118 | 打开分馏塔塔顶循环温度调节阀 TIC-201 至 50% | 10 | |
| 119 | 全开分馏塔一中循环回流泵 P-205 入口阀 XV-208 | 10 | |
| 120 | 启动分馏塔一中循环回流泵 P-205 | 10 | |
| 121 | 全开分馏塔一中循环回流泵 P-205 出口阀 XV-207 | 10 | |
| 122 | 打开分馏塔一中循环流量调节阀 FIC-202 前阀 XV-221 | 10 | |
| 123 | 打开分馏塔一中循环流量调节阀 FIC-202 后阀 XV-220 | 10 | |
| 124 | 打开分馏塔一中循环流量调节阀 FIC-202 至 50% | 10 | |
| 125 | 打开分馏塔一中循环温度调节阀 TIC-202 前阀 XV-252 | 10 | |
| 126 | 打开分馏塔一中循环温度调节阀 TIC-202 后阀 XV-253 | 10 | |
| 127 | 打开分馏塔一中循环温度调节阀 TIC-202 至 50% | 10 | |
| 128 | 全开分馏塔底泵 P-210 入口阀 XV-215 | 10 | |
| 129 | 启动分馏塔底泵 P-210 | 10 | |
| 130 | 全开分馏塔底泵 P-210 出口阀 XV-216 | 10 | |
| 131 | 打开油浆上返塔调节阀 FIC-214 前阀 XV-232 | 10 | |
| 132 | 打开油浆上返塔调节阀 FIC-214 后阀 XV-233 | 10 | |
| 133 | 打开油浆上返塔调节阀 FIC-214 至 50% | 10 | |
| 134 | 打开油浆下返塔调节阀 FIC-213 前阀 XV-231 | 10 | |
| 135 | 打开油浆下返塔调节阀 FIC-213 后阀 XV-230 | 10 | |
| 136 | 打开油浆下返塔调节阀 FIC-213 至 50% | 10 | |
| 137 | 打开油浆换热温度调节阀 TIC-209 前阀 XV-261 | 10 | |
| 138 | 打开油浆换热温度调节阀 TIC-209 后阀 XV-260 | 10 | |
| 139 | 打开油浆换热温度调节阀 TIC-209 至 50% | 10 | |
| 140 | 打开原料油换热温度调节阀 TIC-203 至 50% | 10 | |
| 141 | 打开油浆下返塔换热温度调节阀 TIC-208 前阀 XV-258 | 10 | |
| 142 | 打开油浆下返塔换热温度调节阀 TIC-208 后阀 XV-259 | 10 | |
| 143 | 打开油浆下返塔换热温度调节阀 TIC-208 至 50% | 10 | |
| 144 | 打开油浆出装置调节阀 FIC-215 前阀 XV-234 | 10 | |
| 145 | 打开油浆出装置调节阀 FIC-215 后阀 XV-235 | 10 | |
| 146 | 当分馏塔塔底液位 LIC-207 超过 30% 后,打开油浆出装置调节阀 FIC-215 至 50% | 10 | |
| 147 | 当回炼油罐液位 LIC-202 超过 20% 后,全开回炼油泵 P-209 入口阀 XV-204 | 10 | |
| 148 | 启动回炼油泵 P-209 | 10 | |
| 149 | 全开回炼油泵 P-209 出口阀 XV-203 | 10 | |

续表

| 步骤 | 操作 | 分值 | 完成否 |
|---|---|---|---|
| 150 | 打开回炼油回流调节阀 FIC-204 前阀 XV-242 | 10 | |
| 151 | 打开回炼油回流调节阀 FIC-204 后阀 XV-243 | 10 | |
| 152 | 打开回炼油回流调节阀 FIC-204 至 50% | 10 | |
| 153 | 打开回炼油去混合原料调节阀 FIC-206 前阀 XV-244 | 10 | |
| 154 | 打开回炼油去混合原料调节阀 FIC-206 后阀 XV-245 | 10 | |
| 155 | 打开回炼油去混合原料调节阀 FIC-206 至 50% | 10 | |
| 156 | 打开重柴油汽提蒸汽调节阀 FIC-212 前阀 XV-240 | 10 | |
| 157 | 打开重柴油汽提蒸汽调节阀 FIC-212 后阀 XV-241 | 10 | |
| 158 | 打开重柴油汽提蒸汽调节阀 FIC-212 至 50% | 10 | |
| 159 | 打开轻柴油汽提蒸汽调节阀 FIC-210 前阀 XV-238 | 10 | |
| 160 | 打开轻柴油汽提蒸汽调节阀 FIC-210 后阀 XV-239 | 10 | |
| 161 | 打开轻柴油汽提蒸汽调节阀 FIC-210 至 50% | 10 | |
| 162 | 当重柴油汽提塔液位 LIC-206 超过 20% 后,全开重柴油泵 P-208 入口阀 XV-213 | 10 | |
| 163 | 启动重柴油泵 P-208 | 10 | |
| 164 | 全开重柴油泵 P-208 出口阀 XV-214 | 10 | |
| 165 | 打开重柴油出装置调节阀 FIC-211 前阀 XV-250 | 10 | |
| 166 | 打开重柴油出装置调节阀 FIC-211 后阀 XV-251 | 10 | |
| 167 | 打开重柴油出装置调节阀 FIC-211 至 50% | 10 | |
| 168 | 打开重柴油冷却器温度调节阀 TIC-207 前阀 XV-265 | 10 | |
| 169 | 打开重柴油冷却器温度调节阀 TIC-207 后阀 XV-264 | 10 | |
| 170 | 打开重柴油冷却器温度调节阀 TIC-207 至 50% | 10 | |
| 171 | 当轻柴油汽提塔液位 LIC-205 超过 20% 后,全开轻柴油泵 P-206 入口阀 XV-211 | 10 | |
| 172 | 启动轻柴油泵 P-206 | 10 | |
| 173 | 全开轻柴油泵 P-206 出口阀 XV-212 | 10 | |
| 174 | 打开轻柴油冷却器温度调节阀 TIC-205 前阀 XV-263 | 10 | |
| 175 | 打开轻柴油冷却器温度调节阀 TIC-205 后阀 XV-262 | 10 | |
| 176 | 打开轻柴油冷却器温度调节阀 TIC-205 至 50% | 10 | |
| 177 | 打开轻柴油出装置调节阀 FIC-208 前阀 XV-246 | 10 | |
| 178 | 打开轻柴油出装置调节阀 FIC-208 后阀 XV-247 | 10 | |
| 179 | 打开轻柴油出装置调节阀 FIC-208 至 50% | 10 | |
| 180 | 打开贫吸收油流量调节阀 FIC-209 前阀 XV-248 | 10 | |
| 181 | 打开贫吸收油流量调节阀 FIC-209 后阀 XV-249 | 10 | |
| 182 | 打开贫吸收油流量调节阀 FIC-209 至 50% | 10 | |
| 183 | 打开贫吸收油温度调节阀 TIC-206 前阀 XV-267 | 10 | |
| 184 | 打开贫吸收油温度调节阀 TIC-206 后阀 XV-266 | 10 | |
| 185 | 打开贫吸收油温度调节阀 TIC-206 至 50% | 10 | |
| 186 | 当分馏塔塔顶油气分离器 D-201 液位 LIC-204 超过 20% 时,全开粗汽油泵 P-203 入口阀 XV-209 | 10 | |

| 步骤 | 操作 | 分值 | 完成否 |
|---|---|---|---|
| 187 | 启动粗汽油泵 P-203 | 10 | |
| 188 | 全开粗汽油泵 P-203 出口阀 XV-210 | 10 | |
| 189 | 打开粗汽油调节阀 FIC-207 前阀 XV-226 | 10 | |
| 190 | 打开粗汽油调节阀 FIC-207 后阀 XV-227 | 10 | |
| 191 | 打开粗汽油调节阀 FIC-207 至 50% | 10 | |
| 192 | 打开水位调节阀 LIC-203 前阀 XV-228 | 10 | |
| 193 | 打开水位调节阀 LIC-203 后阀 XV-229 | 10 | |
| 194 | 当油气分离器 D-201 水位 LIC-203 接近 50% 时,打开水位调节阀 LIC-203 至 50% | 10 | |
| 吸收稳定系统进料及操作 | | | |
| 195 | 启动气压机 | 10 | |
| 196 | 关闭油气分离器 D-201 顶部去火炬手动阀 XV-217 | 10 | |
| 197 | 打开油气分离器 D-301 顶部压力调节阀 PIC-301 前阀 XV-320 | 10 | |
| 198 | 打开油气分离器 D-301 顶部压力调节阀 PIC-301 后阀 XV-319 | 10 | |
| 199 | 当 PIC-301 升至 1.9MPa 时,打开油气分离器 D-301 顶部压力调节阀 PIC-301 至 50% | 10 | |
| 200 | 全开吸收塔一中循环泵 P-302 入口阀 XV-302 | 10 | |
| 201 | 启动吸收塔一中循环泵 P-302 | 10 | |
| 202 | 全开吸收塔一中循环泵 P-302 出口阀 XV-301 | 10 | |
| 203 | 打开吸收塔一中循环流量调节阀 FIC-301 前阀 XV-316 | 10 | |
| 204 | 打开吸收塔一中循环流量调节阀 FIC-301 后阀 XV-315 | 10 | |
| 205 | 打开吸收塔一中循环流量调节阀 FIC-301 至 50% | 10 | |
| 206 | 打开吸收塔一中循环温度调节阀 TIC-301 前阀 XV-345 | 10 | |
| 207 | 打开吸收塔一中循环温度调节阀 TIC-301 后阀 XV-346 | 10 | |
| 208 | 打开吸收塔一中循环温度调节阀 TIC-301 至 50% | 10 | |
| 209 | 全开吸收塔二中循环泵 P-303 入口阀 XV-304 | 10 | |
| 210 | 启动吸收塔二中循环泵 P-303 | 10 | |
| 211 | 全开吸收塔二中循环泵 P-303 出口阀 XV-303 | 10 | |
| 212 | 打开吸收塔二中循环流量调节阀 FIC-302 前阀 XV-318 | 10 | |
| 213 | 打开吸收塔二中循环流量调节阀 FIC-302 后阀 XV-317 | 10 | |
| 214 | 打开吸收塔二中循环流量调节阀 FIC-302 至 50% | 10 | |
| 215 | 打开吸收塔二中循环温度调节阀 TIC-302 前阀 XV-347 | 10 | |
| 216 | 打开吸收塔二中循环温度调节阀 TIC-302 后阀 XV-348 | 10 | |
| 217 | 打开吸收塔二中循环温度调节阀 TIC-302 至 50% | 10 | |
| 218 | 打开压力调节阀 PIC-302 前阀 XV-324 | 10 | |
| 219 | 打开压力调节阀 PIC-302 后阀 XV-323 | 10 | |
| 220 | 当吸收塔塔顶压力 PIC-302 升至 1.3MPa 时,打开压力调节阀 PIC-302 至 50% | 10 | |
| 221 | 当气压机出口油气分离罐液位 LIC-301 超过 20% 后,全开解吸塔进料泵 P-301 入口阀 XV-305 | 10 | |
| 222 | 启动解吸塔进料泵 P-301 | 10 | |

续表

| 步骤 | 操作 | 分值 | 完成否 |
|---|---|---|---|
| 223 | 全开解吸塔进料泵 P-301 出口阀 XV-306 | 10 | |
| 224 | 打开解吸塔进料调节阀 FIC-303 前阀 XV-329 | 10 | |
| 225 | 打开解吸塔进料调节阀 FIC-303 后阀 XV-330 | 10 | |
| 226 | 打开解吸塔进料调节阀 FIC-303 至 50% | 10 | |
| 227 | 打开解吸塔进料加热调节阀 TIC-303 前阀 XV-349 | 10 | |
| 228 | 打开解吸塔进料加热调节阀 TIC-303 后阀 XV-350 | 10 | |
| 229 | 打开解吸塔进料加热调节阀 TIC-303 至 50% | 10 | |
| 230 | 打开吸收塔液位调节阀 LIC-302 前阀 XV-321 | 10 | |
| 231 | 打开吸收塔液位调节阀 LIC-302 后阀 XV-322 | 10 | |
| 232 | 当吸收塔液位 LIC-302 超过 20% 后,打开吸收塔液位调节阀 LIC-302 至 50% | 10 | |
| 233 | 打开压力调节阀 PIC-303 前阀 XV-325 | 10 | |
| 234 | 打开压力调节阀 PIC-303 后阀 XV-326 | 10 | |
| 235 | 当再吸收塔顶压力 PIC-303 升至 1.3MPa 时,打开压力调节阀 PIC-303 至 50% | 10 | |
| 236 | 打开再吸收塔液位调节阀 LIC-303 前阀 XV-327 | 10 | |
| 237 | 打开再吸收塔液位调节阀 LIC-303 后阀 XV-328 | 10 | |
| 238 | 当再吸收塔液位 LIC-303 超过 20% 后,打开再吸收塔液位调节阀 LIC-303 至 50% | 10 | |
| 239 | 全开富吸收油返塔线手动阀 XV-313 | 10 | |
| 240 | 打开解吸塔塔底再沸器温度调节阀 TIC-304 前阀 XV-351 | 10 | |
| 241 | 打开解吸塔塔底再沸器温度调节阀 TIC-304 后阀 XV-352 | 10 | |
| 242 | 打开解吸塔塔底再沸器温度调节阀 TIC-304 至 50% | 10 | |
| 243 | 当解吸塔液位 LIC-304 超过 20% 后,全开稳定塔进料泵 P-310 入口阀 XV-307 | 10 | |
| 244 | 启动稳定塔进料泵 P-310 | 10 | |
| 245 | 全开稳定塔进料泵 P-310 出口阀 XV-308 | 10 | |
| 246 | 打开稳定塔进料调节阀 FIC-304 前阀 XV-332 | 10 | |
| 247 | 打开稳定塔进料调节阀 FIC-304 后阀 XV-333 | 10 | |
| 248 | 打开稳定塔进料调节阀 FIC-304 至 50% | 10 | |
| 249 | 打开稳定塔进料加热调节阀 TIC-305 前阀 XV-353 | 10 | |
| 250 | 打开稳定塔进料加热调节阀 TIC-305 后阀 XV-354 | 10 | |
| 251 | 打开稳定塔进料加热调节阀 TIC-305 至 50% | 10 | |
| 252 | 打开稳定塔塔底再沸器温度调节阀 TIC-308 前阀 XV-355 | 10 | |
| 253 | 打开稳定塔塔底再沸器温度调节阀 TIC-308 后阀 XV-356 | 10 | |
| 254 | 打开稳定塔塔底再沸器温度调节阀 TIC-308 至 50% | 10 | |
| 255 | 打开稳定塔塔顶冷却器调节阀 TIC-307 前阀 XV-357 | 10 | |
| 256 | 打开稳定塔塔顶冷却器调节阀 TIC-307 后阀 XV-358 | 10 | |
| 257 | 打开稳定塔塔顶冷却器调节阀 TIC-307 至 50% | 10 | |
| 258 | 当稳定塔塔顶温度 TIC-306 超过 60℃ 时,全开稳定塔塔顶回流泵 P-306 入口阀 XV-309 | 10 | |
| 259 | 启动稳定塔塔顶回流泵 P-306 | 10 | |

| 步骤 | 操作 | 分值 | 完成否 |
|---|---|---|---|
| 260 | 全开稳定塔塔顶回流泵 P-306 出口阀 XV-310 | 10 | |
| 261 | 打开稳定塔塔顶回流调节阀 FIC-305 前阀 XV-337 | 10 | |
| 262 | 打开稳定塔塔顶回流调节阀 FIC-305 后阀 XV-336 | 10 | |
| 263 | 打开稳定塔塔顶回流调节阀 FIC-305 至 50% | 10 | |
| 264 | 当稳定塔液位 LIC-305 超过 20% 后,全开稳定汽油泵 P-304 入口阀 XV-311 | 10 | |
| 265 | 启动稳定汽油泵 P-304 | 10 | |
| 266 | 全开稳定汽油泵 P-304 出口阀 XV-312 | 10 | |
| 267 | 打开稳定汽油冷却器调节阀 TIC-309 前阀 XV-359 | 10 | |
| 268 | 打开稳定汽油冷却器调节阀 TIC-309 后阀 XV-360 | 10 | |
| 269 | 打开稳定汽油冷却器调节阀 TIC-309 至 50% | 10 | |
| 270 | 打开稳定汽油去吸收塔调节阀 FIC-307 前阀 XV-342 | 10 | |
| 271 | 打开稳定汽油去吸收塔调节阀 FIC-307 后阀 XV-343 | 10 | |
| 272 | 打开稳定汽油去吸收塔调节阀 FIC-307 至 50% | 10 | |
| 273 | 打开稳定汽油出装置调节阀 FIC-306 前阀 XV-340 | 10 | |
| 274 | 打开稳定汽油出装置调节阀 FIC-306 后阀 XV-341 | 10 | |
| 275 | 打开稳定汽油出装置调节阀 FIC-306 至 50% | 10 | |
| 276 | 打开塔顶回流罐液位调节阀 LIC-306 前阀 XV-338 | 10 | |
| 277 | 打开塔顶回流罐液位调节阀 LIC-306 后阀 XV-339 | 10 | |
| 278 | 当稳定塔塔顶回流罐液位 LIC-306 超过 30% 时,打开塔顶回流罐液位调节阀 LIC-306 至 50% | 10 | |
| 279 | 打开压力调节阀 PIC-305 前阀 XV-334 | 10 | |
| 280 | 打开压力调节阀 PIC-305 后阀 XV-335 | 10 | |
| 281 | 当稳定塔塔顶压力 PIC-305 升至 1.1MPa 时,打开压力调节阀 PIC-305 至 50% | 10 | |
| 282 | 打开压力调节阀 PIC-304 前阀 XV-344 | 10 | |
| 283 | 打开压力调节阀 PIC-304 后阀 XV-331 | 10 | |
| 284 | 当解吸塔塔顶压力 PIC-304 升至 0.72MPa 时,打开压力调节阀 PIC-304 至 50% | 10 | |
| 285 | 当提升管出口温度 TIC-102 接近 515℃ 时,投自动,设为 515℃ | 10 | |
| 286 | 再生滑阀 PDIC-103 投串级 | 10 | |
| 287 | 当反应器料位 LIC-105 接近 50% 时,投自动,设为 50% | 10 | |
| 288 | 待再生滑阀 PDIC-102 投串级 | 10 | |
| 289 | 当再生器料位 LIC-104 接近 50% 时,投自动,设为 50% | 10 | |
| 290 | 当入反应器的催化剂温度 TIC-103 接近 660℃ 时,投自动,设为 660℃ | 10 | |
| 291 | 反应器顶部压力 PIC-103 投自动,设为 0.18MPa | 10 | |
| 292 | 外取热汽包压力 PIC-102 投自动,设为 3.9MPa | 10 | |
| 293 | 再生器压力 PIC-101 投自动,设为 0.2MPa | 10 | |
| 294 | 外取热器上水调节阀 TIC-101 投自动,设为 420℃ | 10 | |
| 295 | 原料油预热温度 TIC-203 接近 220℃ 时,投自动,设为 220℃ | 10 | |
| 296 | 当回炼油罐液位 LIC-202 接近 50% 时,投自动,设为 50% | 10 | |

| 步骤 | 操作 | 分值 | 完成否 |
|---|---|---|---|
| 297 | 回炼油去反应的流量 FIC-206 投串级 | 10 | |
| 298 | 当分馏塔塔底液位 LIC-207 接近 50% 时,投自动,设为 50% | 10 | |
| 299 | 油浆出口流量 FIC-215 投串级 | 10 | |
| 300 | 当分馏塔塔顶温度 TIC-201 接近 110℃ 时,投自动,设为 110℃ | 10 | |
| 301 | 分馏塔顶部压力调节阀 PIC-201 投自动,设为 0.13MPa | 10 | |
| 302 | 分馏塔一中循环温度调节阀 TIC-202 投自动,设为 190℃ | 10 | |
| 303 | 分馏塔塔顶冷却器温度调节阀 TIC-204 投自动,设为 42℃ | 10 | |
| 304 | 轻柴油冷却器温度调节阀 TIC-205 投自动,设为 60℃ | 10 | |
| 305 | 贫吸收油温度调节阀 TIC-206 投自动,设为 40℃ | 10 | |
| 306 | 重柴油冷却器温度调节阀 TIC-207 投自动,设为 60℃ | 10 | |
| 307 | 油浆下返塔换热温度调节阀 TIC-208 投自动,设为 249℃ | 10 | |
| 308 | 油浆换热温度调节阀 TIC-209 投自动,设为 280℃ | 10 | |
| 309 | 当分馏塔塔顶回流罐液位 LIC-204 接近 50% 时,投自动,设为 50% | 10 | |
| 310 | 粗汽油出口流量 FIC-207 投串级 | 10 | |
| 311 | 当轻柴油汽提塔液位 LIC-205 接近 50% 时,投自动,设为 50% | 10 | |
| 312 | 轻柴油出口流量 FIC-208 投串级 | 10 | |
| 313 | 当重柴油汽提塔液位 LIC-206 接近 50% 时,投自动,设为 50% | 10 | |
| 314 | 重柴油出口流量 FIC-211 投串级 | 10 | |
| 315 | 当油气分离器 D-301 液位 LIC-301 接近 50% 时,投自动,设为 50% | 10 | |
| 316 | 解吸塔进料流量 FIC-303 投串级 | 10 | |
| 317 | 吸收塔液位调节阀 LIC-302 投自动,设为 50% | 10 | |
| 318 | 再吸收塔液位调节阀 LIC-303 投自动,设为 50% | 10 | |
| 319 | 油气分离器 D-301 顶部压力调节阀 PIC-301 投自动,设为 1.9MPa | 10 | |
| 320 | 吸收塔塔顶压力 PIC-302 投自动,设为 1.35MPa | 10 | |
| 321 | 再吸收塔塔顶压力 PIC-303 投自动,设为 1.3MPa | 10 | |
| 322 | 当解吸塔塔底液位 LIC-304 接近 50% 时,投自动,设为 50% | 10 | |
| 323 | 稳定塔进料量 FIC-304 投串级 | 10 | |
| 324 | 当稳定塔塔底液位 LIC-305 接近 50% 时,投自动,设为 50% | 10 | |
| 325 | 稳定汽油出口流量 FIC-306 投串级 | 10 | |
| 326 | 当稳定塔塔顶温度 TIC-306 接近 60℃ 时,投自动,设为 60℃ | 10 | |
| 327 | 稳定塔顶回流量 FIC-305 投串级 | 10 | |
| 328 | 塔顶回流罐液位调节阀 LIC-306 投自动,设为 50% | 10 | |
| 329 | 解吸塔顶压力 PIC-304 投自动,设为 0.72MPa | 10 | |
| 330 | 当稳定塔塔顶压力 PIC-305 接近 1.15MPa 时,投自动,设为 1.15MPa | 10 | |
| 331 | 吸收塔一中循环温度调节阀 TIC-301 投自动,设为 42℃ | 10 | |
| 332 | 吸收塔二中循环温度调节阀 TIC-302 投自动,设为 42℃ | 10 | |
| 333 | 解吸塔进料加热调节阀 TIC-303 投自动,设为 80℃ | 10 | |

| 步骤 | 操作 | 分值 | 完成否 |
|---|---|---|---|
| 334 | 解吸塔塔底再沸器温度调节阀 TIC-304 投自动,设为 136℃ | 10 | |
| 335 | 稳定塔进料加热调节阀 TIC-305 投自动,设为 128℃ | 10 | |
| 336 | 稳定塔塔顶冷却器调节阀 TIC-307 投自动,设为 38℃ | 10 | |
| 337 | 稳定塔塔底再沸器温度调节阀 TIC-308 投自动,设为 189℃ | 10 | |
| 338 | 稳定汽油冷却器调节阀 TIC-309 投自动,设为 40℃ | 10 | |
| 质量指标 | | | |
| 339 | 反应器 C-101 压力 PIC-103 | 10 | |
| 340 | 提升管出口温度 TIC-102 | 10 | |
| 341 | 反应器 C-101 料位 LIC-105 | 10 | |
| 342 | 再生器 C-102 料位 LIC-104 | 10 | |
| 343 | 回炼油罐 D-202 液位 LIC-202 | 10 | |
| 344 | 分馏塔 C-201 液位 LIC-207 | 10 | |
| 345 | 分馏塔塔顶油气分离器 D-201 液位 LIC-204 | 10 | |
| 346 | 分馏塔 C-201 顶部温度 TIC-201 | 10 | |
| 347 | 吸收塔 C-301 液位 LIC-302 | 10 | |
| 348 | 解吸塔 C-302 液位 LIC-304 | 10 | |
| 349 | 稳定塔 C-303 液位 LIC-305 | 10 | |
| 350 | 稳定塔 C-303 顶部温度 TIC-306 | 10 | |
| 351 | 吸收塔 C-301 顶部压力 PIC-302 | 10 | |

**表 4-5　正常停车操作规程**

| 步骤 | 操作 | 分值 | 完成否 |
|---|---|---|---|
| 降温降量准备停车 | | | |
| 1 | 关闭催化剂加料调节阀 LIC-104,停止加入新鲜催化剂 | 10 | |
| 2 | 关闭催化剂加料调节阀 LIC-104 前阀 XV-129 | 10 | |
| 3 | 关闭催化剂加料调节阀 LIC-104 后阀 XV-130 | 10 | |
| 4 | 关闭钝化剂手动阀 XV-109,停钝化剂 | 10 | |
| 5 | 关小混合原料流量控制阀 FIC-109 至 25%,将混合原料流量 FIC-109 降至 105t/h | 10 | |
| 6 | 关闭回炼油调节阀 FIC-206,将回炼油全部打回分馏塔 | 10 | |
| 7 | 关闭回炼油调节阀 FIC-206 前阀 XV-244 | 10 | |
| 8 | 关闭回炼油调节阀 FIC-206 后阀 XV-245 | 10 | |
| 9 | 关闭急冷油调节阀 FIC-108 | 10 | |
| 10 | 关闭急冷油调节阀 FIC-108 前阀 XV-140 | 10 | |
| 11 | 关闭急冷油调节阀 FIC-108 后阀 XV-139 | 10 | |
| 12 | 保证反应器顶部压力 PIC-103 维持在 0.18MPa | 10 | |
| 13 | 打开催化剂卸料线手动阀 XV-111 至 10% | 10 | |
| 14 | 打开卸剂风手动阀 XV-112 至 50% | 10 | |
| 15 | 控制催化剂卸料线温度 TI-104 不大于 550℃ | 10 | |
| 16 | 关闭反应器顶部去分馏塔手动阀 XV-105 | 10 | |
| 17 | 打开反应器顶部去火炬手动阀 XV-106 | 10 | |

续表

| 步骤 | 操作 | 分值 | 完成否 |
|---|---|---|---|
| | 切断进料、卸催化剂 | | |
| 18 | 关闭原料油缓冲罐进料调节阀 FIC-203 | 10 | |
| 19 | 关闭原料油缓冲罐进料调节阀 FIC-203 前阀 XV-236 | 10 | |
| 20 | 关闭原料油缓冲罐进料调节阀 FIC-203 后阀 XV-237 | 10 | |
| 21 | 关闭混合原料调节阀 FIC-109,停止进料 | 10 | |
| 22 | 关闭混合原料调节阀 FIC-109 前阀 XV-138 | 10 | |
| 23 | 关闭混合原料调节阀 FIC-109 后阀 XV-137 | 10 | |
| 24 | 关闭原料油泵 P-202 出口阀 XV-201 | 10 | |
| 25 | 关闭原料油泵 P-202 | 10 | |
| 26 | 关闭原料油泵 P-202 入口阀 XV-202 | 10 | |
| 27 | 关闭再生滑阀 PDIC-103 | 10 | |
| 28 | 维持两器压差 PDIC-101 不小于 0.01MPa | 10 | |
| 29 | 打开待生滑阀 PDIC-102 至 80%,将催化剂全部转入再生器 | 10 | |
| 30 | 当反应器中催化剂料位 LIC-105 降为 0 时,关闭待再生滑阀 PDIC-102 | 10 | |
| 31 | 维持两器压差 PDIC-101 在 -0.01～-0.02MPa | 10 | |
| 32 | 将催化剂卸料手动阀 XV-111 全开,大量卸剂 | 10 | |
| 33 | 关闭外取热器上滑阀 LIC-103,停止取热 | 10 | |
| 34 | 关闭外取热器上水调节阀 TIC-101 | 10 | |
| 35 | 关闭外取热器上水调节阀 TIC-101 前阀 XV-123 | 10 | |
| 36 | 关闭外取热器上水调节阀 TIC-101 后阀 XV-124 | 10 | |
| 37 | 关闭外取热器上水泵 P-101 出口阀 XV-102 | 10 | |
| 38 | 关闭外取热器上水泵 P-101 | 10 | |
| 39 | 关闭外取热器上水泵 P-101 入口阀 XV-101 | 10 | |
| 40 | 关闭外取热汽包上水调节阀 LIC-102 | 10 | |
| 41 | 关闭外取热汽包上水调节阀 LIC-102 前阀 XV-121 | 10 | |
| 42 | 关闭外取热汽包上水调节阀 LIC-102 后阀 XV-122 | 10 | |
| 43 | 全开外取热汽包压力调节阀 PIC-102,汽包泄压 | 10 | |
| 44 | 全开汽包污水线手动阀 XV-100,将汽包中的除氧水排至污水 | 10 | |
| 45 | 关闭汽提蒸汽调节阀 FIC-106 | 10 | |
| 46 | 关闭汽提蒸汽调节阀 FIC-106 前阀 XV-144 | 10 | |
| 47 | 关闭汽提蒸汽调节阀 FIC-106 后阀 XV-143 | 10 | |
| | 反应器停气泄压 | | |
| 48 | 关闭汽提蒸汽调节阀 FIC-107 | 10 | |
| 49 | 关闭汽提蒸汽调节阀 FIC-107 前阀 XV-142 | 10 | |
| 50 | 关闭汽提蒸汽调节阀 FIC-107 后阀 XV-141 | 10 | |
| 51 | 关闭防焦蒸汽调节阀 FIC-105 | 10 | |
| 52 | 关闭防焦蒸汽调节阀 FIC-105 前阀 XV-146 | 10 | |

| 步骤 | 操作 | 分值 | 完成否 |
|---|---|---|---|
| 53 | 关闭防焦蒸汽调节阀 FIC-105 后阀 XV-145 | 10 | |
| 54 | 关闭急冷油雾化蒸汽手动阀 XV-107 | 10 | |
| 55 | 关闭混合原料雾化蒸汽手动阀 XV-108 | 10 | |
| 56 | 关闭提升干气手动阀 XV-110 | 10 | |
| 57 | 关闭提升蒸汽调节阀 FIC-110 | 10 | |
| 58 | 关闭提升蒸汽调节阀 FIC-110 前阀 XV-136 | 10 | |
| 59 | 关闭提升蒸汽调节阀 FIC-110 后阀 XV-135 | 10 | |
| 60 | 全开反应器顶部压力调节阀 PIC-103,反应器泄压 | 10 | |
| 再生器停风泄压 | | | |
| 61 | 当再生器中催化剂卸料完成后(LIC-104 为 0 时),关闭卸剂风手动阀 XV-112 | 10 | |
| 62 | 关闭外取热器流化风调节阀 FIC-102 | 10 | |
| 63 | 关闭外取热器流化风调节阀 FIC-102 前阀 XV-125 | 10 | |
| 64 | 关闭外取热器流化风调节阀 FIC-102 后阀 XV-126 | 10 | |
| 65 | 关闭再生器提升风调节阀 FIC-103 | 10 | |
| 66 | 关闭再生器提升风调节阀 FIC-103 前阀 XV-127 | 10 | |
| 67 | 关闭再生器提升风调节阀 FIC-103 后阀 XV-128 | 10 | |
| 68 | 关闭再生器流化风调节阀 FIC-104 | 10 | |
| 69 | 关闭再生器流化风调节阀 FIC-104 前阀 XV-131 | 10 | |
| 70 | 关闭烟气去主风机调节阀 FIC-104 后阀 XV-132 | 10 | |
| 71 | 关闭辅助燃烧室主风手动阀 XV-104 | 10 | |
| 72 | 全开三旋分离器顶部压力调节阀 PIC-101,再生器泄压 | 10 | |
| 分馏系统停车 | | | |
| 73 | 关闭分馏塔汽提蒸汽调节阀 FIC-205 | 10 | |
| 74 | 关闭分馏塔汽提蒸汽调节阀 FIC-205 前阀 XV-222 | 10 | |
| 75 | 关闭分馏塔汽提蒸汽调节阀 FIC-205 后阀 XV-223 | 10 | |
| 76 | 关闭轻柴油汽提塔汽提蒸汽调节阀 FIC-210 | 10 | |
| 77 | 关闭轻柴油汽提塔汽提蒸汽调节阀 FIC-210 前阀 XV-238 | 10 | |
| 78 | 关闭轻柴油汽提塔汽提蒸汽调节阀 FIC-210 后阀 XV-239 | 10 | |
| 79 | 关闭重柴油汽提塔汽提蒸汽调节阀 FIC-212 | 10 | |
| 80 | 关闭重柴油汽提塔汽提蒸汽调节阀 FIC-212 前阀 XV-240 | 10 | |
| 81 | 关闭重柴油汽提塔汽提蒸汽调节阀 FIC-212 后阀 XV-241 | 10 | |
| 82 | 关闭气压机 | 10 | |
| 83 | 打开去火炬手动阀 XV-217 | 10 | |
| 84 | 全开分馏塔顶部压力调节阀 PIC-201,给分馏塔泄压 | 10 | |
| 85 | 关闭分馏塔顶部循环泵 P-204 出口阀 XV-205 | 10 | |
| 86 | 关闭分馏塔顶部循环泵 P-204 | 10 | |
| 87 | 关闭分馏塔顶部循环泵 P-204 入口阀 XV-206 | 10 | |

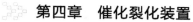

续表

| 步骤 | 操作 | 分值 | 完成否 |
|---|---|---|---|
| 88 | 关闭分馏塔一中循环泵 P-205 出口阀 XV-207 | 10 | |
| 89 | 关闭分馏塔一中循环泵 P-205 | 10 | |
| 90 | 关闭分馏塔一中循环泵 P-205 入口阀 XV-208 | 10 | |
| 91 | 当回炼油罐液位 LIC-202 降到 0 时,关闭回炼油泵 P-209 出口阀 XV-203 | 10 | |
| 92 | 关闭回炼油泵 P-209 | 10 | |
| 93 | 关闭回炼油泵 P-209 出口阀 XV-204 | 10 | |
| 94 | 当分馏塔顶部回流罐液位 LIC-204 降到 0 时,关闭粗汽油泵 P-203 出口阀 XV-210 | 10 | |
| 95 | 关闭粗汽油泵 P-203 | 10 | |
| 96 | 关闭粗汽油泵 P-203 入口阀 XV-209 | 10 | |
| 97 | 全开调节阀 LIC-203,将水排净 | 10 | |
| 98 | 关闭贫吸收油调节阀 FIC-209 | 10 | |
| 99 | 关闭贫吸收油调节阀 FIC-209 前阀 XV-248 | 10 | |
| 100 | 关闭贫吸收油调节阀 FIC-209 后阀 XV-249 | 10 | |
| 101 | 当轻柴油汽提塔液位 LIC-205 降到 0 时,关闭轻柴油泵 P-206 出口阀 XV-212 | 10 | |
| 102 | 关闭轻柴油泵 P-206 | 10 | |
| 103 | 关闭轻柴油泵 P-206 入口阀 XV-211 | 10 | |
| 104 | 当重柴油汽提塔液位 LIC-206 降到 0 时,关闭重柴油泵 P-208 出口阀 XV-214 | 10 | |
| 105 | 关闭重柴油泵 P-208 | 10 | |
| 106 | 关闭重柴油泵 P-208 入口阀 XV-213 | 10 | |
| 107 | 关闭油浆上返塔调节阀 FIC-214 | 10 | |
| 108 | 关闭油浆上返塔调节阀 FIC-214 前阀 XV-232 | 10 | |
| 109 | 关闭油浆上返塔调节阀 FIC-214 后阀 XV-233 | 10 | |
| 110 | 关闭油浆下返塔调节阀 FIC-213 | 10 | |
| 111 | 关闭油浆下返塔调节阀 FIC-213 前阀 XV-231 | 10 | |
| 112 | 关闭油浆下返塔调节阀 FIC-213 后阀 XV-230 | 10 | |
| 113 | 关闭富吸收油返塔手动阀 XV-313 | 10 | |
| 114 | 全开富吸收油停工线手动阀 XV-314 | 10 | |
| 115 | 当分馏塔液位 LIC-207 降至 0 时,关闭油浆泵 P-210 出口阀 XV-216 | 10 | |
| 116 | 关闭油浆泵 P-210 | 10 | |
| 117 | 关闭油浆泵 P-210 入口阀 XV-215 | 10 | |
| 吸收稳定系统停车 | | | |
| 118 | 关闭稳定汽油去吸收塔调节阀 FIC-307 | 10 | |
| 119 | 关闭稳定汽油去吸收塔调节阀 FIC-307 前阀 XV-342 | 10 | |
| 120 | 关闭稳定汽油去吸收塔调节阀 FIC-307 后阀 XV-343 | 10 | |
| 121 | 全开压力调节阀 PIC-301,油气分离器 D-301 泄压 | 10 | |
| 122 | 全开吸收压力调节阀 PIC-302,吸收塔泄压 | 10 | |
| 123 | 全开再吸收塔压力调节阀 PIC-303,再吸收塔泄压 | 10 | |

| 步骤 | 操作 | 分值 | 完成否 |
|------|------|------|--------|
| 124 | 全开解吸塔压力调节阀 PIC-304,解吸塔泄压 | 10 | |
| 125 | 全开稳定塔压力调节阀 PIC-305,稳定塔泄压 | 10 | |
| 126 | 关闭吸收塔一中循环泵 P-302 出口阀 XV-301 | 10 | |
| 127 | 关闭吸收塔一中循环泵 P-302 | 10 | |
| 128 | 关闭吸收塔一中循环泵 P-302 入口阀 XV-302 | 10 | |
| 129 | 关闭吸收塔二中循环泵 P-303 出口阀 XV-303 | 10 | |
| 130 | 关闭吸收塔二中循环泵 P-303 | 10 | |
| 131 | 关闭吸收塔二中循环泵 P-303 入口阀 XV-304 | 10 | |
| 132 | 当油气分离器液位 LIC-301 降至 0 时,关闭解吸塔进料泵 P-301 出口阀 XV-306 | 10 | |
| 133 | 关闭解吸塔进料泵 P-301 | 10 | |
| 134 | 关闭解吸塔进料泵 P-301 入口阀 XV-305 | 10 | |
| 135 | 关闭解吸塔再沸器调节阀 TIC-304 | 10 | |
| 136 | 关闭解吸塔再沸器调节阀 TIC-304 前阀 XV-351 | 10 | |
| 137 | 关闭解吸塔再沸器调节阀 TIC-304 后阀 XV-352 | 10 | |
| 138 | 当解吸塔液位 LIC-304 降至 0 时,关闭稳定塔进料泵 P-310 出口阀 XV-308 | 10 | |
| 139 | 关闭稳定塔进料泵 P-310 | 10 | |
| 140 | 关闭稳定塔进料泵 P-310 入口阀 XV-307 | 10 | |
| 141 | 关闭稳定塔再沸器调节阀 TIC-308 | 10 | |
| 142 | 关闭稳定塔再沸器调节阀 TIC-308 前阀 XV-355 | 10 | |
| 143 | 关闭稳定塔再沸器调节阀 TIC-308 后阀 XV-356 | 10 | |
| 144 | 关闭稳定塔顶部回流调节阀 FIC-305 | 10 | |
| 145 | 关闭稳定塔顶部回流调节阀 FIC-305 前阀 XV-337 | 10 | |
| 146 | 关闭稳定塔顶部回流调节阀 FIC-305 后阀 XV-336 | 10 | |
| 147 | 当稳定塔液位 LIC-305 降至 0 时,关闭稳定汽油泵 P-304 出口阀 XV-312 | 10 | |
| 148 | 关闭稳定汽油泵 P-304 | 10 | |
| 149 | 关闭稳定汽油泵 P-304 入口阀 XV-311 | 10 | |
| 150 | 当稳定塔顶部回流罐液位 LIC-306 降为 0 时,关闭泵 P-306 出口手动阀 XV-310 | 10 | |
| 151 | 关闭稳定塔顶部回流泵 P-306 | 10 | |
| 152 | 关闭稳定塔顶部回流泵 P-306 入口手动阀 XV-309 | 10 | |
| 153 | 全开再吸收塔液位调节阀 LIC-303,将液体通过停工线排出装置 | 10 | |
| 质量指标 | | | |
| 154 | 反应器 C-101 料位 LIC-105 | 10 | |
| 155 | 再生器 C-102 料位 LIC-104 | 10 | |
| 156 | 回炼油罐 D-202 液位 LIC-202 | 10 | |
| 157 | 分馏塔 C-201 液位 LIC-207 | 10 | |
| 158 | 分馏塔顶部油气分离器 D-201 液位 LIC-204 | 10 | |
| 159 | 轻柴油汽提塔 C-202 液位 LIC-205 | 10 | |

续表

| 步骤 | 操作 | 分值 | 完成否 |
|---|---|---|---|
| 160 | 重柴油汽提塔 C-203 液位 LIC-206 | 10 | |
| 161 | 分馏塔 C-201 顶部压力 PIC-201 | 10 | |
| 162 | 油气分离器 D-301 液位 LIC-301 | 10 | |
| 163 | 吸收塔 C-301 液位 LIC-302 | 10 | |
| 164 | 再吸收塔 C-304 液位 LIC-303 | 10 | |
| 165 | 解吸塔 C-302 液位 LIC-304 | 10 | |
| 166 | 稳定塔 C-303 液位 LIC-305 | 10 | |
| 167 | 稳定塔 C-303 顶部回流罐液位 LIC-306 | 10 | |
| 168 | 吸收塔 C-301 顶部压力 PIC-302 | 10 | |

表 4-6　紧急停车操作规程

| 步骤 | 操作 | 分值 | 完成否 |
|---|---|---|---|
| 1 | 关闭混合原料调节阀 FIC-109,切断反应器进料 | 10 | |
| 2 | 关闭混合原料调节阀 FIC-109 前阀 XV-138 | 10 | |
| 3 | 关闭混合原料调节阀 FIC-109 后阀 XV-137 | 10 | |
| 4 | 关闭原料油泵 P-202 出口阀 XV-201 | 10 | |
| 5 | 关闭原料油泵 P-202 | 10 | |
| 6 | 关闭回炼油泵 P-209 出口阀 XV-203 | 10 | |
| 7 | 关闭回炼油泵 P-209 | 10 | |
| 8 | 关闭催化剂加料调节阀 LIC-104 | 10 | |
| 9 | 关闭催化剂加料调节阀 LIC-104 前阀 XV-129 | 10 | |
| 10 | 关闭催化剂加料调节阀 LIC-104 后阀 XV-130 | 10 | |
| 11 | 打开反应器塔塔顶去火炬手动阀 XV-106 | 10 | |
| 12 | 关闭反应器塔塔顶去分馏塔手动阀 XV-105 | 10 | |
| 13 | 关闭气压机 | 10 | |
| 14 | 控制反应器温度 TIC-102 在 490～530℃ | 10 | |
| 15 | 关闭外取热器上滑阀 LIC-103 | 10 | |
| 16 | 关闭外取热器进水调节阀 TIC-101 | 10 | |
| 17 | 关闭外取热器进水调节阀 TIC-101 前阀 XV-123 | 10 | |
| 18 | 关闭外取热器进水调节阀 TIC-101 后阀 XV-124 | 10 | |
| 19 | 关闭外取热器进水泵 P-101 出口阀 XV-102 | 10 | |
| 20 | 关闭外取热器进水泵 P-101 | 10 | |
| 21 | 关闭外取热汽包进水调节阀 LIC-102 | 10 | |
| 22 | 关闭外取热汽包进水调节阀 LIC-102 前阀 XV-121 | 10 | |
| 23 | 关闭外取热汽包进水调节阀 LIC-102 后阀 XV-122 | 10 | |
| 24 | 全开待再生滑阀 PDIC-102 | 10 | |
| 25 | 关闭再生滑阀 PDIC-103,将沉降器中的催化剂全部转入再生器中 | 10 | |
| 26 | 全开催化剂卸剂风手动阀 XV-112 | 10 | |
| 27 | 全开催化剂大型卸料线手动阀 XV-111 | 10 | |

| 步骤 | 操作 | 分值 | 完成否 |
|---|---|---|---|
| 28 | 关闭油浆出装置调节阀 FIC-215 | 10 | |
| 29 | 关闭油浆出装置调节阀 FIC-215 前阀 XV-234 | 10 | |
| 30 | 关闭油浆出装置调节阀 FIC-215 后阀 XV-235 | 10 | |
| 31 | 关闭油浆泵 P-210 出口阀 XV-216 | 10 | |
| 32 | 关闭油浆泵 P-210 | 10 | |
| 33 | 关闭粗汽油调节阀 FIC-207 | 10 | |
| 34 | 关闭粗汽油调节阀 FIC-207 前阀 XV-226 | 10 | |
| 35 | 关闭粗汽油调节阀 FIC-207 后阀 XV-227 | 10 | |
| 36 | 关闭轻柴油出装置调节阀 FIC-208 | 10 | |
| 37 | 关闭轻柴油出装置调节阀 FIC-208 前阀 XV-246 | 10 | |
| 38 | 关闭轻柴油出装置调节阀 FIC-208 后阀 XV-247 | 10 | |
| 39 | 关闭轻柴油泵 P-206 出口阀 XV-212 | 10 | |
| 40 | 关闭轻柴油泵 P-206 | 10 | |
| 41 | 关闭重柴油出装置调节阀 FIC-211 | 10 | |
| 42 | 关闭重柴油出装置调节阀 FIC-211 前阀 XV-250 | 10 | |
| 43 | 关闭重柴油出装置调节阀 FIC-211 后阀 XV-251 | 10 | |
| 44 | 关闭重柴油泵 P-208 出口阀 XV-214 | 10 | |
| 45 | 关闭重柴油泵 P-208 | 10 | |
| 46 | 关闭再吸收塔塔顶压力调节阀 PIC-303 | 10 | |
| 47 | 关闭再吸收塔塔顶压力调节阀 PIC-303 前阀 XV-325 | 10 | |
| 48 | 关闭再吸收塔塔顶压力调节阀 PIC-303 后阀 XV-326 | 10 | |
| 49 | 关闭稳定汽油出装置调节阀 FIC-306 | 10 | |
| 50 | 关闭稳定汽油出装置调节阀 FIC-306 前阀 XV-340 | 10 | |
| 51 | 关闭稳定汽油出装置调节阀 FIC-306 后阀 XV-341 | 10 | |
| 52 | 关闭液化石油气调节阀 LIC-306 | 10 | |
| 53 | 关闭液化石油气调节阀 LIC-306 前阀 XV-338 | 10 | |
| 54 | 关闭液化石油气调节阀 LIC-306 后阀 XV-339 | 10 | |
| 55 | 关闭富吸收油返回分馏塔调节阀 LIC-303 | 10 | |
| 56 | 关闭富吸收油返回分馏塔调节阀 LIC-303 前阀 XV-327 | 10 | |
| 57 | 关闭富吸收油返回分馏塔调节阀 LIC-303 后阀 XV-328 | 10 | |

**表 4-7　事故处理操作规程**

| 步骤 | 操作 | 分值 | 完成否 |
|---|---|---|---|
| | 事故一气压机故障 | | |
| 1 | 全开分馏塔塔顶去火炬手动阀 XV-217 | 10 | |
| 2 | 调节反应器压力 PIC-103 在 0.16~0.2MPa | 10 | |
| 3 | 调节反应器出口温度 TIC-103 在 510~520℃ | 10 | |
| 4 | 调节分馏塔塔顶压力 PIC-201 在 0.1~0.16MPa | 10 | |
| 5 | 调节分馏塔塔顶温度 TIC-201 在 105~115℃ | 10 | |

续表

| 步骤 | 操作 | 分值 | 完成否 |
|---|---|---|---|
| | 事故二外取热器给水泵故障 | | |
| 6 | 启动给水泵 P-101 的备用泵 | 10 | |
| 7 | 调节汽包压力 PIC-102 在 3.8~4MPa | 10 | |
| 8 | 调节再生器出口温度 TIC-103 在 655~665℃ | 10 | |
| 9 | 调节反应器出口温度 TIC-102 在 510~520℃ | 10 | |

## 【知识拓展】

反应再生系统的正常操作主要是温度、压力、汽提蒸汽和反应深度等的控制，着重控制物料、热量、压力三大平衡，保持两器间流化通畅，在安全平稳的前提下取得最高的产品收率和最好的产品质量，工艺参数的控制主要就是针对上述要求进行的。

### （一）温度控制

反应再生系统主要控制的温度点有：原料预热温度、提升管反应器出口温度、再生器床层温度等。

#### 1. 原料预热温度的控制

原料的预热温度对它的雾化效果有很重要的影响，对产品产率和质量也有不同程度的影响。一般来说，原料预热温度高，可降低油品黏度，提高雾化效果，降低生焦等，但温度过高时又会影响热平衡，使剂油比下降，造成转化率下降，使产品分布变差。因此预热温度一般控制在 200~230℃。

（1）影响因素

① 油浆循环量、温度及冷路开度的影响。

② 进料量的影响。

③ 原料带水，预热温度下降。

④ 仪表失灵。

（2）调节方法

① 正常的情况下，用原料与油浆换热量的多少来控制原料预热温度。

② 联系调度和罐区，加强原料油切水。

③ 仪表失灵，改手动或副线，并及时处理。

#### 2. 提升管反应器出口温度的控制

提升管反应器出口温度（即反应温度）是对反应速率、产品产率和质量最灵敏的因素，也是生产中反应转化率和产品产率最主要的调节参数之一。反应温度的调节是通过改变再生滑阀的开度改变催化剂循环量来实现的。提升管反应器出口温度的控制值在 490~520℃。

（1）影响因素

① 催化剂循环量变化，循环量若增大，反应温度升高。

② 提升管总进料量变化，进料量增加，反应温度下降。

③ 进料组分变化，原料组分重，反应温度会下降。

④ 原料带水，反应温度下降。

⑤ 原料预热温度变化。

⑥ 沉降器汽提蒸汽量变化，汽提蒸汽量减少，再生床温升高，反应温度升高。

⑦ 再生床温变化。

⑧ 反应终止剂量大，反应温度降低。

⑨ 预提升蒸汽及进料雾化蒸汽量变化。

⑩ 两器差压的变化。

⑪ 再生滑阀调节不灵敏。

（2）调节方法

① 正常情况下，通过调节再生滑阀开度来调节催化剂循环量，从而控制提升管反应器出口温度。

② 控制好各路进料量，提量、降量要缓慢。

③ 及时调整回炼油和回炼油浆量。

④ 联系罐区，加强脱水。

⑤ 控制好原料预热温度。

⑥ 控制好汽提蒸汽量。

⑦ 控制好再生器密相床温。

⑧ 根据实际情况调整好终止剂量。

⑨ 对进入提升管的各路蒸汽量要控制稳。

⑩ 加强操作，维持好两器差压。

⑪ 联系仪表维修人员查找仪表故障原因。

### 3. 再生器床层温度的控制

再生器床层温度是影响烧焦速率的最主要因素之一。再生器床层温度对剂油比、平衡剂黏度、再生剂定碳、产品分布等影响较大，也是检测系统热平衡的一个主要因素。

（1）影响因素

① 原料性质的变化，回炼油、回炼油浆量发生变化。

② 油浆外甩量的变化。

③ 反应深度、转化率变化。

④ 沉降器藏量，汽提蒸汽量和汽提蒸汽品质变化。

⑤ 原料预热温度变化。

⑥ 雾化蒸汽量变化及雾化蒸汽品质的变化。

⑦ 主风量变化。

⑧ 催化剂循环量大，再生床层温度下降。

⑨ 补充新鲜催化剂速度及加 CO 助燃剂速度。

⑩ 燃烧油的启用，燃烧油带水。

⑪ 外取热器的运行状况。

⑫ 再生压力变化。

⑬ CO 助燃剂加入量的多少。

⑭ 再生床层流化质量。

⑮ 外取热器内漏。

⑯ 蒸汽带水。

（2）调节方法

① 稳定原料的性质及回炼比。

② 调节好外甩量。

③ 控制好反应的深度。

④ 稳定沉降器汽提段藏量，稳定汽提蒸汽量，保证蒸汽合格。

⑤ 控制原料预热温度在合理范围之内。

⑥ 稳定雾化蒸汽量，保证蒸汽质量。

⑦ 保持适当平稳的主风量。

⑧ 缓慢调整催化剂循环量。

⑨ 保持合理的加料速度，不能太快，同时外取热负荷做相应调整。

⑩ 根据再生器密相床温平稳调节床层温度。

⑪ 控制好外取热器中催化剂循环取热量。

⑫ 根据需要适当调节再生器压力。

⑬ CO 助燃剂量太少，造成部分 CO 燃烧无法利用，再生器床温降低，可适当加大 CO 剂量。

⑭ 寻找设备或操作原因，及时处理，如无法处理，不能维持正常生产则按停工处理。

## （二）压力控制

反应再生系统主要控制的压力点有：再生器压力、反应沉降器压力等。

### 1. 再生器压力的控制

（1）影响因素

① 主风量变化。

② 烟机入口蝶阀或双动滑阀的开度变化。

③ 待生催化剂带油。

④ 进入再生器的蒸汽量变化或蒸汽带水。

⑤ 外取热器取热管漏。

⑥ 沉降器压力变化，两器差压超过安全给定值。

⑦ 再生器喷燃烧油时，燃烧油带水。

⑧ 加新鲜催化剂（或助剂）时，输送风量和流化风量过大。

⑨ 余热锅炉对流过热段、蒸发段、省煤器炉管积灰严重，或烟道挡板卡住，烟气压降太大。

⑩ 发生二次燃烧时，喷汽或喷水。

⑪ 仪表失灵。

⑫ 主机、备机切换。

⑬ 开、停增压机及增压机切换。

（2）调节方法

① 根据烟气中的氧含量，调节主风量，平稳调节，幅度不宜过大。

② 正常情况下，再生器压力由烟机入口蝶阀和双动滑阀来控制，必要时可改手动。

③ 及时调整操作，增大汽提蒸汽量。

④ 控制好蒸汽压力，控制好蒸汽量。

⑤ 检查泄漏管，必要时停工处理。

⑥ 应根据具体情况控制好沉降器压力，维持两器差压。

⑦ 封油罐加强脱水，缓慢调节燃烧油量。

⑧ 适当控制加剂速度，适当控制输送风量和流化风量。

⑨ 余热锅炉炉管积灰，定期吹灰；检查蝶阀阀位情况，及时联系处理。

⑩ 严格按工艺卡片控制指标操作，尽量不启用稀相喷水、喷汽。

⑪ 联系仪表维修。

⑫ 开、停车，主、备机切换要尽量平稳操作。

## 2. 反应沉降器压力的控制

反应沉降器压力（即反应压力）是沉降器内气体从沉降器顶部到气压机入口设备管径的阻力降与气压机静压之和。

反应压力在反应再生系统压力平衡中起主导作用，当反应压力提高时，反应器内油气分压升高，反应物的浓度增加，因此反应速率加快。对一定的提升管反应器来说，提高反应压力即降低了反应器内反应物料体积流量，在进料量不变的情况下，就延长了反应时间，因此有利于提高转化率，但焦炭产率和干气产率也会上升。所以，应严格控制反应压力，防止反应压力大幅度变化，造成两器流化失常，甚至发生催化剂倒流事故。

沉降器压力在不同时期有不同的控制方案，具体如下：

a. 开工烘衬里阶段由沉降器顶部的反应油气管线上的遥控阀来控制。

b. 切换气封后至喷油前用分馏塔顶部的油气管线上的蝶阀来控制。

c. 反应进料后至气压机启动前由气压机的入口放火炬蝶阀来控制。

d. 气压机启动后由汽轮机的调速器或反飞动控制。

（1）影响因素

① 总进料量增加，反应压力上升。

② 原料油带水，反应压力上升。

③ 进料性质发生变化。

④ 反应深度增加，反应压力上升。

⑤ 反应各部位注汽量及预提升干气注入量大，反应压力升高。

⑥ 分馏塔塔底液面或分馏塔塔顶油气分离器液面太高，反应压力急剧升高。

⑦ 再吸收塔液位过低，导致干气压空窜入分馏塔，反应压力升高。

⑧ 分馏塔塔顶油气蝶阀或冷凝冷却系统阀门开度小节流，反应压力升高。

⑨ 分馏回流带水或回流量增大，反应压力上升。

⑩ 分馏塔冲塔，气相负荷增大，反应压力上升。

⑪ 富气冷后温度升高，反应压力升高。

⑫ 气压机转速增加，反应压力降低。

⑬ 气压机出口压力升高，反应压力升高。

⑭ 反飞动量增加，反应压力上升。

⑮ 仪表、机械事故。

（2）调节方法

① 在正常情况下，反应压力由气压机的转速自动控制。在开工喷油前由分馏塔塔顶空冷入口前油气蝶阀调节，从喷油到气压机开机前用气压机入口放火炬蝶阀调节。

② 当反应压力突然升高时，应观察气压机入口压力、分馏塔塔顶压力及富气量的变化情况，准确分析出原因，迅速处理，可提高气压机转速，减少反飞动量，必要时投用气压机入口放火炬撤压。

③ 若因分馏塔或分馏塔塔顶油气分离器液面太高，使反应压力升高，应迅速降低液面，

保证油气线路畅通。

④ 必要时，用气压机的入口放火炬和防喘振（反飞动）调节阀控制反应压力。

⑤ 若气压机突然停机，应迅速打开气压机的入口放火炬阀，控制反应压力。

⑥ 若反应压力在使用多种手段后仍然升高，应降低进料量；若影响到两器流化，使反应温度迅速下降时，应果断切断进料，直至切断两器催化剂的循环，确保安全。

### （三）汽提蒸汽控制

（1）影响因素

① 蒸汽压力。

② 过热蒸汽温度。

③ 蒸汽带水。

④ 汽提蒸汽盘管坏。

⑤ 汽提蒸汽喷嘴堵塞或结焦。

⑥ 仪表失灵等。

（2）调节方法

① 调节蒸汽压力。

② 调节过热蒸汽温度。

③ 及时处理带水问题。

④ 大检修时处理，不能维持则停工处理。

⑤ 保证蒸汽质量，当待生催化剂带油严重时及时加大汽提蒸汽量，同时反应及时降量，必要时切断进料，及时处理，不能维持生产应停工处理。

⑥ 联系仪表工处理。

### （四）再生烟气氧含量的控制

若再生烟气氧含量过高，再生器稀相易发生二次燃烧；过低时，再生器定碳量不易控制到低于 0.1％，且易发生碳堆。该参数是判断再生器工况的一个重要参数。

（1）影响因素

① 主风量变化。

② 提升管总进料量及原料性质变化。

③ 汽提蒸汽量变化。

④ 燃烧油的投用。

⑤ 反应器温度、反应深度变化。

⑥ 仪表失灵。

⑦ 待生催化剂含碳量。

⑧ 床温。

（2）调节方法

① 根据提升管进料量变化、原料性质变化及时提升或降低主风量，保持平稳的汽提蒸汽量和原料雾化蒸汽量。

② 燃烧油投用时要缓慢，两边对称投用，根据氧的含量分析决定是否要提升主风量。

③ 选择适当的反应温度，保持适当的反应深度。

④ 及时联系仪表工处理，加强平衡剂分析，判断再生剂定碳的变化情况。

⑤ 保持合适的再生床温。

### (五) 反应深度的控制

反应深度是裂化反应转化率高低的标志。反应深度可通过观察富气和粗汽油产率及回炼油罐和分馏塔塔底液位高低来判断。反应深度过高,裂化反应过程中会将汽油、轻柴油及中间产物进一步裂化,进而转化为气体和焦炭。反应深度的变化反映在分馏塔塔底液面变化是非常明显的。当分馏操作平稳时,回炼油罐液面恒定,分馏塔塔底液面上升说明反应深度减小。

(1) 影响因素

① 提升管出口温度升高,反应深度增大。

② 剂油比增加,反应深度增大。

③ 催化剂活性若提高,反应深度增大。

④ 反应压力上升,转化率提高,反应深度增大。

⑤ 提升管中油气分压增加,反应深度降低。

(2) 调节方法

① 根据原料的性质、回炼比、转化率、产品分布及催化剂的活性控制适当的反应温度。

② 控制再生器含碳量在指标内,按时置换催化剂,保持系统催化剂的活性。

③ 在指标允许范围内,调节预提升蒸汽量。

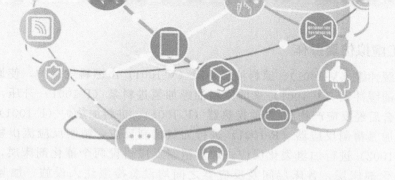

# 第五章
## 加氢裂化装置

任务一 认识工艺流程

### 【工艺流程】

本系统为秦皇岛博赫科技开发有限公司以真实加氢裂化装置为原型开发研制的虚拟化仿真系统，装置主要由原料罐、反应器、分离器等部分组成。

图 5-1 为加氢裂化工艺总流程图。自罐区来的减压蜡油和焦化蜡油送入装置，减压蜡油经柴油/原料油换热器（E-1008）预热后，与焦化蜡油混合，再与分馏部分来的循环油混合

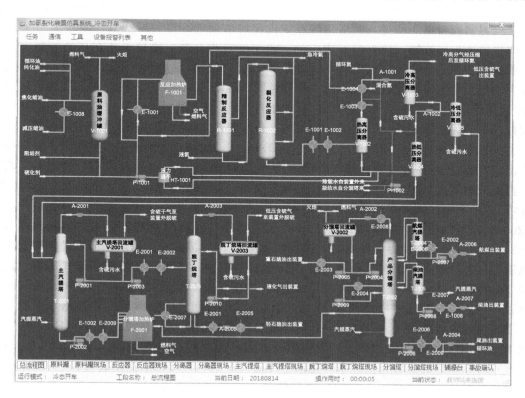

图 5-1 加氢裂化工艺总流程图

后进入原料油缓冲罐（V-1001）。原料油缓冲罐（V-1001）由燃料气保护，使原料油不接触空气。自原料油缓冲罐（V-1001）来的原料油经加氢进料泵（P-1001）升压，在流量控制下与混合氢混合后经反应产物/原料油换热器（E-1001）、进料加热炉（F-1001）加热至反应温度后，进入加氢精制反应器（R-1001）进行加氢精制反应，精制反应流出物进入加氢裂化反应器（R-1002）进行加氢裂化反应。加氢精制反应器设两个催化剂床层，加氢裂化反应器设三个催化剂床层，各床层间及反应器之间均设急冷氢注入设施。加氢精制反应器（R-1001）混合进料的温度通过调节反应进料加热炉（F-1001）燃料气量来控制。

自加氢裂化反应器（R-1002）来的反应流出物依次经反应流出物/混合原料换热器（E-1001）、反应流出物/主汽提塔塔底液换热器（E-1002），以尽量回收热量。换热后反应流出物温度降至230℃，进入热高压分离器（V-1002）进行汽液分离。热高分气经热高分气/冷低分油换热器（E-1003）、热高分气/混合氢换热器（E-1004）换热后，再经热高分气空冷器（A-1001）冷却至50℃进入冷高压分离器（V-1003）。为了防止热高分气在冷却过程中析出铵盐堵塞管路和设备，通过注水泵（P-1002）将除氧水注入热高分气/混合氢换热器及热高分气空冷器（A-1001）上游管线。冷却后的热高分气在冷高压分离器（V-1003）中进行油、气、水三相分离。

冷高分油在液位控制下进入冷低压分离器（V-1005）。热高分油在液位控制下经加氢进料泵液力透平回收能量后进入热低压分离器（V-1004）。热低分气经热低分气空冷器（A-1002）冷却到50℃后与冷高分油混合进入冷低压分离器（V-1005）。冷低分油与热高分气换热后再与热低分油混合后进入主汽提塔（T-2001）。混合氢经过热高分气/混合氢换热器（E-1004）换热后与原料油混合。

自反应部分来的冷低分油、热低分油进入主汽提塔（T-2001），主汽提塔共有30层浮阀塔盘，汽提蒸汽自塔底部进入。塔顶气经主汽提塔塔顶空冷器（A-2001）冷却至40℃后进入主汽提塔塔顶回流罐（V-2001）进行油、水、气三相分离，罐顶干气在压力控制下至装置外脱硫。油相一部分经主汽提塔塔顶回流泵（P-2001）升压后在流量和塔顶温度串级控制下作为主汽提塔（T-2001）回流；另一部分经脱丁烷塔进料泵（P-2003）升压，再经过轻石脑油/脱丁烷塔进料换热器（E-2001）、喷气燃料/脱丁烷塔进料换热器（E-2002）换热后在液位控制下作为脱丁烷塔（T-2003）的进料；分水包排出的含硫酸性水送装置外脱硫。

主汽提塔塔底液经分馏塔进料泵（P-2002）升压，在液位和流量串级控制下，分别经反应流出物/主汽提塔塔底液换热器（E-1002）、未转化油/分馏塔进料换热器（E-2009）换热后，再经分馏塔进料加热炉（F-2001）加热到384℃后进入分馏塔（T-2002）第7块塔盘，分馏塔共有57层浮阀塔盘，塔底采用蒸汽汽提，分馏塔设两个侧线：喷气燃料侧线汽提塔（T-2004）和柴油侧线汽提塔（T-2005）。分馏塔塔顶气经分馏塔塔顶低温热水加热器（E-2008）、分馏塔塔顶空冷器（A-2002）冷却，冷凝到55℃进入分馏塔塔顶回流罐（V-2002），回流罐的压力通过调节燃料气的进入量或排出量来控制，从而使分馏塔的操作压力恒定在0.1MPa。液相一部分经重石脑油泵（P-2005）升压，重石脑油冷却器（E-2003）冷却后送出装置；另一部分经分馏塔回流泵（P-2004）升压作为回流；分馏塔塔顶凝结水至除氧水罐。塔底油经未转化油泵（P-2006）升压，与喷气燃料侧线汽提塔底再沸器（E-2006）、未转化油/分馏塔进料换热器（E-2009）换热后，循环到反应部分原料油缓冲罐，约2%（质量分数）（对原料）的未转化油经未转化油空冷器（A-2004）冷却后送出装置。

喷气燃料侧线汽提塔（T-2004）塔底热量由喷气燃料汽提塔塔底再沸器（E-2006）提供，热源为未转化油，塔底喷气燃料产品经喷气燃料泵（P-2007）升压后，经喷气燃料/脱丁烷塔进料换热器（E-2002）、喷气燃料空冷器（A-2006）冷却后送出装置。柴油侧线汽提塔（T-2005），塔底采用水蒸气汽提；塔底产品由柴油泵（P-2008）升压后，经脱丁烷塔再沸器（E-2007）、减压蜡油（E-1008）柴油空冷器（A-2007）、冷却脱水后出装置。分馏塔设中段回流，中段回流经分馏塔中段回流泵（P-2009）升压后，经中段油蒸汽发生器（E-2004）发生 1.0MPa 蒸汽后返回分馏塔。

脱丁烷塔进料经轻石脑油/脱丁烷塔进料换热器（E-2001）、喷气燃料/脱丁烷塔进料换热器（E-2002）换热后，进入脱丁烷塔（T-2003）第 20 层塔盘，脱丁烷塔共有 40 层浮阀塔盘。塔底热量由再沸器提供，热源为柴油，塔顶气经脱丁烷塔塔顶空冷器（A-2003）冷却后进入脱丁烷塔塔顶回流罐（V-2003）进行油、水、气三相分离。罐顶干气在压力控制下与主汽提塔塔顶气一起至装置外脱硫；液相经脱丁烷塔塔顶回流泵（P-2010）升压后一部分在流量和塔顶温度串级控制下作为脱丁烷塔塔顶回流，另一部分在流量液位串级控制下作为液化气送出装置；脱丁烷塔塔顶回流罐分出的酸性水在界位控制下与高分含硫酸性水一起排出装置；塔底轻石脑油经轻石脑油/脱丁烷塔进料换热器（E-2001）、轻石脑油空冷器（A-2005）、轻石脑油冷却器（E-2005）冷却后送出装置。

## 【工艺原理】

石油加工过程实际上就是碳和氢的重新分配过程，早期的炼油技术主要通过脱碳过程提高产品氢含量，如催化裂化、焦化过程。如今随着产品收率和质量要求提高，需要采用加氢技术提高产品氢含量，并同时脱去对大气有污染的硫、氮和芳烃等杂质。

加氢裂化的目的在于将大分子裂化为小分子以提高轻质油收率，同时除去一些杂质。其特点是轻质油收率高，产品饱和度高，杂质含量少。

## 【任务描述】

① 图 5-1 是加氢裂化工艺总流程图，在 A3 图纸上绘制该工艺流程图。

② 根据图 5-1 回答问题：加氢裂化工艺主要设备有哪些？各设备的作用是什么？

## 【知识拓展】

催化加氢反应主要涉及两类反应过程：一是除去氧、硫、氮及金属等少量杂质的加氢处理反应过程；二是烃类加氢反应过程。这两类反应在加氢处理和加氢裂化过程中都存在，只是侧重点不同。

# 一、加氢处理反应

## 1. 加氢脱硫反应（HDS）

石油馏分中的硫化物主要有硫醇、硫醚、二硫化物及杂环硫化物，在加氢条件下它们发生氢解反应，生成烃和 $H_2S$，主要反应如下：

$$RSH + H_2 \longrightarrow RH + H_2S$$

$$R-S-R + 2H_2 \longrightarrow 2RH + H_2S$$

$$(RS)_2 + 3H_2 \longrightarrow 2RH + 2H_2S$$

对于大多数含硫化合物，在相当大的温度和压力范围内，其脱硫反应的平衡常数都比较

石油加工虚拟仿真操作

大，并且各类硫化物的氢解反应都是放热反应。

石油馏分中硫化物的 C—S 键的键能比 C—C 和 C—N 键的键能小。因此，在加氢过程中，硫化物的 C—S 键先断裂生成相应的烃类和 $H_2S$。表 5-1 列出了各种键的键能。

表 5-1　各种键的键能

| 键 | C—H | C—C | C=C | C—N | C=N | C—S | N—H | S—H |
|---|---|---|---|---|---|---|---|---|
| 键能/(kJ/mol) | 413 | 348 | 614 | 305 | 615 | 272 | 391 | 367 |

各种硫化物在加氢条件下反应活性因分子大小和结构不同存在差异，其活性大小的顺序为：硫醇＞二硫化物＞硫醚≈四氢噻吩＞噻吩。

噻吩类的杂环硫化物活性最低，并且随着其分子中的环烷环和芳香环的数目增加，加氢反应活性下降。

### 2. 加氢脱氮反应（HDN）

石油馏分中的氮化物主要是杂环氮化物和少量的脂肪胺或芳香胺。在加氢条件下，氮化物反应生成烃和 $NH_3$，主要反应如下：

$$R—CH_2—NH_2 + H_2 \longrightarrow R—CH_3 + NH_3$$

$$\text{（吡啶）} + 5H_2 \longrightarrow C_5H_{12} + NH_3$$

$$\text{（喹啉）} + 7H_2 \longrightarrow \text{（环己基-}C_3H_7\text{）} + NH_3$$

$$\text{（吡咯）} + 4H_2 \longrightarrow C_4H_{10} + NH_3$$

加氢脱氮反应包括两种不同类型的反应，即 C=N 键的加氢和 C—N 键断裂反应，因此，加氢脱氮反应较脱硫困难。加氢脱氮反应中存在受热力学平衡影响的情况。

馏分越重，加氢脱氮越困难。主要因为馏分越重，氮含量越高。另外，重馏分氮化物结构较复杂，空间位阻效应较强，且氮化物中芳香杂环氮化物最多。

### 3. 加氢脱氧反应（HDO）

石油馏分中的含氧化合物主要是环烷酸及少量的酚、脂肪酸、醛、醚及酮。含氧化合物在加氢条件下通过氢解生成烃和 $H_2O$，主要反应如下：

$$\text{（苯酚）} + H_2 \longrightarrow \text{（苯）} + H_2O$$

$$\text{（环己基-COOH）} + 3H_2 \longrightarrow \text{（环己基-}CH_3\text{）} + 2H_2O$$

含氧化合物反应活性顺序为：呋喃环类＞酚类＞酮类＞醛类＞烷基醚类。

含氧化合物在加氢反应条件下分解很快，对于杂环氧化物，当有较多的取代基时，反应活性较低。

### 4. 加氢脱金属反应（HDM）

石油馏分中的金属主要有镍、钒、铁、钙等，主要存在于重质馏分中，尤其是渣油中。这些金属对石油炼制过程，尤其对各种催化剂参与的反应影响较大，必须除去。渣油中的金属可分为卟啉化合物（如镍和钒的络合物）和非卟啉化合物（如环烷酸铁、环烷酸钙、环烷酸镍）。以非卟啉化合物存在的金属反应活性高，很容易在 $H_2/H_2S$ 存在条件下转化为金属硫化物沉积在催化剂表面上。而以卟啉化合物存在的金属先可逆地生成中间产物，然后中间产物进一步氢解，生成的硫化态金属以固体形式沉积在催化剂上。加氢脱金属反应如下：

$$R—M—R' \xrightarrow{H_2,H_2S} MS+RH+R'H$$

由上可知，加氢处理脱除氧、氮、硫及金属杂质进行不同类型的反应，这些反应一般在同一催化剂床层上进行，此时要考虑各反应之间的相互影响。如含氮化合物的吸附会使催化剂表面中毒，氮化物的存在会导致活化氢从催化剂表面活性中心脱除，而使 HDO 反应速率下降。也可以在不同的反应器中采用不同的催化剂分别进行反应，以减小各反应之间的相互影响和优化反应过程。

## 二、烃类加氢反应

烃类加氢反应主要涉及两类反应：一是有氢气直接参与的化学反应，如加氢裂化和不饱和键的加氢饱和反应，此过程表现为耗氢；二是在临氢条件下的化学反应，如异构化反应，此过程表现为，虽然有氢气存在，但过程不消耗氢气，实际过程中的临氢降凝是其应用之一。

### 1. 烷烃加氢反应

烷烃在加氢条件下进行的反应主要有加氢裂化反应和异构化反应。其中加氢裂化反应包括C—C键的断裂反应和生成的不饱和分子碎片的加氢饱和反应。异构化反应则包括原料中烷烃分子的异构化反应和加氢裂化反应生成的烷烃的异构化反应。而加氢裂化反应和异构化反应属于两类不同的反应，需要两种不同的催化剂活性中心提供加速各自反应进行的功能，即要求催化剂具备双活性，并且两种活性要有效地配合。烷烃进行的反应描述如下：

$$R^1—R^2+H_2 \longrightarrow R^1H+R^2H$$
$$n\text{-}C_n H_{2n+2} \longrightarrow i\text{-}C_n H_{2n+2}$$

烷烃在催化加氢条件下进行的反应遵循正碳离子反应机理，生成的正碳离子在 $\beta$ 位上发生断键，因此，气体产品中富含 $C_3$ 和 $C_4$。由于加氢过程中既有裂化又有异构化，加氢过程可起到降凝作用。

### 2. 环烷烃加氢反应

环烷烃在加氢裂化催化剂上发生的反应主要是脱烷基反应、异构化反应和开环反应。环烷碳正离子与烷烃碳正离子最大的不同在于前者裂化困难，只有在苛刻的条件下，环烷碳正离子才发生 $\beta$ 位断裂。带长侧链的单环环烷烃主要是发生断链反应。六元环烷烃相对比较稳定，一般是先通过异构化反应转化为五元环烷烃后再断环成为相应的烷烃。双六元环烷烃在加氢裂化条件下往往是其中的一个六元环先异构化为五元环后再断环，然后才是第二个六元环的异构化和断环。这两个环中，第一个环的断环是比较容易的，而第二个环则较难断开。此反应途径描述如下：

环烷烃异构化反应包括环的异构化和侧链烷基的异构化。环烷烃加氢反应产物中异构烷烃与正构烷烃之比和五元环烷烃与六元环烷烃之比都比较大。

### 3. 芳香烃加氢反应

苯在加氢条件下反应首先生成六元环烷烃，然后发生前述相同反应。

烷基苯加氢裂化反应主要有脱烷基反应、烷基转移反应、异构化反应、环化反应等，使得产品具有多样性。$C_1 \sim C_4$ 侧链烷基苯的加氢裂化，主要以脱烷基反应为主，异构化反应和烷基转移反应为次，分别生成苯、侧链为异构化程度不同的烷基苯、二烷基苯。烷基苯侧链的裂化既可以是脱烷基生成苯和烷烃；也可以是侧链中的 C—C 键断裂生成烷烃和较小的烷基苯。对于正烷基苯，后者比前者容易发生；对于脱烷基反应，则 $\alpha$-C 上的支链越多，越容易进行。以丁苯为例，脱烷基速率有以下顺序：叔丁苯＞仲丁苯＞异丁苯＞正丁苯

短烷基侧链比较稳定，甲基、乙基难以从苯环上脱除。$C_4$ 或 $C_4$ 以上侧链从苯环上脱除很快。对于侧链较长的烷基苯，除脱烷基、断侧链等反应外，还可能发生侧链环化反应生成双环化合物。苯环上烷基侧链的存在会使芳烃加氢变得困难，烷基侧链的数目对加氢的影响比侧链长度的影响大。

芳烃的加氢饱和反应及裂化反应，无论是对降低产品的芳烃含量（生产清洁燃料），还是对降低催化裂化和加氢裂化原料的生焦量都有重要意义。在加氢裂化条件下，多环芳烃的反应非常复杂，它只有在芳香环加氢饱和之后才能开环，并进一步发生随后的裂化反应。稠环芳烃每个环的加氢和脱氢都处于平衡状态，其加氢过程是逐环进行的，并且加氢难度逐环增加。

### 4. 烯烃加氢反应

烯烃在加氢条件下主要发生加氢饱和反应及异构化反应。烯烃饱和是将烯烃通过加氢转化为相应的烷烃；烯烃异构化包括双键位置的变动和烯烃链的空间形态发生变动。这两类反应都有利于提高产品的质量。其反应描述如下：

$$R—CH=CH_2 + H_2 \longrightarrow R—CH_2—CH_3$$

$$R—CH=CH—CH=CH_2 + 2H_2 \longrightarrow R—CH_2—CH_2—CH_2—CH_3$$

$$n\text{-}C_n H_{2n} \longrightarrow i\text{-}C_n H_{2n}$$

$$i\text{-}C_n H_{2n} + H_2 \longrightarrow i\text{-}C_n H_{2n+2}$$

焦化汽油、焦化柴油和催化裂化柴油在加氢精制的操作条件下发生的烯烃加氢反应是完全的。因此，在油品加氢精制过程中，烯烃加氢反应不是关键的反应。

值得注意的是，烯烃加氢饱和反应是放热效应，且热效应较大。因此对不饱和烃含量高的油品加氢时，要注意控制反应温度，避免反应床层超温。

**任务二 控制指标**

### 【任务描述】

① 图 5-2 是反应器系统的 DCS 图，在 A3 图纸上绘制初馏塔带控制点的工艺流程图。

② 根据图 5-2 回答问题：TIC-203、TIC-204 等仪表位号的意义是什么？各参数是如何调节的？

③ 认识加氢裂化工艺中的仪表。

### 【知识拓展】

加氢裂化工艺主要仪表包括控制仪表和显示仪表。主要控制仪表的位号、正常值、单位及说明见表 5-2。

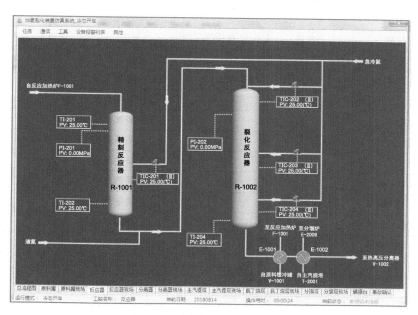

图 5-2　反应器系统的 DCS 图

表 5-2　主要控制仪表

| 序号 | 位号 | 正常值 | 单位 | 说明 |
|---|---|---|---|---|
| 1 | FIC-101 | 123.81 | t/h | 焦化蜡油流量 |
| 2 | FIC-102 | 30.95 | t/h | 减压蜡油流量 |
| 3 | FIC-103 | 214 | t/h | 反应进料量 |
| 4 | TIC-101 | 364 | ℃ | 反应加热炉出口温度 |
| 5 | PIC-101 | 0.1 | MPa | 原料油缓冲罐压力 |
| 6 | TIC-201 | 367 | ℃ | 精制反应器床层温度 |
| 7 | TIC-202 | 396 | ℃ | 裂化反应器进口温度 |
| 8 | TIC-203 | 396 | ℃ | 裂化反应器床层温度 |
| 9 | TIC-204 | 397 | ℃ | 裂化反应器床层温度 |
| 10 | TIC-301 | 50 | ℃ | 热高压分离器进口温度 |
| 11 | LIC-301 | 50 | % | 热高压分离器液位 |
| 12 | LIC-302 | 50 | % | 冷高压分离器液位 |
| 13 | LIC-304 | 50 | % | 热低压分离器液位 |
| 14 | LIC-305 | 50 | % | 冷低压分离器液位 |
| 15 | FIC-401 | 3 | t/h | 主汽提塔蒸汽流量 |
| 16 | FIC-402 | 138.9 | t/h | 主汽提塔塔底流量 |
| 17 | FIC-403 | 14.16 | t/h | 主汽提塔回流流量 |
| 18 | TIC-401 | 110 | ℃ | 主汽提塔塔顶温度 |
| 19 | TIC-402 | 40 | ℃ | 主汽提塔冷凝温度 |
| 20 | TIC-403 | 384 | ℃ | 分馏塔进料温度 |
| 21 | LIC-401 | 50 | % | 主汽提塔回流罐液位 |

| 序号 | 位号 | 正常值 | 单位 | 说明 |
|------|------|--------|------|------|
| 22 | LIC-403 | 50 | % | 主汽提塔液位 |
| 23 | PIC-401 | 1.0 | MPa | 主汽提塔塔顶压力 |
| 24 | FIC-501 | 8.96 | t/h | 脱丁烷塔塔底流量 |
| 25 | FIC-502 | 5.2 | t/h | 脱丁烷塔液化气出装置流量 |
| 26 | TIC-501 | 83 | ℃ | 脱丁烷塔塔顶温度 |
| 27 | TIC-502 | 40 | ℃ | 脱丁烷塔冷凝后温度 |
| 28 | LIC-501 | 50 | % | 脱丁烷塔回流罐液位 |
| 29 | LIC-503 | 50 | % | 脱丁烷塔液位 |
| 30 | PRC-501 | 0.45 | MPa | 脱丁烷塔塔顶压力 |
| 31 | FIC-601 | 3.5 | t/h | 产品分馏塔蒸汽流量 |
| 32 | FIC-602 | 3.1 | t/h | 产品分馏塔塔底出装置流量 |
| 33 | FIC-603 | 30.92 | t/h | 产品分馏塔重石脑油流量 |
| 34 | FIC-604 | 160 | t/h | 产品分馏塔中段回流流量 |
| 35 | FIC-605 | 20.59 | t/h | 产品分馏塔喷气燃料流量 |
| 36 | FIC-606 | 3 | t/h | 柴油汽提塔蒸汽流量 |
| 37 | FIC-607 | 84.23 | t/h | 产品分馏塔柴油流量 |
| 38 | TIC-601 | 136 | ℃ | 产品分馏塔塔顶温度 |
| 39 | TIC-602 | 55 | ℃ | 产品分馏塔塔顶冷凝温度 |
| 40 | TIC-603 | 196 | ℃ | 产品分馏塔中段回流温度 |
| 41 | LIC-601 | 50 | % | 产品分馏塔回流罐液位 |
| 42 | LIC-603 | 50 | % | 喷气燃料汽提塔液位 |
| 43 | LIC-604 | 50 | % | 柴油汽提塔液位 |
| 44 | LIC-605 | 50 | % | 产品分馏塔液位 |
| 45 | PIC-601 | 0.1 | MPa | 产品分馏塔回流罐压力 |

## 任务三 仿真操作

### 【任务描述】

① 熟悉加氢裂化装置工艺流程及相关流量、压力、温度等的控制方法。

② 根据操作规程单人操作 DCS 仿真系统，完成装置冷态开车、正常停车、紧急停车、事故处理操作。

③ 两人一组同时登陆 DCS 系统和 VRS 交互系统，协作完成装置冷态开车、正常停车仿真操作。

### 【操作规程】

冷态开车操作规程见表 5-3。正常停车操作规程见表 5-4。紧急停车操作规程见表 5-5。事故一至事故十五操作规程见表 5-6～表 5-20。

表 5-3 冷态开车操作规程

| 步骤 | 操作 | 分值 | 完成否 |
|---|---|---|---|
| 1 | 去现场全开反应加热炉进口手动阀 XV-107 | 10 | |
| 2 | 去现场全开精制反应器进口手动阀 XV-201 | 10 | |
| 3 | 去现场全开精制反应器出口手动阀 XV-202 | 10 | |
| 4 | 去现场全开裂化反应器出口手动阀 XV-203 | 10 | |
| 5 | 去现场全开冷高压分离器 V-1003 出口手动阀 XV-309 | 10 | |
| 6 | 去现场全开冷低压分离器 V-1005 进口手动阀 XV-312 | 10 | |
| 7 | 去现场全开氢气进入系统手动阀 XV-106,氢气进入系统开始循环 | 10 | |
| 8 | 去现场全开反应炉空气手动阀 XV-108 | 10 | |
| 9 | 打开燃料气调节阀 TIC-101 前阀 XV-120 | 10 | |
| 10 | 打开燃料气调节阀 TIC-101 后阀 XV-119 | 10 | |
| 11 | 打开燃料气调节阀 TIC-101,开度 20% | 10 | |
| 12 | 去现场点击加热炉点火按钮 IG-101,反应加热炉 F-1001 开始升温 | 10 | |
| 13 | 去现场全开分馏塔加热炉出口手动阀 XV-410 | 10 | |
| 14 | 去现场全开主汽提塔塔底采出泵 P-2002 进口手动阀 XV-408 | 10 | |
| 15 | 去现场全开产品分馏塔塔底泵 P-2006 进口手动阀 XV-617 | 10 | |
| 16 | 去现场全开主汽提塔 T-2001 开工线 XV-412 | 10 | |
| 17 | 待主汽提塔 T-2001 液位 LIC-403 达 30%时,启动泵 P-2002 | 10 | |
| 18 | 去现场全开泵 P-2002 出口手动阀 XV-409 | 10 | |
| 19 | 打开泵 P-2002 出口调节阀 FIC-402 前阀 XV-420 | 10 | |
| 20 | 打开泵 P-2002 出口调节阀 FIC-402 后阀 XV-421 | 10 | |
| 21 | 打开泵 P-2002 出口调节阀 FIC-402,开度 50% | 10 | |
| 22 | 打开产品分馏塔塔底出口调节阀 LIC-605 前阀 XV-643 | 10 | |
| 23 | 打开产品分馏塔塔底出口调节阀 LIC-605 后阀 XV-644 | 10 | |
| 24 | 打开产品分馏塔塔底出口调节阀 LIC-605,开度 50% | 10 | |
| 25 | 待产品分馏塔 T-2002 液位 LIC-605 达 30%时,启动泵 P-2006 | 10 | |
| 26 | 去现场全开泵 P-2006 出口手动阀 XV-618 | 10 | |
| 27 | 打开泵 P-2006 出口的尾油出装置调节阀 FIC-602 前阀 XV-651 | 10 | |
| 28 | 打开泵 P-2006 出口的尾油出装置调节阀 FIC-602 后阀 XV-652 | 10 | |
| 29 | 打开泵 P-2006 出口的尾油出装置调节阀 FIC-602,开度 50%(同时,将尾油接至汽提塔开工线,实现循环) | 10 | |
| 30 | 去现场全开主汽提塔回流罐 V-2001 开工线 XV-413 | 10 | |
| 31 | 去现场全开脱丁烷塔回流罐 V-2003 开工线 XV-507 | 10 | |
| 32 | 打开分馏塔回流罐补燃料气调节阀 PIC-601B 前阀 XV-638 | 10 | |
| 33 | 打开分馏塔回流罐补燃料气调节阀 PIC-601B 后阀 XV-637 | 10 | |
| 34 | 打开分馏塔回流罐补燃料气调节阀 PIC-601B,开度 50% | 10 | |
| 35 | 将分馏塔回流罐 V-2002 压力 PIC-601B 投自动,设为 0.05MPa | 10 | |
| 36 | 打开分馏塔回流罐 V-2002 压力 PIC-601A 前阀 XV-636 | 10 | |
| 37 | 打开分馏塔回流罐 V-2002 压力 PIC-601A 后阀 XV-635 | 10 | |

| 步骤 | 操作 | 分值 | 完成否 |
|---|---|---|---|
| 38 | 将分馏塔回流罐 V-2002 压力 PIC-601A 投自动,设为 0.05MPa | 10 | |
| 39 | 去现场全开产品分馏塔回流罐 V-2002 开工线 XV-622 | 10 | |
| 40 | 待主汽提塔回流罐 V-2001 液位 LIC-401 达 50%时,关闭现场手动阀 XV-413 | 10 | |
| 41 | 待主脱丁烷回流罐 V-2003 液位 LIC-501 达 50%时,关闭现场手动阀 XV-507 | 10 | |
| 42 | 待产品分馏塔回流罐 V-2002 液位 LIC-601 达 50%时,关闭现场手动阀 XV-622 | 10 | |
| 43 | 去现场全开汽提塔顶回流泵 P-2001 进口阀 XV-404 | 10 | |
| 44 | 去现场全开脱丁烷塔进料泵 P-2003 进口阀 XV-406 | 10 | |
| 45 | 去现场全开产品分馏塔回流泵 P-2004 进口手动阀 XV-603 | 10 | |
| 46 | 去现场全开产品分馏塔塔顶产品泵 P-2005 进口手动阀 XV-605 | 10 | |
| 47 | 打开中段油蒸发器温度调节阀 TIC-603 前阀 XV-628 | 10 | |
| 48 | 打开中段油蒸发器温度调节阀 TIC-603 后阀 XV-627 | 10 | |
| 49 | 打开中段油蒸发器温度调节阀 TIC-603,开度 50% | 10 | |
| 50 | 去现场全开脱丁烷塔回流泵 P-2010 进口手动阀 XV-503 | 10 | |
| 51 | 启动主汽提塔塔顶空冷器 A-2001 | 10 | |
| 52 | 打开空冷器 A-2001 温度调节阀 TIC-402,开度 50% | 10 | |
| 53 | 启动分馏塔塔顶空冷器 A-2002 | 10 | |
| 54 | 打开空冷器 A-2002 温度调节阀 TIC-602,开度 50% | 10 | |
| 55 | 去现场全开分馏塔加热炉空气手动阀 XV-411 | 10 | |
| 56 | 打开分馏塔加热炉燃料调节阀 TIC-403 前阀 XV-423 | 10 | |
| 57 | 打开分馏塔加热炉燃料调节阀 TIC-403 后阀 XV-422 | 10 | |
| 58 | 打开分馏塔加热炉燃料调节阀 TIC-403,开度 20% | 10 | |
| 59 | 去现场点击 IG-401,分馏塔加热炉开始升温 | 10 | |
| 60 | 当分馏塔 T-2002 塔顶温度 TIC-601 超过 136℃时,启动泵 P-2004 | 10 | |
| 61 | 去现场全开泵 P-2004 出口手动阀 XV-604 | 10 | |
| 62 | 打开回流泵出口调节阀 TIC-601 前阀 XV-629 | 10 | |
| 63 | 打开回流泵出口调节阀 TIC-601 后阀 XV-630 | 10 | |
| 64 | 打开回流泵出口调节阀 TIC-601,开度 10% | 10 | |
| 65 | 将温度 TIC-601 投自动,设为 136℃ | 10 | |
| 66 | 当分馏塔回流罐 V-2002 液位 LIC-601 超过 70%时,启动泵 P-2005 | 10 | |
| 67 | 去现场全开泵 P-2005 出口手动阀 XV-606 | 10 | |
| 68 | 打开泵 P-2005 出口流量调节阀 FIC-603 前阀 XV-631 | 10 | |
| 69 | 打开泵 P-2005 出口流量调节阀 FIC-603 后阀 XV-632 | 10 | |
| 70 | 打开泵 P-2005 出口流量调节阀 FIC-603,开度 50% | 10 | |
| 71 | 将分馏塔回流罐液位 LIC-601 投自动,设为 50% | 10 | |
| 72 | 将 FIC-603 投串级 | | |
| 73 | 当主汽提塔 T-2001 塔顶温度 TIC-401 超过 110℃时,启动塔顶回流泵 P-2001 | 10 | |
| 74 | 去现场全开汽提塔顶回流泵 P-2001 出口阀 XV-405 | 10 | |

续表

| 步骤 | 操作 | 分值 | 完成否 |
|---|---|---|---|
| 75 | 打开主汽提塔回流调节阀 TIC-401 前阀 XV-417 | 10 | |
| 76 | 打开主汽提塔回流调节阀 TIC-401 后阀 XV-416 | 10 | |
| 77 | 打开主汽提塔回流调节阀 TIC-401,开度 10% | 10 | |
| 78 | 将回流温度 TIC-401 投自动,设为 110℃ | 10 | |
| 79 | 当主汽提塔回流罐 V-2001 液位 LIC-401 超过 70% 时,启动脱丁烷塔进料泵 P-2003 | 10 | |
| 80 | 去现场全开脱丁烷塔进料泵 P-2003 出口阀 XV-407 | 10 | |
| 81 | 打开脱丁烷塔进料调节阀 FIC-403 前阀 XV-426 | 10 | |
| 82 | 打开脱丁烷塔进料调节阀 FIC-403 后阀 XV-427 | 10 | |
| 83 | 打开脱丁烷塔进料调节阀 FIC-403,开度 50% | 10 | |
| 84 | 将主汽提塔回流罐液位 LIC-401 投自动,设为 50% | 10 | |
| 85 | 将流量 FIC-403 投串级 | 10 | |
| 86 | 打开轻石脑油出装置调节阀 FIC-501 前阀 XV-514 | 10 | |
| 87 | 打开轻石脑油出装置调节阀 FIC-501 后阀 XV-515 | 10 | |
| 88 | 当脱丁烷塔液位 LIC-503 高于 70% 时,打开轻石脑油出装置调节阀 FIC-501,开度 50% | 10 | |
| 89 | 将脱丁烷塔液位 LIC-503 投自动,设为 50% | 10 | |
| 90 | 将轻石脑油出装置调节阀 FIC-501 投串级 | 10 | |
| 91 | 调整控制分馏塔进料加热炉出口温度阀门 TIC-403,设为 50% | 10 | |
| 92 | 去现场全开原料泵 P-1001 进口手动阀 XV-104 | 10 | |
| 93 | 去现场全开原料缓冲罐 V-1001 出口手动阀 XV-110 | 10 | |
| 94 | 打开燃料气进原料油缓冲罐调节阀 PIC-101A 前阀 XV-121 | 10 | |
| 95 | 打开燃料气进原料油缓冲罐调节阀 PIC-101A 后阀 XV-122 | 10 | |
| 96 | 打开燃料气进原料油缓冲罐调节阀 PIC-101A,开度 50% | 10 | |
| 97 | 将原料油缓冲罐顶部压力 PIC-101A 投自动,设为 0.1MPa | 10 | |
| 98 | 打开原料油缓冲罐顶部压力 PIC-101B 前阀 XV-123 | 10 | |
| 99 | 打开原料油缓冲罐顶部压力 PIC-101B 后阀 XV-124 | 10 | |
| 100 | 将原料油缓冲罐顶部压力 PIC-101B 投自动,设为 0.1MPa | 10 | |
| 101 | 去现场全开原料油注入手动阀 XV-109 | 10 | |
| 102 | 去现场全开泵 P-1001 出口手动阀 XV-105 | 10 | |
| 103 | 打开泵 P-1001 出口流量调节阀 FIC-103 前阀 XV-115 | 10 | |
| 104 | 打开泵 P-1001 出口流量调节阀 FIC-103 后阀 XV-116 | 10 | |
| 105 | 打开泵 P-1001 出口流量调节阀 FIC-103,开度 30% | 10 | |
| 106 | 待原料缓冲罐 V-1001 液位达 30% 时,启动泵 P-1001 | 10 | |
| 107 | 将泵 P-1001 出口流量 FIC-103 投自动,设为 100t/h | 10 | |
| 108 | 将反应加热炉出口温度 TIC-101 投自动,设为 180℃ | 10 | |
| 109 | 启动冷高分进口空冷器 A-1001 | 10 | |
| 110 | 启动热低分出口空冷器 A-1002 | 10 | |
| 111 | 去现场全开急冷氢进装置手动阀 XV-204 | 10 | |

续表

| 步骤 | 操作 | 分值 | 完成否 |
|---|---|---|---|
| 112 | 提高进料量,将泵 P-1001 出口流量 FIC-103 自动状态设为 214t/h | 10 | |
| 113 | 打开精制反应器 R-1001 温度调节阀 TIC-201 前阀 XV-207 | 10 | |
| 114 | 打开精制反应器 R-1001 温度调节阀 TIC-201 后阀 XV-206 | 10 | |
| 115 | 打开精制反应器 R-1001 温度调节阀 TIC-201,开度 10% | 10 | |
| 116 | 打开裂化反应器 R-1002 进口温度调节阀 TIC-202 前阀 XV-209 | 10 | |
| 117 | 打开裂化反应器 R-1002 进口温度调节阀 TIC-202 后阀 XV-208 | 10 | |
| 118 | 打开裂化反应器 R-1002 进口温度调节阀 TIC-202,开度 10% | 10 | |
| 119 | 打开裂化反应器 R-1002 中部温度调节阀 TIC-203 前阀 XV-211 | 10 | |
| 120 | 打开裂化反应器 R-1002 中部温度调节阀 TIC-203 后阀 XV-210 | 10 | |
| 121 | 打开裂化反应器 R-1002 中部温度调节阀 TIC-203,开度 10% | 10 | |
| 122 | 打开裂化反应器 R-1002 下部温度调节阀 TIC-204 前阀 XV-213 | 10 | |
| 123 | 打开裂化反应器 R-1002 下部温度调节阀 TIC-204 后阀 XV-212 | 10 | |
| 124 | 打开裂化反应器 R-1002 下部温度调节阀 TIC-204,开度 10% | 10 | |
| 125 | 打开热高分出口调节阀 LIC-301 前阀 XV-314 | 10 | |
| 126 | 打开热高分出口调节阀 LIC-301 后阀 XV-315 | 10 | |
| 127 | 当热高分 V-1002 液位 LIC-301 达到 50% 时,打开热高分出口调节阀 LIC-301,开度 50% | 10 | |
| 128 | 打开冷低分顶部出口流量调节阀 FIC-303 前阀 XV-324 | 10 | |
| 129 | 打开冷低分顶部出口流量调节阀 FIC-303 后阀 XV-325 | 10 | |
| 130 | 打开冷低分顶部出口流量调节阀 FIC-303,开度 50% | 10 | |
| 131 | 将热高分 V-1002 液位 LIC-301 投自动,设为 50% | 10 | |
| 132 | 去现场全开主汽提塔进料口手动阀 XV-401 | 10 | |
| 133 | 打开热低分出口调节阀 LIC-304 前阀 XV-330 | 10 | |
| 134 | 打开热低分出口调节阀 LIC-304 后阀 XV-331 | 10 | |
| 135 | 当热低分 V-1004 液位 LIC-304 达到 50% 时,打开热低分出口调节阀 LIC-304,开度 50% | 10 | |
| 136 | 将热低分 V-1004 液位 LIC-304 投自动,设为 50% | 10 | |
| 137 | 打开冷高分出口调节阀 LIC-302 前阀 XV-322 | 10 | |
| 138 | 打开冷高分出口调节阀 LIC-302 后阀 XV-323 | 10 | |
| 139 | 当冷高分 V-1003 液位 LIC-302 达到 50% 时,打开冷高分出口调节阀 LIC-302,开度 50% | 10 | |
| 140 | 将冷高分 V-1003 液位 LIC-302 投自动,设为 50% | 10 | |
| 141 | 打开冷低分出口调节阀 LIC-305 前阀 XV-326 | 10 | |
| 142 | 打开冷低分出口调节阀 LIC-305 后阀 XV-327 | 10 | |
| 143 | 当冷低分 V-1005 液位 LIC-305 达到 50% 时,打开冷低分出口调节阀 LIC-305,开度 50% | 10 | |
| 144 | 将冷低分 V-1005 液位 LIC-305 投自动,设为 50% | 10 | |
| 145 | 去现场全开产品分馏塔 T-2002 循环油至原料罐手动阀 XV-621 | 10 | |
| 146 | 去现场全开原料罐 V-1001 循环油手动阀 XV-101 | 10 | |
| 147 | 关闭尾油出装置调节阀 FIC-602 | 10 | |
| 148 | 去现场全开硫化剂手动阀 XV-103,反应器中催化剂开始硫化 | 10 | |

续表

| 步骤 | 操作 | 分值 | 完成否 |
|---|---|---|---|
| 149 | 将反应加热炉出口温度 TIC-101 投自动,设为 230℃ | 10 | |
| 150 | 将精制反应器 R-1001 温度调节阀 TIC-201 投自动,设为 230℃ | 10 | |
| 151 | 将裂化反应器 R-1002 进口温度调节阀 TIC-202 投自动,设为 230℃ | 10 | |
| 152 | 将裂化反应器 R-1002 中部温度调节阀 TIC-203 投自动,设为 230℃ | 10 | |
| 153 | 将裂化反应器 R-1002 下部温度调节阀 TIC-204 投自动,设为 230℃,反应系统在 230℃ 恒温硫化 | 10 | |
| 154 | 将分馏塔加热炉出口温度 TIC-403 投自动,设为 350℃ | 10 | |
| 155 | 将反应加热炉出口温度 TIC-101 投自动,设为 280℃ | 10 | |
| 156 | 将精制反应器 R-1001 温度调节阀 TIC-201 投自动,设为 280℃ | 10 | |
| 157 | 将裂化反应器 R-1002 进口温度调节阀 TIC-202 投自动,设为 280℃ | 10 | |
| 158 | 将裂化反应器 R-1002 中部温度调节阀 TIC-203 投自动,设为 280℃ | 10 | |
| 159 | 将裂化反应器 R-1002 下部温度调节阀 TIC-204 投自动,设为 280℃,反应系统在 280℃ 恒温硫化 | 10 | |
| 160 | 启动尾油出装置空冷器 A-2004 | 10 | |
| 161 | 打开尾油出装置调节阀 FIC-602,开度 50% | 10 | |
| 162 | 打开原料油缓冲罐 V-1001 焦化蜡油流量调节阀 FIC-101 前阀 XV-111 | 10 | |
| 163 | 打开原料油缓冲罐 V-1001 焦化蜡油流量调节阀 FIC-101 后阀 XV-112 | 10 | |
| 164 | 打开原料油缓冲罐 V-1001 焦化蜡油流量调节阀 FIC-101,开度 50% | 10 | |
| 165 | 打开原料油缓冲罐 V-1001 减压蜡油流量调节阀 FIC-102 前阀 XV-113 | 10 | |
| 166 | 打开原料油缓冲罐 V-1001 减压蜡油流量调节阀 FIC-102 后阀 XV-114 | 10 | |
| 167 | 打开原料油缓冲罐 V-1001 减压蜡油流量调节阀 FIC-102,开度 50% | 10 | |
| 168 | 去现场关闭钝化油手动阀 XV-109 | 10 | |
| 169 | 调整反应加热炉燃料调节阀 TIC-101,投自动,设为 364℃ | 10 | |
| 170 | 打开热高分 V-1002 进口温度调节阀 TIC-301 前阀 XV-117 | 10 | |
| 171 | 打开热高分 V-1002 进口温度调节阀 TIC-301 后阀 XV-118 | 10 | |
| 172 | 打开热高分 V-1002 进口温度调节阀 TIC-301,开度 50% | 10 | |
| 173 | 将精制反应器 R-1001 温度调节阀 TIC-201 投自动,设为 367℃ | 10 | |
| 174 | 将裂化反应器 R-1002 进口温度调节阀 TIC-202 投自动,设为 396℃ | 10 | |
| 175 | 将裂化反应器 R-1002 中部温度调节阀 TIC-203 投自动,设为 396℃ | 10 | |
| 176 | 将裂化反应器 R-1002 下部温度调节阀 TIC-204 投自动,设为 397℃ | 10 | |
| 177 | 去现场关闭硫化剂手动阀 XV-103 | 10 | |
| 178 | 去现场全开注入除氧水管线手动阀 XV-303 | 10 | |
| 179 | 去现场全开注入除氧水管线手动阀 XV-304 | 10 | |
| 180 | 去现场全开注入除氧水管线手动阀 XV-305 | 10 | |
| 181 | 去现场全开注入除氧水泵 P-1002 前阀 XV-301 | 10 | |
| 182 | 去现场全开注入除氧水泵 P-1002 后阀 XV-302 | 10 | |
| 183 | 打开来自装置外除氧水调节阀 FIC-301 前阀 XV-316 | 10 | |
| 184 | 打开来自装置外除氧水调节阀 FIC-301 后阀 XV-317 | 10 | |

| 步骤 | 操作 | 分值 | 完成否 |
|---|---|---|---|
| 185 | 打开来自装置外除氧水调节阀 FIC-301,开度 50% | 10 | |
| 186 | 打开凝结水自分馏调节阀 FIC-302 前阀 XV-318 | 10 | |
| 187 | 打开凝结水自分馏调节阀 FIC-302 后阀 XV-319 | 10 | |
| 188 | 打开凝结水自分馏调节阀 FIC-302,开度 50% | 10 | |
| 189 | 启动高压注水泵 P-1002 | 10 | |
| 190 | 打开冷高分排硫污水调节阀 LIC-303 前阀 XV-320 | 10 | |
| 191 | 打开冷高分排硫污水调节阀 LIC-303 后阀 XV-321 | 10 | |
| 192 | 打开冷高分排硫污水调节阀 LIC-303,开度 50% | 10 | |
| 193 | 打开冷低分排硫污水调节阀 LIC-306 前阀 XV-328 | 10 | |
| 194 | 打开冷低分排硫污水调节阀 LIC-306 后阀 XV-329 | 10 | |
| 195 | 打开冷低分排硫污水调节阀 LIC-306,开度 50% | 10 | |
| 196 | 去现场全开阻垢剂手动阀 XV-102 | 10 | |
| 197 | 打开喷气燃料汽提塔 T-2004 液位调节阀 LIC-603 前阀 XV-639 | 10 | |
| 198 | 打开喷气燃料汽提塔 T-2004 液位调节阀 LIC-603 后阀 XV-640 | 10 | |
| 199 | 打开喷气燃料汽提塔 T-2004 液位调节阀 LIC-603,开度 50% | 10 | |
| 200 | 打开柴油汽提塔 T-2005 液位调节阀 LIC-604 前阀 XV-641 | 10 | |
| 201 | 打开柴油汽提塔 T-2005 液位调节阀 LIC-604 后阀 XV-642 | 10 | |
| 202 | 打开柴油汽提塔 T-2005 液位调节阀 LIC-604,开度 50% | 10 | |
| 203 | 打开主汽提塔塔顶回流罐压力调节阀 PIC-401 前阀 XV-424 | 10 | |
| 204 | 打开主汽提塔塔顶回流罐压力调节阀 PIC-401 后阀 XV-425 | 10 | |
| 205 | 打开主汽提塔塔顶回流罐压力调节阀 PIC-401,开度 50% | 10 | |
| 206 | 将主汽提塔塔顶回流罐压力调节阀 PIC-401 投自动,设为 0.95MPa | 10 | |
| 207 | 打开主汽提塔塔底蒸汽调节阀 FIC-401 前阀 XV-414 | 10 | |
| 208 | 打开主汽提塔塔底蒸汽调节阀 FIC-401 后阀 XV-415 | 10 | |
| 209 | 当主汽提塔进料温度 TI-401 达到 138℃ 左右时,打开主汽提塔塔底蒸汽调节阀 FIC-401,开度 50% | 10 | |
| 210 | 去现场关闭主汽提塔 T-2001 开工线进料手动阀 XV-412 | 10 | |
| 211 | 将分馏塔进料加热炉出口温度 TIC-403 设为 384℃ | 10 | |
| 212 | 打开分馏塔汽提蒸汽调节阀 FIC-601 前阀 XV-623 | 10 | |
| 213 | 打开分馏塔汽提蒸汽调节阀 FIC-601 后阀 XV-624 | 10 | |
| 214 | 打开分馏塔汽提蒸汽调节阀 FIC-601,开度 50% | 10 | |
| 215 | 启动脱丁烷塔塔顶空冷器 A-2003 | 10 | |
| 216 | 打开空冷器 A-2003 调节阀 TIC-502,开度 50% | 10 | |
| 217 | 启动脱丁烷塔轻石脑油空冷器 A-2005 | 10 | |
| 218 | 将分馏塔回流罐 V-2002 压力 PIC-601A 投自动,设为 0.1MPa | 10 | |
| 219 | 将分馏塔回流罐 V-2002 压力 PIC-601B 投自动,设为 0.1MPa | 10 | |
| 220 | 去现场全开喷气燃料汽提塔塔底泵 P-2007 进口手动阀 XV-609 | 10 | |
| 221 | 启动喷气燃料空冷风机 A-2006 | 10 | |

| 步骤 | 操作 | 分值 | 完成否 |
|---|---|---|---|
| 222 | 当喷气燃料汽提塔 T-2004 液面 LIC-603 达到 70% 时,启动喷气燃料泵 P-2007 | 10 | |
| 223 | 去现场全开喷气燃料汽提塔塔底泵 P-2007 出口手动阀 XV-610 | 10 | |
| 224 | 打开泵 P-2007 出口流量调节阀 FIC-605 前阀 XV-647 | 10 | |
| 225 | 打开泵 P-2007 出口流量调节阀 FIC-605 后阀 XV-648 | 10 | |
| 226 | 打开泵 P-2007 出口流量调节阀 FIC-605,开度 50% | 10 | |
| 227 | 去现场全开柴油汽提塔塔底泵 P-2008 进口手动阀 XV-613 | 10 | |
| 228 | 打开柴油汽提塔汽提蒸汽调节阀 FIC-606 前阀 XV-645 | 10 | |
| 229 | 打开柴油汽提塔汽提蒸汽调节阀 FIC-606 后阀 XV-646 | 10 | |
| 230 | 打开柴油汽提塔汽提蒸汽调节阀 FIC-606,开度 50% | 10 | |
| 231 | 启动柴油空冷器 A-2007 | 10 | |
| 232 | 当柴油汽提塔 T-2005 液面 LIC-604 达到 70% 时,启动喷气燃料泵 P-2008 | 10 | |
| 233 | 去现场全开柴油汽提塔塔底泵 P-2008 出口手动阀 XV-614 | 10 | |
| 234 | 打开泵 P-2008 出口流量调节阀 FIC-607 前阀 XV-649 | 10 | |
| 235 | 打开泵 P-2008 出口流量调节阀 FIC-607 后阀 XV-650 | 10 | |
| 236 | 打开泵 P-2008 出口流量调节阀 FIC-607,开度 50% | 10 | |
| 237 | 去现场全开产品分馏塔中段回流泵 P-2009 进口手动阀 XV-607 | 10 | |
| 238 | 启动中段回流泵 P-2009 | 10 | |
| 239 | 全开中段回流泵 P-2009 出口手动阀 XV-608 | 10 | |
| 240 | 打开泵 P-2009 出口调节阀 FIC-604 前阀 XV-625 | 10 | |
| 241 | 打开泵 P-2009 出口调节阀 FIC-604 后阀 XV-626 | 10 | |
| 242 | 打开泵 P-2009 出口调节阀 FIC-604,开度 50% | 10 | |
| 243 | 当脱丁烷塔 T-2003 塔顶温度 TIC-501 超过 83℃ 时,启动塔顶回流泵 P-2010 | 10 | |
| 244 | 去现场全开脱丁烷塔塔顶回流泵 P-2010 出口手动阀 XV-504 | 10 | |
| 245 | 打开脱丁烷塔回流调节阀 TIC-501 前阀 XV-509 | 10 | |
| 246 | 打开脱丁烷塔回流调节阀 TIC-501 后阀 XV-508 | 10 | |
| 247 | 打开脱丁烷塔回流调节阀 TIC-501,开度 50% | 10 | |
| 248 | 打开脱丁烷塔塔顶气出装置调节阀 PRC-501 前阀 XV-516 | 10 | |
| 249 | 打开脱丁烷塔塔顶气出装置调节阀 PRC-501 后阀 XV-517 | 10 | |
| 250 | 打开脱丁烷塔塔顶气出装置调节阀 PRC-501,开度 50% | 10 | |
| 251 | 将打开丁烷塔塔顶气调节阀 PRC-501 投自动,设为 1.45MPa | 10 | |
| 252 | 打开液化气出装置调节阀 FIC-502 前阀 XV-512 | 10 | |
| 253 | 打开液化气出装置调节阀 FIC-502 后阀 XV-513 | 10 | |
| 254 | 当脱丁烷塔塔顶回流罐液面 LIC-501 高于 70% 时,打开液化气出装置调节阀 FIC-502,开度 50% | 10 | |
| 255 | 将脱丁烷塔塔顶回流罐液面 LIC-501 投自动,设为 50% | 10 | |
| 256 | 将液化气出装置调节阀 FIC-502 投串级 | 10 | |
| 257 | 打开主汽提塔回流罐 V-2001 排含硫污水调节阀 LIC-402 前阀 XV-418 | 10 | |
| 258 | 打开主汽提塔回流罐 V-2001 排含硫污水调节阀 LIC-402 后阀 XV-419 | 10 | |

| 步骤 | 操作 | 分值 | 完成否 |
|---|---|---|---|
| 259 | 打开主汽提塔回流罐 V-2001 排含硫污水调节阀 LIC-402,开度 50% | 10 | |
| 260 | 打开脱丁烷塔回流罐 V-2003 排含硫污水调节阀 LIC-502 前阀 XV-510 | 10 | |
| 261 | 打开脱丁烷塔回流罐 V-2003 排含硫污水调节阀 LIC-502 后阀 XV-511 | 10 | |
| 262 | 打开脱丁烷塔回流罐 V-2003 排含硫污水调节阀 LIC-502,开度 50% | 10 | |
| 263 | 打开产品分馏塔回流罐 V-2002 排含硫污水调节阀 LIC-602 前阀 XV-633 | 10 | |
| 264 | 打开产品分馏塔回流罐 V-2002 排含硫污水调节阀 LIC-602 后阀 XV-634 | 10 | |
| 265 | 打开产品分馏塔回流罐 V-2002 排含硫污水调节阀 LIC-602,开度 50% | 10 | |
| 质量指标 | | | |
| 266 | 原料油缓冲罐 V-1001 液位 LIC-101 | 30 | |
| 267 | 反应炉 F-1001 出口温度 TIC-101 | 30 | |
| 268 | 精制反应器 R-1001 温度 TIC-201 | 30 | |
| 269 | 裂化反应器 R-1002 上部温度 TIC-202 | 30 | |
| 270 | 裂化反应器 R-1002 中部温度 TIC-203 | 30 | |
| 271 | 裂化反应器 R-1002 下部温度 TIC-204 | 30 | |
| 272 | 热高压分离器 V-1002 液位 LIC-301 | 30 | |
| 273 | 冷高压分离器 V-1003 液位 LIC-302 | 30 | |
| 274 | 热低压分离器 V-1004 液位 LIC-304 | 30 | |
| 275 | 冷低压分离器 V-1005 液位 LIC-305 | 30 | |
| 276 | 主汽提塔 T-2001 液位 LIC-403 | 30 | |
| 277 | 主汽提塔 T-2001 塔顶温度 TIC-401 | 30 | |
| 278 | 主汽提塔回流罐 V-2001 液位 LIC-401 | 30 | |
| 279 | 主汽提塔 T-2001 回流温度 TIC-402 | 30 | |
| 280 | 分馏塔加热炉 F-2001 出口温度 TIC-403 | 30 | |
| 281 | 脱丁烷塔 T-2003 液位 LIC-503 | 30 | |
| 282 | 脱丁烷塔 T-2003 塔顶温度 TIC-501 | 30 | |
| 283 | 脱丁烷塔回流罐 V-2003 液位 LIC-501 | 30 | |
| 284 | 脱丁烷塔 T-2003 塔顶温度 TIC-502 | 30 | |
| 285 | 产品分馏塔 T-2002 液位 LIC-605 | 30 | |
| 286 | 产品分馏塔 T-2002 塔顶温度 TIC-601 | 30 | |
| 287 | 产品分馏塔 T-2002 中段回流温度 TIC-603 | 30 | |
| 288 | 产品分馏塔 T-2002 塔顶回流温度 TIC-602 | 30 | |
| 289 | 产品分馏塔回流罐 V-2002 液位 LIC-601 | 30 | |
| 290 | 喷气燃料汽提塔 T-2004 液位 LIC-603 | 30 | |
| 291 | 柴油汽提塔 T-2005 液位 LIC-604 | 30 | |

表 5-4　正常停车操作规程

| 步骤 | 操作 | 分值 | 完成否 |
|---|---|---|---|
| 1 | 降低装置总进料量 FIC-103,开度 30% | 10 | |
| 2 | 降低反应加热炉燃料量 TIC-101,开度 20% | 10 | |
| 3 | 开大精制反应器冷氢注入量调节阀 TIC-201,开度 80% | 10 | |
| 4 | 开大裂化反应器冷氢注入量调节阀 TIC-202,开度 80% | 10 | |
| 5 | 开大裂化反应器冷氢注入量调节阀 TIC-203,开度 80% | 10 | |
| 6 | 开大裂化反应器冷氢注入量调节阀 TIC-204,开度 80% | 10 | |
| 7 | 去现场关闭分馏塔循环至原料油罐手动阀 XV-621 | 10 | |
| 8 | 去现场关闭原料罐循环油进口手动阀 XV-101 | 10 | |
| 9 | 去现场全开钝化油手动阀 XV-109(柴油接入钝化进行循环) | 10 | |
| 10 | 当反应加热炉出口温度 TIC-101 降至 290℃ 以下时,关闭焦化蜡油进料调节阀 FIC-101 | 10 | |
| 11 | 关闭焦化蜡油进料调节阀 FIC-101 前阀 XV-111 | 10 | |
| 12 | 关闭焦化蜡油进料调节阀 FIC-101 后阀 XV-112 | 10 | |
| 13 | 关闭减压蜡油进料调节阀 FIC-102 | 10 | |
| 14 | 关闭减压蜡油进料调节阀 FIC-102 前阀 XV-113 | 10 | |
| 15 | 关闭减压蜡油进料调节阀 FIC-102 后阀 XV-114 | 10 | |
| 16 | 去现场关闭钝化油手动阀 XV-109 | 10 | |
| 17 | 当原料缓冲罐液位 LIC-101 降至 0 时,停原料泵 P-1001 | 10 | |
| 18 | 关闭原料泵 P-1001 进口手动阀 XV-104 | 10 | |
| 19 | 关闭原料泵 P-1001 出口手动阀 XV-105 | 10 | |
| 20 | 关闭原料泵 P-1001 出口调节阀 FIC-103 | 10 | |
| 21 | 关闭原料泵 P-1001 出口调节阀 FIC-103 前阀 XV-115 | 10 | |
| 22 | 关闭原料泵 P-1001 出口调节阀 FIC-103 后阀 XV-116 | 10 | |
| 23 | 关闭精制反应器冷氢注入量调节阀 TIC-201 | 10 | |
| 24 | 关闭精制反应器冷氢注入量调节阀 TIC-201 前阀 XV-207 | 10 | |
| 25 | 关闭精制反应器冷氢注入量调节阀 TIC-201 后阀 XV-206 | 10 | |
| 26 | 关闭裂化反应器冷氢注入量调节阀 TIC-202 | 10 | |
| 27 | 关闭裂化反应器冷氢注入量调节阀 TIC-202 前阀 XV-209 | 10 | |
| 28 | 关闭裂化反应器冷氢注入量调节阀 TIC-202 后阀 XV-208 | 10 | |
| 29 | 关闭裂化反应器冷氢注入量调节阀 TIC-203 | 10 | |
| 30 | 关闭裂化反应器冷氢注入量调节阀 TIC-203 前阀 XV-211 | 10 | |
| 31 | 关闭裂化反应器冷氢注入量调节阀 TIC-203 后阀 XV-210 | 10 | |
| 32 | 关闭裂化反应器冷氢注入量调节阀 TIC-204 | 10 | |
| 33 | 关闭裂化反应器冷氢注入量调节阀 TIC-204 前阀 XV-213 | 10 | |
| 34 | 关闭裂化反应器冷氢注入量调节阀 TIC-204 后阀 XV-212 | 10 | |
| 35 | 去现场关闭冷氢总手动阀 XV-204 | 10 | |
| 36 | 当反应加热炉出口温度 TIC-101 降至 250℃ 以下时,停注水泵 P-1002 | 10 | |
| 37 | 去现场关闭注水泵 P-1002 进口手动阀 XV-301 | 10 | |

| 步骤 | 操作 | 分值 | 完成否 |
|---|---|---|---|
| 38 | 去现场关闭注水泵 P-1002 出口手动阀 XV-302 | 10 | |
| 39 | 关闭注水泵 P-1002 进口流量调节阀 FIC-301 | 10 | |
| 40 | 关闭注水泵 P-1002 进口流量调节阀 FIC-301 前阀 XV-316 | 10 | |
| 41 | 关闭注水泵 P-1002 进口流量调节阀 FIC-301 后阀 XV-317 | 10 | |
| 42 | 关闭注水泵 P-1002 进口流量调节阀 FIC-302 | 10 | |
| 43 | 关闭注水泵 P-1002 进口流量调节阀 FIC-302 前阀 XV-318 | 10 | |
| 44 | 关闭注水泵 P-1002 进口流量调节阀 FIC-302 后阀 XV-319 | 10 | |
| 45 | 当热高分 V-1002 液位 LIC-301 降至 0 时,关闭出口调节阀 LIC-301 | 10 | |
| 46 | 关闭出口调节阀 LIC-301 前阀 XV-314 | 10 | |
| 47 | 关闭出口调节阀 LIC-301 后阀 XV-315 | 10 | |
| 48 | 当冷高分 V-1003 液位 LIC-302 降至 0 时,关闭出口调节阀 LIC-302 | 10 | |
| 49 | 关闭出口调节阀 LIC-302 前阀 XV-322 | 10 | |
| 50 | 关闭出口调节阀 LIC-302 后阀 XV-323 | 10 | |
| 51 | 当热高分 V-1004 液位 LIC-304 降至 0 时,关闭出口调节阀 LIC-304 | 10 | |
| 52 | 关闭出口调节阀 LIC-304 前阀 XV-330 | 10 | |
| 53 | 关闭出口调节阀 LIC-304 后阀 XV-331 | 10 | |
| 54 | 当热高分 V-1005 液位 LIC-305 降至 0 时,关闭出口调节阀 LIC-305 | 10 | |
| 55 | 关闭出口调节阀 LIC-305 前阀 XV-326 | 10 | |
| 56 | 关闭出口调节阀 LIC-305 后阀 XV-327 | 10 | |
| 57 | 当反应加热炉出口温度 TIC-101 降至 150℃左右时,关闭加热炉燃料气调节阀 TIC-101 | 10 | |
| 58 | 关闭加热炉燃料气调节阀 TIC-101 前阀 XV-120 | 10 | |
| 59 | 关闭加热炉燃料气调节阀 TIC-101 后阀 XV-119 | 10 | |
| 60 | 关闭点火按钮 IG-101(即熄灭加热炉火嘴) | 10 | |
| 61 | 当反应加热炉出口温度 TIC-101 降至 30℃左右时,关闭混合氢入装置手动阀 XV-106 | 10 | |
| 62 | 当反应加热炉出口温度 TIC-101 降至常温时,关闭反应加热炉空气手动阀 XV-108 | 10 | |
| 63 | 停冷高分入口空冷器 A-1001 | 10 | |
| 64 | 停热高分出口空冷器 A-1002 | 10 | |
| 65 | 关闭冷低分顶部出口调节阀 FIC-303 | 10 | |
| 66 | 关闭冷低分顶部出口调节阀 FIC-303 前阀 XV-324 | 10 | |
| 67 | 关闭冷低分顶部出口调节阀 FIC-303 后阀 XV-325 | 10 | |
| 68 | 当冷高分含硫污水液位 LIC-303 降至 0 时,关闭调节阀 LIC-303 | 10 | |
| 69 | 关闭调节阀 LIC-303 前阀 XV-320 | 10 | |
| 70 | 关闭调节阀 LIC-303 后阀 XV-321 | 10 | |
| 71 | 当冷低分含硫污水液位 LIC-306 降至 0 时,关闭调节阀 LIC-306 | 10 | |
| 72 | 关闭调节阀 LIC-306 前阀 XV-328 | 10 | |
| 73 | 关闭调节阀 LIC-306 后阀 XV-329 | 10 | |
| 74 | 关小液化气出装置调节阀 FIC-502,开度 30% | 10 | |

续表

| 步骤 | 操作 | 分值 | 完成否 |
|---|---|---|---|
| 75 | 关小重石脑油出装置调节阀 FIC-603,开度 30% | 10 | |
| 76 | 关小喷气燃料侧线采出调节阀 LIC-603,开度 30% | 10 | |
| 77 | 关小柴油侧线采出调节阀 LIC-604,开度 30% | 10 | |
| 78 | 关小喷气燃料出装置调节阀 FIC-605,开度 30% | 10 | |
| 79 | 关小柴油出装置调节阀 FIC-607,开度 30% | 10 | |
| 80 | 关小主汽提塔汽提蒸汽流量调节阀 FIC-401,开度 20% | 10 | |
| 81 | 关小产品分馏塔汽提蒸汽流量调节阀 FIC-601,开度 20% | 10 | |
| 82 | 关小柴油汽提塔汽提蒸汽流量调节阀 FIC-606,开度 20% | 10 | |
| 83 | 关小分馏塔加热炉 F-2001 燃料调节阀 TIC-403,开度 20% | 10 | |
| 84 | 当分馏塔加热炉 F-2001 出口温度 TIC-403 达 250℃ 以下时,关闭分馏塔汽提蒸汽流量调节阀 FIC-601 | 10 | |
| 85 | 关闭分馏塔汽提蒸汽流量调节阀 FIC-601 前阀 XV-623 | 10 | |
| 86 | 关闭分馏塔汽提蒸汽流量调节阀 FIC-601 后阀 XV-624 | 10 | |
| 87 | 关闭主汽提塔汽提蒸汽流量调节阀 FIC-401 | 10 | |
| 88 | 关闭主汽提塔汽提蒸汽流量调节阀 FIC-401 前阀 XV-414 | 10 | |
| 89 | 关闭主汽提塔汽提蒸汽流量调节阀 FIC-401 后阀 XV-415 | 10 | |
| 90 | 关闭柴油汽提塔汽提蒸汽流量调节阀 FIC-606 | 10 | |
| 91 | 关闭柴油汽提塔汽提蒸汽流量调节阀 FIC-606 前阀 XV-646 | 10 | |
| 92 | 关闭柴油汽提塔汽提蒸汽流量调节阀 FIC-606 后阀 XV-645 | 10 | |
| 93 | 关闭喷气燃料汽提塔 T-2004 液位调节阀 LIC-603 | 10 | |
| 94 | 关闭喷气燃料汽提塔 T-2004 液位调节阀 LIC-603 前阀 XV-639 | 10 | |
| 95 | 关闭喷气燃料汽提塔 T-2004 液位调节阀 LIC-603 后阀 XV-640 | 10 | |
| 96 | 关闭柴油汽提塔 T-2005 液位调节阀 LIC-604 | 10 | |
| 97 | 关闭柴油汽提塔 T-2005 液位调节阀 LIC-604 前阀 XV-641 | 10 | |
| 98 | 关闭柴油汽提塔 T-2005 液位调节阀 LIC-604 后阀 XV-642 | 10 | |
| 99 | 当主汽提塔回流罐 V-2001 液位 LIC-401 降至 5% 左右时,关闭回流调节阀 TIC-401 | 10 | |
| 100 | 关闭回流调节阀 TIC-401 前阀 XV-417 | 10 | |
| 101 | 关闭回流调节阀 TIC-401 后阀 XV-416 | 10 | |
| 102 | 去现场关闭回流泵 P-2001 出口手动阀 XV-405 | 10 | |
| 103 | 停汽提塔回流泵 P-2001 | 10 | |
| 104 | 去现场关闭汽提塔回流泵 P-2001 进口手动阀 XV-404 | 10 | |
| 105 | 当主汽提塔回流罐 V-2001 液位 LIC-401 降至 0 时,关闭脱丁烷塔进料调节阀 FIC-403 | 10 | |
| 106 | 关闭脱丁烷塔进料调节阀 FIC-403 前阀 XV-426 | 10 | |
| 107 | 关闭脱丁烷塔进料调节阀 FIC-403 后阀 XV-427 | 10 | |
| 108 | 去现场关闭脱丁烷塔进料泵 P-2003 出口手动阀 XV-407 | 10 | |
| 109 | 停脱丁烷塔进料泵 P-2003 | 10 | |
| 110 | 去现场关闭脱丁烷塔进料泵 P-2003 进口手动阀 XV-406 | 10 | |

| 步骤 | 操作 | 分值 | 完成否 |
|---|---|---|---|
| 111 | 当产品分馏塔回流罐 V-2002 液位 LIC-601 降至 5％左右时，关闭回流调节阀 TIC-601 | 10 | |
| 112 | 关闭回流调节阀 TIC-601 前阀 XV-629 | 10 | |
| 113 | 关闭回流调节阀 TIC-601 后阀 XV-630 | 10 | |
| 114 | 去现场关闭分馏塔回流泵 P-2004 出口手动阀 XV-604 | 10 | |
| 115 | 停分馏塔回流泵 P-2004 | 10 | |
| 116 | 去现场关闭分馏塔回流泵 P-2004 进口手动阀 XV-603 | 10 | |
| 117 | 当产品分馏塔回流罐 V-2002 液位 LIC-601 降至 0 时，关闭重石脑油出装置调节阀 FIC-603 | 10 | |
| 118 | 关闭重石脑油出装置调节阀 FIC-603 前阀 XV-631 | 10 | |
| 119 | 关闭重石脑油出装置调节阀 FIC-603 后阀 XV-632 | 10 | |
| 120 | 去现场关闭重石脑油出装置泵 P-2005 出口手动阀 XV-606 | 10 | |
| 121 | 停重石脑油出装置泵 P-2005 | 10 | |
| 122 | 去现场关闭重石脑油出装置泵 P-2005 进口手动阀 XV-605 | 10 | |
| 123 | 当分馏塔加热炉 F-2001 出口温度 TIC-403 降至 150℃以下时，关闭燃料调节阀 TIC-403 | 10 | |
| 124 | 关闭燃料调节阀 TIC-403 前阀 XV-423 | 10 | |
| 125 | 关闭燃料调节阀 TIC-403 后阀 XV-422 | 10 | |
| 126 | 关闭分馏塔加热炉 F-2001 点火按钮 IG-401（即熄灭火嘴） | 10 | |
| 127 | 当分馏塔加热炉 F-2001 出口温度 TIC-403 降至常温时，去现场关闭空气手动阀 XV-411 | 10 | |
| 128 | 当主汽提塔 T-2001 顶部温度 TIC-402 低于 40℃时，停空冷机 A-2001 | 10 | |
| 129 | 关闭主汽提塔空冷器 A-2001 调节阀 TIC-402 | 10 | |
| 130 | 当主汽提塔压力 PIC-401 恢复常压时，关闭塔顶压力调节阀 PIC-401 | 10 | |
| 131 | 关闭塔顶压力调节阀 PIC-401 前阀 XV-424 | 10 | |
| 132 | 关闭塔顶压力调节阀 PIC-401 后阀 XV-425 | 10 | |
| 133 | 当产品分馏塔 T-2002 顶温 TIC-602 低于 40℃时，停空冷器 A-2002 | 10 | |
| 134 | 关闭分馏塔空冷器 A-2002 调节阀 TIC-602 | 10 | |
| 135 | 当喷气燃料汽提塔 T-2004 液面 LIC-603 降至 0 时，去现场关闭采出喷气燃料泵 P-2007 出口手动阀 XV-610 | 10 | |
| 136 | 停喷气燃料泵 P-2007 | 10 | |
| 137 | 去现场关闭采出喷气燃料泵 P-2007 进口手动阀 XV-609 | 10 | |
| 138 | 关闭采出喷气燃料泵 P-2007 出口调节阀 FIC-605 | 10 | |
| 139 | 关闭采出喷气燃料泵 P-2007 出口调节阀 FIC-605 前阀 XV-647 | 10 | |
| 140 | 关闭采出喷气燃料泵 P-2007 出口调节阀 FIC-605 后阀 XV-648 | 10 | |
| 141 | 当柴油汽提塔 T-2005 液面 LIC-604 降至 0 时，去现场关闭采出柴油泵 P-2008 出口手动阀 XV-614 | 10 | |
| 142 | 停柴油泵 P-2008 | 10 | |
| 143 | 去现场关闭采出柴油泵 P-2008 进口手动阀 XV-613 | 10 | |
| 144 | 关闭采出柴油泵 P-2008 出口调节阀 FIC-607 | 10 | |
| 145 | 关闭采出柴油泵 P-2008 出口调节阀 FIC-607 前阀 XV-649 | 10 | |
| 146 | 关闭采出柴油泵 P-2008 出口调节阀 FIC-607 后阀 XV-650 | 10 | |

| 步骤 | 操作 | 分值 | 完成否 |
|---|---|---|---|
| 147 | 当分馏塔中段回流量 FIC-604 接近 0 时,去现场关闭中段回流泵 P-2009 出口手动阀 XV-608 | 10 | |
| 148 | 停中段回流泵 P-2009 | 10 | |
| 149 | 去现场关闭中段回流泵 P-2009 进口手动阀 XV-607 | 10 | |
| 150 | 关闭中段回流量调节阀 FIC-604 | 10 | |
| 151 | 关闭中段回流量调节阀 FIC-604 前阀 XV-625 | 10 | |
| 152 | 关闭中段回流量调节阀 FIC-604 后阀 XV-626 | 10 | |
| 153 | 当脱丁烷塔回流罐 V-2003 液位 LIC-501 降至 0 时,去现场关闭脱丁烷塔回流泵 P-2010 出口手动阀 XV-504 | 10 | |
| 154 | 停脱丁烷塔回流泵 P-2010 | 10 | |
| 155 | 去现场关闭脱丁烷塔回流泵 P-2010 进口手动阀 XV-503 | 10 | |
| 156 | 关闭脱丁烷塔 T-2003 回流调节阀 TIC-501 | 10 | |
| 157 | 关闭脱丁烷塔 T-2003 回流调节阀 TIC-501 前阀 XV-509 | 10 | |
| 158 | 关闭脱丁烷塔 T-2003 回流调节阀 TIC-501 后阀 XV-508 | 10 | |
| 159 | 关闭脱丁烷塔 T-2003 液化气出装置调节阀 FIC-502 | 10 | |
| 160 | 关闭脱丁烷塔 T-2003 液化气出装置调节阀 FIC-502 前阀 XV-512 | 10 | |
| 161 | 关闭脱丁烷塔 T-2003 液化气出装置调节阀 FIC-502 后阀 XV-513 | 10 | |
| 162 | 当脱丁烷塔 T-2003 液位 LIC-503 降至 0 时,关闭塔底出装置调节阀 FIC-501 | 10 | |
| 163 | 关闭塔底出装置调节阀 FIC-501 前阀 XV-514 | 10 | |
| 164 | 关闭塔底出装置调节阀 FIC-501 后阀 XV-515 | 10 | |
| 165 | 当脱丁烷塔 T-2003 顶温 TIC-502 低于 40℃时,停空冷器 A-2003 | 10 | |
| 166 | 关闭脱丁烷塔塔顶空冷器 A-2003 调节阀 TIC-502 | 10 | |
| 167 | 当脱丁烷塔塔顶压力 PRC-501 接近常压时,关闭调节阀 PRC-501 | 10 | |
| 168 | 关闭调节阀 PRC-501 前阀 XV-516 | 10 | |
| 169 | 关闭调节阀 PRC-501 后阀 XV-517 | 10 | |
| 170 | 停脱丁烷塔 T-2003 塔底空冷器 A-2005 | 10 | |
| 171 | 当主汽提塔 T-2001 液位 LIC-403 降至 0 时,去现场关闭塔底出口泵 P-2002 出口手动阀 XV-409 | 10 | |
| 172 | 停主汽提塔塔底泵 P-2002 | 10 | |
| 173 | 去现场关闭主汽提塔塔底泵 P-2002 进口手动阀 XV-408 | 10 | |
| 174 | 关闭主汽提塔塔底泵 P-2002 出口调节阀 FIC-402 | 10 | |
| 175 | 关闭主汽提塔塔底泵 P-2002 出口调节阀 FIC-402 前阀 XV-420 | 10 | |
| 176 | 关闭主汽提塔塔底泵 P-2002 出口调节阀 FIC-402 后阀 XV-421 | 10 | |
| 177 | 当产品分馏塔 T-2002 液位 LIC-605 降至 0 时,去现场关闭塔底出口泵 P-2006 出口手动阀 XV-618 | 10 | |
| 178 | 停产品分馏塔塔底泵 P-2006 | 10 | |
| 179 | 去现场关闭产品分馏塔塔底泵 P-2006 进口手动阀 XV-617 | 10 | |
| 180 | 关闭产品分馏塔塔底泵 P-2006 出口尾油出装置调节阀 FIC-602 | 10 | |
| 181 | 关闭产品分馏塔塔底泵 P-2006 出口尾油出装置调节阀 FIC-602 前阀 XV-651 | 10 | |

| 步骤 | 操作 | 分值 | 完成否 |
|---|---|---|---|
| 182 | 关闭产品分馏塔塔底泵 P-2006 出口尾油出装置调节阀 FIC-602 后阀 XV-652 | 10 | |
| 183 | 关闭产品分馏塔塔底调节阀 LIC-605 | 10 | |
| 184 | 关闭产品分馏塔塔底调节阀 LIC-605 前阀 XV-643 | 10 | |
| 185 | 关闭产品分馏塔塔底调节阀 LIC-605 后阀 XV-644 | 10 | |
| 186 | 停喷气燃料出装置空冷器 A-2006 | 10 | |
| 187 | 停柴油出装置空冷器 A-2007 | 10 | |
| 188 | 停分馏塔塔底出装置空冷器 A-2004 | 10 | |
| 189 | 当主汽提塔回流罐含硫污水液位 LIC-402 降至 0 时,关闭调节阀 LIC-402 | 10 | |
| 190 | 关闭调节阀 LIC-402 前阀 XV-418 | 10 | |
| 191 | 关闭调节阀 LIC-402 后阀 XV-419 | 10 | |
| 192 | 当脱丁烷塔回流罐含硫污水液位 LIC-502 降至 0 时,关闭调节阀 LIC-502 | 10 | |
| 193 | 关闭调节阀 LIC-502 前阀 XV-510 | 10 | |
| 194 | 关闭调节阀 LIC-502 后阀 XV-511 | 10 | |
| 195 | 当产品分馏塔回流罐含硫污水液位 LIC-602 降至 0 时,关闭调节阀 LIC-602 | 10 | |
| 196 | 关闭调节阀 LIC-602 前阀 XV-633 | 10 | |
| 197 | 关闭调节阀 LIC-602 后阀 XV-634 | 10 | |
| 198 | 当系统恢复常压后,关闭原料缓冲罐 V-1001 燃料气进口调节阀 PIC-101A | 10 | |
| 199 | 关闭原料缓冲罐 V-1001 燃料气进口调节阀 PIC-101A 前阀 XV-121 | 10 | |
| 200 | 关闭原料缓冲罐 V-1001 燃料气进口调节阀 PIC-101A 后阀 XV-122 | 10 | |
| 201 | 当系统恢复常压后,关闭原料缓冲罐 V-1001 至火炬调节阀 PIC-101B | 10 | |
| 202 | 关闭原料缓冲罐 V-1001 至火炬调节阀 PIC-101B 前阀 XV-123 | 10 | |
| 203 | 关闭原料缓冲罐 V-1001 至火炬调节阀 PIC-101B 后阀 XV-124 | 10 | |
| 204 | 当系统恢复常压后,关闭分馏塔回流罐 V-2002 燃料气进口调节阀 PIC-601B | 10 | |
| 205 | 关闭分馏塔回流罐 V-2002 燃料气进口调节阀 PIC-601B 前阀 XV-638 | 10 | |
| 206 | 关闭分馏塔回流罐 V-2002 燃料气进口调节阀 PIC-601B 后阀 XV-637 | 10 | |
| 207 | 当系统恢复常压后,关闭分馏塔回流罐 V-2002 至火炬调节阀 PIC-601A | 10 | |
| 208 | 关闭分馏塔回流罐 V-2002 至火炬调节阀 PIC-601A 前阀 XV-636 | 10 | |
| 209 | 关闭分馏塔回流罐 V-2002 至火炬调节阀 PIC-601A 后阀 XV-635 | 10 | |
| 210 | 关闭热高分入口温度调节阀 TIC-301 | 10 | |
| 211 | 关闭热高分入口温度调节阀 TIC-301 前阀 XV-117 | 10 | |
| 212 | 关闭热高分入口温度调节阀 TIC-301 后阀 XV-118 | 10 | |
| 213 | 关闭产品分馏塔中段回流蒸发器 E-2004 温度调节阀 TIC-603 | 10 | |
| 214 | 关闭产品分馏塔中段回流蒸发器 E-2004 温度调节阀 TIC-603 前阀 XV-628 | 10 | |
| 215 | 关闭产品分馏塔中段回流蒸发器 E-2004 温度调节阀 TIC-603 后阀 XV-627 | 10 | |
| 216 | 去现场关闭原料缓冲罐 V-1001 出口手动阀 XV-110 | 10 | |
| 217 | 去现场关闭反应加热炉 F-1001 进口手动阀 XV-107 | 10 | |
| 218 | 去现场关闭精制反应器进口手动阀 XV-201 | 10 | |

续表

| 步骤 | 操作 | 分值 | 完成否 |
|---|---|---|---|
| 219 | 去现场关闭精制反应器出口手动阀 XV-202 | 10 | |
| 220 | 去现场关闭裂化反应器出口手动阀 XV-203 | 10 | |
| 221 | 去现场关闭注入除氧水管线手动阀 XV-303 | 10 | |
| 222 | 去现场关闭注入除氧水管线手动阀 XV-304 | 10 | |
| 223 | 去现场关闭注入除氧水管线手动阀 XV-305 | 10 | |
| 224 | 去现场关闭冷低分进口手动阀 XV-312 | 10 | |
| 225 | 去现场关闭冷高分出口手动阀 XV-309 | 10 | |
| 226 | 去现场关闭主汽提塔进口手动阀 XV-401 | 10 | |
| 227 | 去现场关闭分馏塔加热炉出口手动阀 XV-410 | 10 | |

表 5-5 紧急停车操作规程

| 步骤 | 操作 | 分值 | 完成否 |
|---|---|---|---|
| 1 | 手动全开紧急泄压阀 XV-313 | 10 | |
| 2 | 关闭反应加热炉 F-1001 点火按钮 IG-101(即熄灭加热炉火嘴) | 10 | |
| 3 | 关闭反应加热炉 F-1001 燃料气调节阀 TIC-101 | 10 | |
| 4 | 关闭反应加热炉 F-1001 燃料气调节阀 TIC-101 前阀 XV-120 | 10 | |
| 5 | 关闭反应加热炉 F-1001 燃料气调节阀 TIC-101 后阀 XV-119 | 10 | |
| 6 | 停反应进料泵 P-1001 | 10 | |
| 7 | 去现场关闭混合氢进入系统手动阀 XV-106 | 10 | |
| 8 | 关闭焦化蜡油进料调节阀 FIC-101 | 10 | |
| 9 | 关闭焦化蜡油进料调节阀 FIC-101 前阀 XV-111 | 10 | |
| 10 | 关闭焦化蜡油进料调节阀 FIC-101 后阀 XV-112 | 10 | |
| 11 | 关闭减压蜡油进料调节阀 FIC-102 | 10 | |
| 12 | 关闭减压蜡油进料调节阀 FIC-102 前阀 XV-113 | 10 | |
| 13 | 关闭减压蜡油进料调节阀 FIC-102 后阀 XV-114 | 10 | |
| 14 | 去现场关闭循环油手动阀 XV-101 | 10 | |
| 15 | 去现场全开主汽提塔开工线手动阀 XV-412,使分流系统维持循环 | 10 | |
| 16 | 停注水泵 P-1002 | 10 | |
| 17 | 关闭泵 P-1002 出口手动阀 XV-302 | 10 | |
| 18 | 关闭注水点手动阀 XV-303 | 10 | |
| 19 | 关闭注水点手动阀 XV-304 | 10 | |
| 20 | 关闭注水点手动阀 XV-305 | 10 | |
| 21 | 关闭产品分馏塔 T-2002 塔底出装置调节阀 FIC-602 | 10 | |
| 22 | 关闭产品分馏塔 T-2002 塔底出装置调节阀 FIC-602 前阀 XV-651 | 10 | |
| 23 | 关闭产品分馏塔 T-2002 塔底出装置调节阀 FIC-602 后阀 XV-652 | 10 | |
| 24 | 关闭脱丁烷塔回流罐 V-2003 出装置液化气调节阀 FIC-502 | 10 | |

续表

| 步骤 | 操作 | 分值 | 完成否 |
|---|---|---|---|
| 25 | 关闭脱丁烷塔回流罐 V-2003 出装置液化气调节阀 FIC-502 前阀 XV-512 | 10 | |
| 26 | 关闭脱丁烷塔回流罐 V-2003 出装置液化气调节阀 FIC-502 后阀 XV-513 | 10 | |
| 27 | 关闭分馏塔回流罐 V-2002 出装置重石脑油泵 P-2005 的出口手动阀 XV-606 | 10 | |
| 28 | 停重石脑油泵 P-2005 | 10 | |
| 29 | 关闭喷气燃料汽提塔 T-2004 喷气燃料出口泵 P-2007 出口手动阀 XV-610 | 10 | |
| 30 | 停喷气燃料出口泵 P-2007 | 10 | |
| 31 | 关闭柴油汽提塔 T-2005 柴油出口泵 P-2008 出口手动阀 XV-614 | 10 | |
| 32 | 停柴油出口泵 P-2008 | 10 | |

**表 5-6　事故一操作规程**

| 步骤 | 操作 | 分值 | 完成否 |
|---|---|---|---|
| 1 | 判断事故名称,在 HSE 事故确认界面选择正确的事故按钮进行事故汇报 | 30 | |
| 2 | (联系调度及输转,尽快恢复新鲜进料)关闭进料控制阀 FIC-101 | 10 | |
| 3 | 关闭进料控制阀 FIC-102 | 10 | |
| 4 | 全开 E-1001 旁路 TIC-301 | 10 | |
| 5 | 适当关小加热炉 F-1001 燃料气控制阀 TIC-101,开度设为 10%,降低加热炉 F-1001 出口温度至 330℃ | 10 | |
| 6 | 适当打开冷氢控制阀 TIC-201,开度设为 60%,保持反应器床层温度≤405℃ | 10 | |
| 7 | 适当打开冷氢控制阀 TIC-202,开度设为 60%,保持反应器床层温度≤405℃ | 10 | |
| 8 | 适当打开冷氢控制阀 TIC-203,开度设为 60%,保持反应器床层温度≤405℃ | 10 | |
| 9 | 适当打开冷氢控制阀 TIC-204,开度设为 60%,保持反应器床层温度≤405℃ | 10 | |
| 10 | 缓慢关小控制阀 FIC-103 开度至 18%,降低原料加工量至 75t/h 左右(如 5min 之内新鲜进料无法恢复,通知外操作"尾油立即改长循环") | 10 | |
| 11 | "尾油立即改长循环",全开循环油至原料缓冲罐 V-1001 阀门 XV-621 | 10 | |
| 12 | 全开循环油至原料缓冲罐 V-1001 阀门 XV-101 | 10 | |
| 13 | 关闭尾油出装置阀门 XV-651 | 10 | |
| 14 | 关闭尾油出装置阀门 XV-652,汇报主操"长循环流程打通,阀门开关完毕" | 10 | |
| 15 | 当 V-1001 液位 LIC-101 降低至 30% 左右时,通知外操"停反应进料泵 P-1001",关闭反应进料泵 P-1001 出口阀 XV-105 | 10 | |
| 16 | 停反应进料泵 P-1001(辅操台运行指示灯变红) | 10 | |
| 17 | 关闭反应进料泵 P-1001 入口阀 XV-104,汇报内操"反应进料泵 P-1001 已停止运行" | 10 | |
| 18 | 全开尾油出装置阀门 XV-651 | 10 | |
| 19 | 全开尾油出装置阀门 XV-652 | 10 | |
| 20 | 关闭循环油至原料缓冲罐 V-1001 阀门 XV-621 | 10 | |
| 21 | 关闭循环油至原料缓冲罐 V-1001 阀门 XV-101 | 10 | |
| 22 | 关闭原料油缓冲罐 V-1001 减压蜡油进料阀 XV-111 | 10 | |
| 23 | 关闭原料油缓冲罐 V-1001 减压蜡油进料阀 XV-112 | 10 | |
| 24 | 关闭原料油缓冲罐 V-1001 减压蜡油进料阀 XV-113 | 10 | |

续表

| 步骤 | 操作 | 分值 | 完成否 |
|---|---|---|---|
| 25 | 关闭原料油缓冲罐 V-1001 减压蜡油进料阀 XV-114 | 10 | |
| 26 | 关闭系统阻垢剂加入阀 XV-102 | 10 | |
| 27 | 关闭原料油缓冲罐 V-1001 出口总阀 XV-110,汇报主操"所有进料切断完毕" | 10 | |
| 28 | 调节加热炉 F-1001 燃料气控制阀 TIC-101,开度设为 100%,保持加热炉 F-1001 出口温度为 300℃左右,反应系统气循环 | 10 | |
| 29 | 关闭冷氢控制阀 TIC-201,控制床层温度≤300℃ | 10 | |
| 30 | 关闭冷氢控制阀 TIC-202,控制床层温度≤300℃ | 10 | |
| 31 | 关闭冷氢控制阀 TIC-203,控制床层温度≤300℃ | 10 | |
| 32 | 关闭冷氢控制阀 TIC-204,控制床层温度≤300℃ | 10 | |

**表 5-7　事故二操作规程**

| 步骤 | 操作 | 分值 | 完成否 |
|---|---|---|---|
| 1 | 判断事故名称,在 HSE 事故确认界面选择正确的按钮进行事故汇报 | 30 | |
| 2 | 关闭反应进料泵 P-1001 出口阀 XV-105 | 10 | |
| 3 | 停反应进料泵 P-1001(辅操台运行指示灯变红) | 10 | |
| 4 | 关闭反应进料泵 P-1001 入口阀 XV-104 | 10 | |
| 5 | 全开紧急泄压放空阀 XV-313,汇报内操"反应进料泵 P-1001 已停止运行,紧急泄压放空阀已经打开"(打开消防蒸汽,用消防蒸汽带灭火) | 10 | |
| 6 | 关闭加热炉 F-1001 燃料气控制阀 TIC-101 | 10 | |
| 7 | 关闭焦化蜡油进料控制阀 FIC-101 | 10 | |
| 8 | 关闭减压蜡油进料控制阀 FIC-102 | 10 | |
| 9 | 全开冷氢控制阀 TIC-201,确保反应器温度≤425℃ | 10 | |
| 10 | 全开冷氢控制阀 TIC-202,确保反应器温度≤425℃ | 10 | |
| 11 | 全开冷氢控制阀 TIC-203,确保反应器温度≤425℃ | 10 | |
| 12 | 全开冷氢控制阀 TIC-204,确保反应器温度≤425℃ | 10 | |
| 13 | 关闭燃料气控制阀 TIC-101 前阀 XV-119 | 10 | |
| 14 | 关闭燃料气控制阀 TIC-101 后阀 XV-120 | 10 | |
| 15 | 关闭加热炉 F-1001 空气阀 XV-108 | 10 | |
| 16 | 关闭原料油缓冲罐 V-1001 焦化蜡油进料阀 XV-111 | 10 | |
| 17 | 关闭原料油缓冲罐 V-1001 焦化蜡油进料阀 XV-112 | 10 | |
| 18 | 关闭原料油缓冲罐 V-1001 减压蜡油进料阀 XV-113 | 10 | |
| 19 | 关闭原料油缓冲罐 V-1001 减压蜡油进料阀 XV-114 | 10 | |
| 20 | 关闭系统阻垢剂加入阀 XV-102 | 10 | |
| 21 | 关闭原料油缓冲罐 V-1001 出口总阀 XV-110 | 10 | |
| 22 | 关闭混合氢进料阀 XV-106,汇报内操"所有进料切断完毕,加热炉 F-1001 已经熄火" | 10 | |

表 5-8　事故三操作规程

| 步骤 | 操作 | 分值 | 完成否 |
|---|---|---|---|
| 1 | 判断事故名称,在 HSE 事故确认界面选择正确的按钮进行事故汇报 | 30 | |
| 2 | 关闭反应加热炉 F-1001 瓦斯进气自动阀 TIC-101 | 10 | |
| 3 | 关闭反应进料泵 P-1001 出口阀 XV-105 | 10 | |
| 4 | 停反应进料泵 P-1001(辅操台运行指示灯变红) | 10 | |
| 5 | 关闭反应进料泵 P-1001 入口阀 XV-104 | 10 | |
| 6 | 全开紧急泄压放空阀 XV-313,汇报内操"反应进料泵 P-1001 已停止运行,紧急泄压放空阀已经打开"(打开消防蒸汽,用消防蒸汽带灭火) | 10 | |
| 7 | 关闭焦化蜡油进料控制阀 FIC-101 | 10 | |
| 8 | 关闭减压蜡油进料控制阀 FIC-102 | 10 | |
| 9 | 全开冷氢控制阀 TIC-201,确保反应器温度≤425℃ | 10 | |
| 10 | 全开冷氢控制阀 TIC-202,确保反应器温度≤425℃ | 10 | |
| 11 | 全开冷氢控制阀 TIC-203,确保反应器温度≤425℃ | 10 | |
| 12 | 全开冷氢控制阀 TIC-204,确保反应器温度≤425℃ | 10 | |
| 13 | 关闭燃料气控制阀 TIC-101 前阀 XV-119 | 10 | |
| 14 | 关闭燃料气控制阀 TIC-101 后阀 XV-120 | 10 | |
| 15 | 关闭加热炉 F-1001 空气阀 XV-108 | 10 | |
| 16 | 关闭原料油缓冲罐 V-1001 焦化蜡油进料阀 XV-111 | 10 | |
| 17 | 关闭原料油缓冲罐 V-1001 焦化蜡油进料阀 XV-112 | 10 | |
| 18 | 关闭原料油缓冲罐 V-1001 减压蜡油进料阀 XV-113 | 10 | |
| 19 | 关闭原料油缓冲罐 V-1001 减压蜡油进料阀 XV-114 | 10 | |
| 20 | 关闭系统阻垢剂加入阀 XV-102 | 10 | |
| 21 | 关闭原料油缓冲罐 V-1001 出口总阀 XV-110 | 10 | |
| 22 | 关闭混合氢进料阀 XV-106,汇报内操"所有进料切断完毕,反应加热炉 F-1001 已经熄火" | 10 | |
| 23 | 关闭反应加热炉入口阀 XV-107 | 10 | |
| 24 | 关闭精制反应器 R-1001 入口阀 XV-201,汇报内操"反应加热炉 F-1001 已经切除" | 10 | |

表 5-9　事故四操作规程

| 步骤 | 操作 | 分值 | 完成否 |
|---|---|---|---|
| 1 | 判断事故名称,在 HSE 事故确认界面选择正确的按钮进行事故汇报 | 30 | |
| 2 | 关闭焦化蜡油进料调节阀 FIC-101 | 10 | |
| 3 | 关闭减压蜡油进料调节阀 FIC-102 | 10 | |
| 4 | 关闭燃料气调节阀 PIC-101A | 10 | |
| 5 | 全开放火炬调节阀 PIC-101B | 10 | |
| 6 | 关闭反应进料泵 P-1001 出口阀 XV-105 | 10 | |
| 7 | 停反应进料泵 P-1001(辅操台运行指示灯变红) | 10 | |
| 8 | 关闭反应进料泵 P-1001 入口阀 XV-104 | 10 | |
| 9 | 调节反应加热炉出口温度调节阀 TIC-101,开度设为 40%,降低 F-1001 炉出口温度 | 10 | |

续表

| 步骤 | 操作 | 分值 | 完成否 |
|---|---|---|---|
| 10 | 关闭焦化蜡油进料调节阀 FIC-101 前阀 XV-111 | 10 | |
| 11 | 关闭焦化蜡油进料调节阀 FIC-101 后阀 XV-112 | 10 | |
| 12 | 关闭减压蜡油进料调节阀 FIC-102 前阀 XV-113 | 10 | |
| 13 | 关闭减压蜡油进料调节阀 FIC-102 后阀 XV-114 | 10 | |
| 14 | 关闭阻垢剂加入阀 XV-102 | 10 | |
| 15 | 关闭燃料气调节阀 PIC-101A 前阀 XV-121 | 10 | |
| 16 | 关闭燃料气调节阀 PIC-101A 后阀 XV-122 | 10 | |
| 17 | 关闭原料油缓冲罐 V-1001 出口阀 XV-110 | 10 | |
| 18 | 当原料油缓冲罐 V-1001 无压力后,关闭放火炬调节阀 PIC-101B | 10 | |
| 19 | "关闭放火炬调节阀 PIC-101B 前后阀",关闭放火炬调节阀 PIC-101B 前阀 XV-123 | 10 | |
| 20 | 关闭放火炬调节阀 PIC-101B 后阀 XV-124,汇报内操"原料油缓冲罐 V-1001 已经切除"(打开消防蒸汽,用消防蒸汽带灭火) | 10 | |

**表 5-10　事故五操作规程**

| 步骤 | 操作 | 分值 | 完成否 |
|---|---|---|---|
| 1 | 判断事故名称,在 HSE 事故确认界面选择正确的按钮进行事故汇报 | 30 | |
| 2 | (R-1001 升温速度较快,且还有加快趋势)调节炉出口温度调节阀 TIC-101,开度设为 30%,大幅度降炉温 | 10 | |
| 3 | 调节反应器急冷氢调节阀 TIC-201,开度设为 60%,扼制其增长势头 | 10 | |
| 4 | 调节反应器急冷氢调节阀 TIC-202,开度设为 60%,防止温升波及 R-1002(当温度上升十分严重时,通知外操"打开紧急泄压放空阀") | 10 | |
| 5 | 全开紧急泄压放空阀 XV-313,汇报内操"紧急泄压放空阀已经打开" | 10 | |

**表 5-11　事故六操作规程**

| 步骤 | 操作 | 分值 | 完成否 |
|---|---|---|---|
| 1 | 判断事故名称,在 HSE 事故确认界面选择正确的按钮进行事故汇报 | 30 | |
| 2 | 关闭反应进料泵 P-1001 出口阀 XV-105 | 10 | |
| 3 | 停反应进料泵 P-1001(辅操台运行指示灯变红) | 10 | |
| 4 | 关闭反应进料泵 P-1001 入口阀 XV-104 | 10 | |
| 5 | 全开紧急泄压放空阀 XV-313,汇报内操"反应进料泵 P-1001 已停止运行,紧急泄压放空阀已经打开" | 10 | |
| 6 | 关闭反应加热炉 F-1001 瓦斯进气自动阀 TIC-101 | 10 | |
| 7 | 关闭精制反应器急冷氢调节阀 TIC-201 | 10 | |
| 8 | 关闭炉前混合氢进口阀 XV-106 | 10 | |
| 9 | 关闭精制反应器入口阀 XV-201 | 10 | |
| 10 | 关闭精制反应器出口阀 XV-202 | 10 | |
| 11 | 关闭急冷氢总阀 XV-204 | 10 | |
| 12 | 关闭燃料气控制阀 TIC-101 前阀 XV-119 | 10 | |
| 13 | 关闭燃料气控制阀 TIC-101 后阀 XV-120 | 10 | |
| 14 | 关闭加热炉 F-1001 空气阀 XV-108,汇报内操"精制反应器 R-1001 已经切除"(打开消防蒸汽,用消防蒸汽带灭火) | 10 | |

表 5-12　事故七操作规程

| 步骤 | 操作 | 分值 | 完成否 |
|---|---|---|---|
| 1 | 判断事故名称,在 HSE 事故确认界面选择正确的按钮进行事故汇报 | 30 | |
| 2 | 关闭反应进料泵 P-1001 出口阀 XV-105 | 10 | |
| 3 | 停反应进料泵 P-1001(辅操台运行指示灯变红) | 10 | |
| 4 | 关闭反应进料泵 P-1001 入口阀 XV-104 | 10 | |
| 5 | 全开紧急泄压放空阀 XV-313,汇报内操"反应进料泵 P-1001 已停止运行,紧急泄压放空阀已经打开" | 10 | |
| 6 | 关闭反应加热炉 F-1001 瓦斯进气自动阀 TIC-101 | 10 | |
| 7 | 关闭反应器急冷氢调节阀 TIC-201 | 10 | |
| 8 | 关闭反应器急冷氢调节阀 TIC-202 | 10 | |
| 9 | 关闭反应器急冷氢调节阀 TIC-203 | 10 | |
| 10 | 关闭反应器急冷氢调节阀 TIC-204 | 10 | |
| 11 | 关闭炉前混合氢进口阀 XV-106 | 10 | |
| 12 | 关闭裂化反应器出口阀 XV-203 | 10 | |
| 13 | 关闭精制反应器出口阀 XV-202 | 10 | |
| 14 | 关闭急冷氢总阀 XV-204 | 10 | |
| 15 | 关闭燃料气控制阀 TIC-101 前阀 XV-119 | 10 | |
| 16 | 关闭燃料气控制阀 TIC-101 后阀 XV-120 | 10 | |
| 17 | 关闭加热炉 F-1001 空气阀 XV-108 | 10 | |
| 18 | 关闭反应器急冷氢调节阀 TIC-201 前阀 XV-206 | 10 | |
| 19 | 关闭反应器急冷氢调节阀 TIC-201 后阀 XV-207 | 10 | |
| 20 | 关闭反应器急冷氢调节阀 TIC-202 前阀 XV-208 | 10 | |
| 21 | 关闭反应器急冷氢调节阀 TIC-202 后阀 XV-209 | 10 | |
| 22 | 关闭反应器急冷氢调节阀 TIC-203 前阀 XV-210 | 10 | |
| 23 | 关闭反应器急冷氢调节阀 TIC-203 后阀 XV-211 | 10 | |
| 24 | 关闭反应器急冷氢调节阀 TIC-204 前阀 XV-212 | 10 | |
| 25 | 关闭反应器急冷氢调节阀 TIC-204 后阀 XV-213 | 10 | |
| 26 | 关闭反应系统注入液氨阀 XV-205,汇报内操"裂化反应器 R-1002 已经切除"(打开消防蒸汽,用消防蒸汽带灭火) | 10 | |

表 5-13　事故八操作规程

| 步骤 | 操作 | 分值 | 完成否 |
|---|---|---|---|
| 1 | 判断事故名称,在 HSE 事故确认界面选择正确的按钮进行事故汇报 | 30 | |
| 2 | 关闭热高压分离器 V-1002 液面控制阀 LIC-301 | 10 | |
| 3 | 关闭 LIC-301 控制阀前手阀 XV-314,汇报内操"LIC-301 控制阀前手阀已经关闭" | 10 | |
| 4 | 全开去火炬系统阀门 XV-333,汇报内操"去火炬系统阀门已经打开" | 10 | |
| 5 | 当 LIC-301 液位高于 20% 时,全开 LIC-301 控制阀前手阀 XV-314 | 10 | |
| 6 | 用液位调节阀 LIC-301 控制液位至正常(50%),液面稳定后投自动,设为 50% | 10 | |
| 7 | 当 PI-303 压力达到正常值后(1.8MPa),关闭去火炬系统阀门 XV-333,汇报内操"去火炬系统阀门已经关闭"(如果热低压分离器 V-1004 安全阀跳开不复位,按正常停工处理) | 10 | |

表 5-14　事故九操作规程

| 步骤 | 操作 | 分值 | 完成否 |
|---|---|---|---|
| 1 | 判断事故名称,在 HSE 事故确认界面选择正确的按钮进行事故汇报 | 30 | |
| 2 | 关闭冷高压分离器 V-1003 液面控制阀 LIC-302 | 10 | |
| 3 | 关闭 LIC-302 控制阀前手阀 XV-322,汇报内操"LIC-302 控制阀前手阀已经关闭" | 10 | |
| 4 | 全开去火炬系统阀门 XV-333,汇报内操"去火炬系统阀门已经打开" | 10 | |
| 5 | 当 LIC-302 液位高于 20% 时,全开 LIC-302 控制阀前手阀 XV-322 | 10 | |
| 6 | 用液位调节阀 LIC-302 控制液位至正常(50%),液面稳定后投自动,设为 50% | 10 | |
| 7 | 当 PI-304 压力达到正常值后(1.68MPa),关闭去火炬系统阀门 XV-333,汇报内操"去火炬系统阀门已经关闭"(如果冷低压分离器 V-1005 安全阀跳开不复位,按正常停工处理) | 10 | |

表 5-15　事故十操作规程

| 步骤 | 操作 | 分值 | 完成否 |
|---|---|---|---|
| 1 | 判断事故名称,在 HSE 事故确认界面选择正确的按钮进行事故汇报 | 30 | |
| 2 | 汇报班长,通知反应岗位切断进料,关闭 T-2001 汽提蒸汽调节阀 FIC-401 | 10 | |
| 3 | 关闭调节阀 FIC-401 前阀 XV-414 | 10 | |
| 4 | 关闭调节阀 FIC-401 后阀 XV-415,汇报内操"FIC-401 调节阀前、后阀已经关闭" | 10 | |
| 5 | 关闭塔进料入口阀 XV-401,汇报内操"塔进料入口阀已经关闭" | 10 | |
| 6 | 当 TIC-401 温度下降后,关闭回流泵 P-2001 出口阀 XV-405 | 10 | |
| 7 | 停回流泵 P-2001(辅操台运行指示灯变红) | 10 | |
| 8 | 关闭回流泵 P-2001 入口阀 XV-404,汇报内操"回流泵 P-2001 已停止运行" | 10 | |
| 9 | 当回流罐 V-2001 液位 LIC-401 降至 5% 时,关闭塔顶产品泵 P-2003 出口阀 XV-407 | 10 | |
| 10 | 停塔顶产品泵 P-2003(辅操台运行指示灯变红) | 10 | |
| 11 | 关闭塔顶产品泵 P-2003 入口阀 XV-406,汇报内操"塔顶产品泵 P-2003 已停止运行" | 10 | |

表 5-16　事故十一操作规程

| 步骤 | 操作 | 分值 | 完成否 |
|---|---|---|---|
| 1 | 判断事故名称,在 HSE 事故确认界面选择正确的按钮进行事故汇报 | 30 | |
| 2 | 汇报班长,通知反应岗位切断进料,关闭 T-2001 汽提蒸汽调节阀 FIC-401 | 10 | |
| 3 | 关闭调节阀 FIC-401 前阀 XV-414 | 10 | |
| 4 | 关闭调节阀 FIC-401 后阀 XV-415,汇报内操"FIC-401 调节阀前、后阀已经关闭" | 10 | |
| 5 | 关闭塔进料入口阀 XV-401,汇报内操"塔进料入口阀已经关闭" | 10 | |
| 6 | 当 TIC-401 温度下降后,关闭回流泵 P-2001 出口阀 XV-405 | 10 | |
| 7 | 停回流泵 P-2001(辅操台运行指示灯变红) | 10 | |
| 8 | 关闭回流泵 P-2001 入口阀 XV-404,汇报内操"回流泵 P-2001 已停止运行" | 10 | |
| 9 | 当回流罐 V-2001 液位 LIC-401 指示为零时,关闭塔顶产品泵 P-2003 出口阀 XV-407 | 10 | |
| 10 | 停塔顶产品泵 P-2003(辅操台运行指示灯变红) | 10 | |
| 11 | 关闭塔顶产品泵 P-2003 入口阀 XV-406,汇报内操"塔顶产品泵 P-2003 已停止运行" | 10 | |
| 12 | 当塔底液位 LIC-403 指示为零时,关闭塔底产品泵 P-2002 出口阀 XV-409 | 10 | |
| 13 | 停塔底产品泵 P-2002(辅操台运行指示灯变红) | 10 | |

| 步骤 | 操作 | 分值 | 完成否 |
|---|---|---|---|
| 14 | 关闭塔底产品泵 P-2002 入口阀 XV-408,汇报内操"塔底产品泵 P-2002 已停止运行"(排空塔底存液) | 10 | |
| 15 | 全开回流罐含硫污水调节阀 LIC-402 | 10 | |
| 16 | 当回流罐 V-2001 含硫污水排空后,关闭回流罐含硫污水调节阀 LIC-402 | 10 | |
| 17 | 关闭污水调节阀 LIC-402 前阀 XV-418 | 10 | |
| 18 | 关闭污水调节阀 LIC-402 后阀 XV-419 | 10 | |
| 19 | 当主汽提塔塔顶压力 PIC-401 和回流罐压力 PI-402 都指示为零时,关闭调节阀 PIC-401 | 10 | |
| 20 | 关闭主汽提塔塔顶压力调节阀 PIC-401 前阀 XV-424 | 10 | |
| 21 | 关闭主汽提塔塔顶压力调节阀 PIC-401 后阀 XV-425,汇报内操"主汽提塔塔顶压力调节阀 PIC-401 的前、后阀已经关闭" | 10 | |

**表 5-17　事故十二操作规程**

| 步骤 | 操作 | 分值 | 完成否 |
|---|---|---|---|
| 1 | 判断事故名称,在 HSE 事故确认界面选择正确的按钮进行事故汇报 | 30 | |
| 2 | 汇报班长,通知反应岗位切断进料,关闭 T-2001 汽提蒸汽调节阀 FIC-401 | 10 | |
| 3 | 关闭调节阀 FIC-401 前阀 XV-414 | 10 | |
| 4 | 关闭调节阀 FIC-401 后阀 XV-415,汇报内操"FIC-401 调节阀前、后阀已经关闭" | 10 | |
| 5 | 关闭塔进料入口阀 XV-401,汇报内操"塔进料入口阀已经关闭" | 10 | |
| 6 | 关分馏塔加热炉 F-2001 瓦斯进气自动阀 TIC-403 | 10 | |
| 7 | 现场确认分馏塔加热炉炉内火焰熄灭,并关闭分馏塔加热炉 F-2001 瓦斯进气前阀 XV-423 | 10 | |
| 8 | 关闭分馏塔加热炉 F-2001 瓦斯进气后阀 XV-422 | 10 | |
| 9 | 关闭空气入炉阀门 XV-411,汇报内操"分馏塔加热炉 F-2001 瓦斯进气手阀 XV-422、XV-423 和空气入炉阀门 XV-411 已经关闭" | 10 | |
| 10 | 关闭回流泵 P-2001 出口阀 XV-405 | 10 | |
| 11 | 停回流泵 P-2001(辅操台运行指示灯变红) | 10 | |
| 12 | 关闭回流泵 P-2001 入口阀 XV-404,汇报内操"回流泵 P-2001 已停止运行" | 10 | |
| 13 | 关闭塔顶产品泵 P-2003 出口阀 XV-407 | 10 | |
| 14 | 停塔顶产品泵 P-2003(辅操台运行指示灯变红) | 10 | |
| 15 | 关闭塔顶产品泵 P-2003 入口阀 XV-406,汇报内操"塔顶产品泵 P-2003 已停止运行" | 10 | |
| 16 | 关闭塔底产品泵 P-2002 出口阀 XV-409 | 10 | |
| 17 | 停塔底产品泵 P-2002(辅操台运行指示灯变红) | 10 | |
| 18 | 关闭塔底产品泵 P-2002 入口阀 XV-408,汇报内操"塔底产品泵 P-2002 已停止运行" | 10 | |
| 19 | 关闭回流罐含硫污水调节阀 LIC-402 | 10 | |
| 20 | 关闭回流罐含硫污水调节阀 LIC-402 前阀 XV-418 | 10 | |
| 21 | 关闭回流罐含硫污水调节阀 LIC-402 后阀 XV-419 | 10 | |
| 22 | 当主汽提塔塔顶压力 PIC-401 和回流罐压力 PI-402 都指示为零时,关闭 PIC-401 | 10 | |
| 23 | 关闭主汽提塔塔顶压力调节阀 PIC-401 前阀 XV-424 | 10 | |
| 24 | 关闭主汽提塔塔顶压力调节阀 PIC-401 后阀 XV-425,汇报内操"主汽提塔塔顶压力调节阀 PIC-401 的前、后手阀已经关闭"(切除 A-2001) | 10 | |

表 5-18　事故十三操作规程

| 步骤 | 操作 | 分值 | 完成否 |
|---|---|---|---|
| 1 | 判断事故名称,在 HSE 事故确认界面选择正确的按钮进行事故汇报 | 30 | |
| 2 | 汇报班长,通知反应岗位切断进料,关闭 T-2001 汽提蒸汽调节阀 FIC-401 | 10 | |
| 3 | 关闭调节阀 FIC-401 前阀 XV-414 | 10 | |
| 4 | 关闭调节阀 FIC-401 后阀 XV-415,汇报内操"FIC-401 调节阀前、后阀已经关闭" | 10 | |
| 5 | 关闭塔进料入口阀 XV-401,汇报内操"塔进料入口阀已经关闭" | 10 | |
| 6 | 关分馏塔进料加热炉 F-2001 瓦斯进气自动阀 TIC-403 | 10 | |
| 7 | 现场确认分馏塔加热炉炉内火焰熄灭,关闭分馏塔进料加热炉 F-2001 瓦斯进气前阀 XV-423 | 10 | |
| 8 | 关闭分馏塔加热炉 F-2001 瓦斯进气后阀 XV-422 | 10 | |
| 9 | 关闭空气入炉阀门 XV-411,汇报内操"分馏塔进料加热炉 F-2001 瓦斯进气手阀 XV-422、XV-423 和空气入炉阀门 XV-411 已经关闭" | 10 | |
| 10 | 关闭回流泵 P-2001 出口阀 XV-405 | 10 | |
| 11 | 停回流泵 P-2001(辅操台运行指示灯变红) | 10 | |
| 12 | 关闭回流泵 P-2001 入口阀 XV-404,汇报内操"回流泵 P-2001 已停止运行" | 10 | |
| 13 | 关闭塔顶产品泵 P-2003 出口阀 XV-407 | 10 | |
| 14 | 停塔顶产品泵 P-2003(辅操台运行指示灯变红) | 10 | |
| 15 | 关闭塔顶产品泵 P-2003 入口阀 XV-406,汇报内操"塔顶产品泵 P-2003 已停止运行" | 10 | |
| 16 | 关闭塔底产品泵 P-2002 出口阀 XV-409 | 10 | |
| 17 | 停塔底产品泵 P-2002(辅操台运行指示灯变红) | 10 | |
| 18 | 关闭塔底产品泵 P-2002 入口阀 XV-408,汇报内操"塔底产品泵 P-2002 已停止运行" | 10 | |

表 5-19　事故十四操作规程

| 步骤 | 操作 | 分值 | 完成否 |
|---|---|---|---|
| 1 | 判断事故名称,在 HSE 事故确认界面选择正确的按钮进行事故汇报 | 30 | |
| 2 | 关分馏塔加热炉 F-2001 瓦斯进气自动阀 TIC-403 | 10 | |
| 3 | 现场确认分馏塔加热炉停(炉内火焰熄灭),并关闭分馏塔进料加热炉 F-2001 瓦斯进气前阀 XV-423 | 10 | |
| 4 | 关闭分馏塔进料加热炉 F-2001 瓦斯进气后阀 XV-422 | 10 | |
| 5 | 关闭空气入炉阀门 XV-411,汇报内操"分馏塔进料加热炉 F-2001 瓦斯进气手阀 XV-422、XV-423 和空气入炉阀门 XV-411 已经关闭" | 10 | |
| 6 | 关闭塔底产品泵 P-2002 出口阀 XV-409 | 10 | |
| 7 | 停塔底产品泵 P-2002(辅操台运行指示灯变红) | 10 | |
| 8 | 关闭塔底产品泵 P-2002 入口阀 XV-408,汇报内操"塔底产品泵 P-2002 已停止运行" | 10 | |
| 9 | 关闭分馏塔加热炉 F-2001 进料控制阀 FIC-402 | 10 | |
| 10 | 关闭分馏塔加热炉 F-2001 进料控制阀前阀 XV-420 | 10 | |
| 11 | 关闭分馏塔加热炉 F-2001 进料控制阀后阀 XV-421 | 10 | |
| 12 | 关闭加热炉出口阀 XV-410,汇报内操"分馏塔加热炉 F-2001 已经切除"(汇报班长,通知反应岗位切断进料) | 10 | |

表 5-20 事故十五操作规程

| 步骤 | 操作 | 分值 | 完成否 |
|---|---|---|---|
| 1 | 判断事故名称,在 HSE 事故确认界面选择正确的按钮进行事故汇报 | 30 | |
| 2 | 汇报调度及车间,停空冷风机 A-2004 | 10 | |
| 3 | 关闭汽提蒸汽控制阀 FIC-601 | 10 | |
| 4 | 关闭汽提蒸汽控制阀 FIC-601 前阀 XV-623 | 10 | |
| 5 | 关闭汽提蒸汽控制阀 FIC-601 后阀 XV-624 | 10 | |
| 6 | 全开喷气燃料不合格线手阀 XV-653 | 10 | |
| 7 | 关闭喷气燃料采出流量调节阀 FIC-605 | 10 | |
| 8 | 全开柴油不合格线手阀 XV-654 | 10 | |
| 9 | 关闭柴油采出流量调节阀 FIC-607 | 10 | |
| 10 | 全开重石脑油不合格线手阀 XV-655 | 10 | |
| 11 | 关闭重石脑油采出流量调节阀 FIC-603 | 10 | |
| 12 | 关小分馏塔进料温度调节阀 TIC-403,开度设为 20%,直至加热炉 F-2001 灭火 | 10 | |
| 13 | 关闭分馏塔加热炉瓦斯进料 TIC-403(产品分馏塔满到柴油抽出口后,利用 P-2008 减油) | 10 | |

## 【知识拓展】

# 一、正常操作

影响石油馏分催化加氢的主要因素有反应压力、反应温度、反应空速、循环氢流量和分离器液面等。

**1. 反应器入口温度的调节**

(1) 影响因素

① 进料量变化。

② 循环氢、新氢流量的变化。

③ 燃料气压力、流量及组分变化。

④ 原料带水。

⑤ 阻火器堵。

⑥ 原料组分变化。

(2) 调节方法

① 找出进料量波动的原因,对症下药维持进料的平衡。

② 保证新氢及循环机运转正常,新氢的入口压力下降时,应及时联系相关岗位,保证新氢的正常供应。

③ 应经常检查 D-302 的脱油、脱水情况,稳定瓦斯压力。燃料气系统压力下降,要加强联系,保证系统压力稳定。

④ 经常检查 D-101 脱水情况并加强脱水,掌握原料罐脱水情况,保证进料不带水。

⑤ 装置停工检修时清扫阻火器。

**2. 床层温度的调节**

(1) 影响因素

① 反应器入口温度的变化。

② 循环氢或新氢量的变化。

③ 原料变化。原料含硫量变大，床层温度上升；原料含氮量变大，床层温度上升；进料量增大，床层温度上升；原料含水量增大，床层温度下降；焦化柴油、催化柴油掺和比例不均匀。

④ 冷氢量的变化。

⑤ 系统压力的波动。

⑥ 催化剂活性变化。

（2）调节方法

① 控制 F-101 出口温度，并找出其影响因素。

② 稳定循环氢量。

③ 联系调度及罐区，控制好原料性质及混合比例。

④ 稳定冷氢量。

⑤ 稳定系统压力。

⑥ 催化剂活性降低，可适当提高反应温度。

### 3. 反常压力的调节

（1）影响因素

① 反应温度升高，导致加氢反应深度变化，耗氢增加，循环量变化，压力下降。

② 新氢入系统量变化，压力波动。

③ 反应进料带水。

④ 压力控制失灵，系统压力变化。

⑤ 系统泄漏量增大，压力下降。

（2）调节方法

① 稳定床层温度，稳定循环氢量。

② 新氢压缩机有故障，应及时启用备用机，如果是因为入口压力低，则应联系调度、制氢装置确保入口压力在要求范围内。

③ 加强原料脱水。

④ 及时找仪表工校正仪表，必要时改副线操作，如果压力上升较快可紧急放空。

⑤ 及时查找泄漏原因，并向调度、班长及值班干部汇报，寻求解决方法。

### 4. 反应空速的调节

（1）影响因素

① 反应进料泵发生故障。

② 反应进料泵抽空。

（2）调节方法

① 启用备用泵，按工艺指标给定进料。

② 分析泵抽空的原因，有针对性地给予解决。

| | |
|---|---|
| a. 原料油罐液位低 | 换罐 |
| b. D-101 液面低 | 检查 D-101 液面控制阀 |
| c. 过滤器控制故障 | 联系仪表工处理过滤器自动控制系统 |
| d. 高压分离器压力波动 | 稳定高压分离器压力 |

### 5.循环氢流量的调节

（1）影响因素

① 压缩机排量的变化（转速的变化）。

② 新氢机排量的变化。

③ 循环机旁路流量的变化。

④ 反应系统压力的变化。

（2）调节方法

① 调稳循环机的出口流量，稳定转速。

② 调节新氢返回氢流量，稳定新氢入系统量。

③ 调节循环氢旁路量，保证加氢流量的平稳。

④ 调节废氢排放量，稳定系统压力。

### 6.高压分离器液面的调节

（1）影响因素

① 反应温度的变化。

② 高压分离器压力的变化。

③ 含硫污水界面的变化。

④ 仪表失灵。

（2）调节方法

① 调整高压分离器至低压分离器的减压流量，保持液面的稳定。

② 仪表失灵，立即改手动，控制在正常液位，并通知仪表工处理。

### 7.低压分离器液面的调节

（1）影响因素

① 高压分离器液面的变化。

② 低压分离器压力的变化。

③ 水界面的变化。

④ 分馏系统进料量的变化。

⑤ 仪表失灵或调节阀发生故障。

（2）调节方法

① 调整分馏塔进料量。

② 控制稳低压分离器压力或界面。

③ 仪表失灵立即改手动，并控制液面在正常范围，通知仪表工处理。

## 二、非正常操作

### 1.反应床层温度急升的处理

（1）现象

① F-101 出口温度超高。

② 原料量及性质突变，新氢中含 $CO$、$CO_2$ 量超高。

③ 系统压降大，循环氢减少。

④ 冷氢调节失灵。

（2）处理方法

① 反应器床层内出现异常温升，采用冷氢调节无效时，用降低 F-101 出口温度的办法来降低反应器床层温度。

② 调节炉出口温度对床层温升无效时，采用降低反应系统压力的办法来处理（降压速度＜1.0MPa/h，D-102 压力应≥5.0MPa）。

③ 床层温度超过正常温度 20℃时，则应降低处理量；床层温度超过正常温度 30℃时，则应切断进料。

④ 床层温升采用切断进料处理无效时，使用 0.8MPa/h 放空处理，同时停新氢。若仍无效则通知循氢岗位停循环氢机，熄灭加热炉，系统采用 2.5MPa/h 紧急放空处理。床层温度下降，则停止系统放空，开新氢机、循氢机，系统循环降温。

**2. 原料带水**

（1）现象

① 反应温度急剧下降。

② 系统压力突然上升，压差上升。

③ 生成油带催化剂粉末，高压分离器界面上升。

（2）处理方法

① 立即切换原料油（改抽分子筛罐油或通知罐区改罐）。

② 加强 D-101 脱水。

③ 检查系统泄漏情况，如泄漏严重，则切断进料，循环降温，进行热紧。

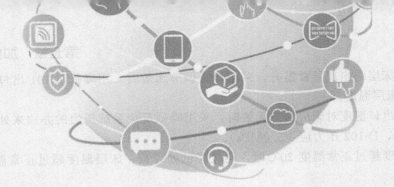

# 第六章
# 催化重整装置

## 【工艺流程】

本系统为秦皇岛博赫科技开发有限公司以真实催化重整装置为原型开发研制的虚拟化仿真系统，装置主要由原料预处理部分（预分馏部分、预加氢部分、脱水塔部分）、重整反应部分、反应物分离部分（稳定塔）组成。本系统包含的设备主要有：预分馏塔、预加氢炉、预加氢脱砷反应器、预加氢反应器、脱水塔、重整第一加热炉、重整第一反应器、重整第二加热炉、重整第二反应器、重整第三加热炉、重整第三反应器、重整第四加热炉、重整第四反应器和稳定塔。

图 6-1 为催化重整工艺总流程图。重整原料预处理的目的是切取符合重整要求的馏分和脱除对重整催化剂有害的杂质及水分，满足重整原料的馏分、族组成和杂质含量的要求。

初顶直馏石脑油来自罐区，经预分馏进料泵（P-101）升压后进入预分馏进料换热器（E-101）加热，然后进入预分馏塔（T-101），塔顶分出不适宜重整进料的轻馏分，塔底馏出物去预加氢。塔顶馏出物经 K-101 和冷凝器（E-102）冷凝冷却成液体，其中一部分作为塔顶回流，一部分作为轻汽油送出装置。回流罐内的不凝气靠自压去原油稳定的轻烃分离装置，或作为燃料瓦斯去低压瓦斯管网。T-101 塔底馏出物去预加氢部分。

T-101 塔底馏出物经加氢进料泵（P-103）送出，与氢气混合，经过预加氢换热器（E-105）换热、预加氢炉（F-101）加热，然后进入预加氢脱砷反应器（R-102）、预加氢反应器（R-101），在脱砷剂、预加氢催化剂的作用下脱除原料油中的 As、Pb、Hg、Cu、N、S、$H_2O$ 等有害杂质，并使烯烃达到饱和，反应后的产物经换热、冷却与来自界区外的加氢汽油、加氢裂化重石脑油分别进入预加氢油气分离罐（V-102），分离出的氢气经脱氯后送去加氢车间，液相作为重整原料靠自压经换热去脱水系统。预加氢分离罐（V-102）内的液体作为重整原料靠自压进入脱水塔（T-102），塔顶馏出物经冷凝器（E-109）冷凝冷却成液体，其中一部分作为塔顶回流，一部分作为轻汽油送出装置。回流罐内的不凝气去原油稳定的轻烃分离装置，或进入罐区。经脱水塔的分离，将重整原料中水含量降至 $5\mu g/g$ 以下。脱水塔塔底油作为合格的重整原料进入重整反应部分。

重整原料经重整进料泵（P-106）升压，与循环氢混合后，进入立式重整换热器（E-201）的管程后与自第四重整反应器（R-204）来的重整反应产物换热，再进入重整第一加热炉

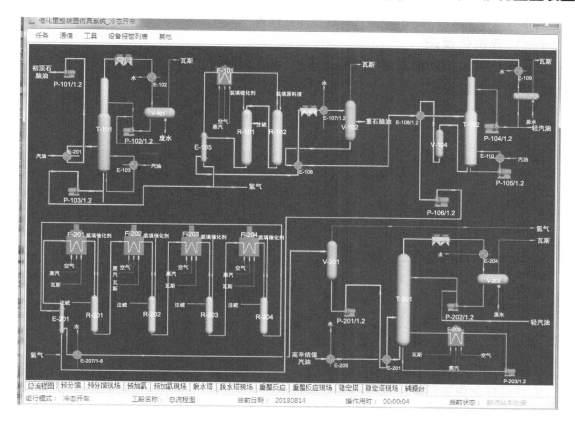

图 6-1 催化重整工艺总流程图

（F-201）、重整第一反应器（R-201），接着进入重整第二加热炉（F-202）、重整第二反应器（R-202）、重整第三加热炉（F-203）、重整第三反应器（R-203）、重整第四加热炉（F-204）、重整第四反应器（R-204），经过重整冷却器（E-202）冷至小于 40℃进入重整高压分离罐（V-201）进行气液分离，罐顶分出的含氢气体大部分去循环使用，其余部分即重整反应副产品的含氢气体送出装置。罐底的重整生成油进入稳定塔。

重整生成油经稳定塔进料泵（P-201）或经该泵跨线送至稳定塔（T-201）第 11 层，塔顶油气经冷却进入稳定塔塔顶油气分离罐（V-202），未凝气分出送给原油稳定分出轻烃或进入瓦斯管网。V-202 内液体用稳定塔回流泵（P-202）送出，一部分作为稳定塔塔顶回流，一部分（$C_5^-$ 馏分）经轻汽油线送出装置。稳定塔塔底的 $C_7$ 以上组分经冷却后送出装置作为高辛烷值汽油调和组分。

【工艺原理】

在有催化剂作用的条件下，汽油馏分中的烃类分子结构进行重新排列，形成新的分子结构的过程叫作催化重整。催化重整是石油炼制过程之一，是提高汽油质量和生产石油化工原料的重要手段。催化重整装置是燃料-化工型炼厂中最常见的装置之一。催化重整工艺是在加热、氢压和催化剂存在的条件下，使原油蒸馏所得的轻汽油馏分（或石脑油）转变成富含芳烃的高辛烷值汽油（重整汽油），并副产液化石油气和氢气的过程。重整汽油可直接用作汽油的调和组分，也可经芳烃抽提制取苯、甲苯和二甲苯。副产的氢气是石油炼厂加氢装置（如加氢精制、加氢裂化）用氢的重要来源。

在催化重整中发生一系列芳构化、异构化、裂化和生焦等复杂的平行和顺序反应。

## （一）芳构化反应

凡是生成芳烃的反应都可以叫作芳构化反应。在重整条件下芳构化反应主要包括以下几种：

### 1. 六元环脱氢反应

### 2. 五元环烷烃异构脱氢反应

### 3. 烷烃环化脱氢反应

芳构化反应的特点是：①强吸热，其中相同碳原子烷烃环化脱氢吸热量最大，五元环烷烃异构脱氢吸热量最小，因此，实际生产过程中必须不断补充反应过程中所需的热量；②体积增大，因为都是脱氢反应，这样重整过程可生产高纯度的氢气；③可逆，实际过程中可控制操作条件，提高芳烃产率。

对于芳构化反应，无论生产目的是芳烃还是高辛烷值汽油，这些反应都是有利的。尤其是正构烷烃的环化脱氢反应会使辛烷值大幅度地提高。上述三类反应的反应速率是不同的：六元环烷烃的脱氢反应进行得很快，在工业条件下能达到化学平衡，是生产芳烃的最重要的反应；五元环烷烃的异构脱氢反应比六元环烷烃的脱氢反应慢很多，但大部分也能转化为芳烃；烷烃环化脱氢反应的速率较慢，在一般铂重整过程中，烷烃转化为芳烃的转化率很小。铂铼等双金属和多金属催化剂重整的芳烃转化率有很大的提高，主要原因是提高了烷烃转化为芳烃的反应速率。

## （二）异构化反应

$$n\text{-}C_7H_{16} \rightleftharpoons i\text{-}C_7H_{16}$$

在催化重整条件下，各种烃类都能发生异构化反应且是轻度的放热反应。异构化反应有利于五元环烷烃异构脱氢生成芳烃，提高芳烃产率。烷烃的异构化反应虽然不能直接生成芳烃，但却能提高汽油的辛烷值，并且异构烷烃较正构烷烃容易进行脱氢环化反应。因此，异构化反应对生产汽油和芳烃都有重要意义。

## （三）加氢裂化反应

$$n\text{-}C_7H_{16} + H_2 \longrightarrow n\text{-}C_3H_8 + i\text{-}C_4H_{10}$$

加氢裂化反应实际上是裂化、加氢、异构化综合进行的反应，也是中等程度的放热反应。由于是按正碳离子反应机理进行反应，因此，产品中 $C_3$ 以下的小分子很少。反应生成较小的烃分子，而且在催化重整条件下的加氢裂化反应还包含异构化反应，这些都有利于提高汽油的辛烷值，但同时由于生成 $C_5$ 以下的气体烃，汽油产率下降，并且芳烃收率也下降，因此，加氢裂化反应要适当控制。

## （四）缩合生焦反应

在重整条件下，烃类还可以发生叠合和缩合等分子增大的反应，最终缩合成焦炭，覆盖在催化剂表面，使其失活。因此，这类反应必须加以控制，工业上采用循环氢保护，一方面使容易缩合的烯烃饱和，另一方面抑制芳烃深度脱氢。

### 【任务描述】

① 图 6-1 是催化重整工艺总流程图，在 A3 图纸上绘制该工艺流程图。

② 根据图 6-1 回答问题：催化重整工艺主要设备有哪些？各设备的作用是什么？

③ 为什么原料要进行预处理？催化重整装置对原料的要求是什么？如何对原料进行处理？

### 【知识拓展】

对重整原料的选择主要有三方面的要求，即馏分组成、族组成和杂质含量。

## （一）馏分组成

重整原料馏分组成的选择是根据生产目的来确定的。以生产高辛烷值汽油为目的时，一般以直馏汽油为原料，馏分的馏程范围选择 $90\sim180℃$，这主要基于以下两点考虑：

① $C_6$ 及以下的烷烃本身已有较高的辛烷值，然而 $C_6$ 环烷烃转化为苯后其辛烷值反而下降，而且有部分被裂解成 $C_3$、$C_4$ 或更小的低分子烃，降低液体汽油产品收率，使装置的经济效益降低。因此，重整原料一般应切取 $C_6$ 以上的馏分，即初馏点在 $90℃$ 左右。

② 因为烷烃和环烷烃转化为芳烃后其沸点会升高，如果原料的终馏点过高则重整汽油

的干点会超过规格要求，通常原料经重整后其终馏点升高 6～14℃。因此，原料的终馏点则一般取 180℃。而且原料切取太重，则在反应时焦炭和气体产率增加，使液体收率降低，生产周期缩短。

另外，从全厂综合考虑，为保证航空煤油的生产，重整原料油的终馏点不宜大于 145℃。以生产芳烃为目的时，则根据表 6-1 选择适宜的馏程。

表 6-1　生产各种芳烃时的适宜馏程

| 目的产物 | 适宜馏程/℃ | 目的产物 | 适宜馏程/℃ |
|---|---|---|---|
| 苯 | 60～85 | 二甲苯 | 110～145 |
| 甲苯 | 85～110 | 苯-甲苯-二甲苯 | 60～145 |

不同的目的产物需要不同馏分的原料，这主要取决于重整的化学反应。在重整过程中，最主要的反应是芳构化反应，它是在相同碳原子数的烃类上进行的。$C_6$、$C_7$、$C_8$ 的环烷烃和烷烃，在重整条件下相应地脱氢或异构脱氢或环化脱氢生成苯、甲苯、二甲苯。小于六个碳原子的环烷烃及烷烃，则不能进行芳构化反应。$C_6$ 烃类沸点在 60～80℃，$C_7$ 沸点在 90～110℃，$C_8$ 沸点大部分在 120～144℃。

在同时生产芳烃和高辛烷值汽油时可采用 60～180℃ 宽馏分作重整原料。

### (二) 族组成

从对重整的化学反应讨论可知，芳构化反应速率有差异，其中环烷烃的芳构化反应速率快，对目的产物芳烃收率贡献也大。烷烃的芳构化速率较慢，在重整条件下难以转化为芳烃。因此，环烷烃含量高的原料不仅在重整时可以得到较高的芳烃产率和氢气产率，而且可以采用较大的空速，催化剂积炭少，运转周期较长。一般以芳烃潜含量表示重整原料的族组成。芳烃潜含量越高，重整原料的族组成越理想。

芳烃潜含量是指将重整原料中的环烷烃全部转化为芳烃的芳烃量与原料中原有芳烃量之和占原料的质量分数（%）。其计算方法如下：

$$芳烃潜含量(\%) = 苯潜含量 + 甲苯潜含量 + C_8 芳烃潜含量$$

$$苯潜含量(\%) = C_6 环烷烃(\%) \times 78/84 + 苯(\%)$$

$$甲苯潜含量(\%) = C_7 环烷烃(\%) \times 92/98 + 甲苯(\%)$$

$$C_8 芳烃潜含量(\%) = C_8 环烷烃(\%) \times 106/112 + C_8 芳烃(\%)$$

式中，78、84、92、98、106、112 分别为苯、六碳环烷烃、甲苯、七碳环烷烃、八碳芳烃和八碳环烷烃的分子量。

重整生成油中的实际芳烃含量与原料的芳烃潜含量之比称为"芳烃转化率"或"重整转化率"。

$$芳烃转化率(\%) = 芳烃产率(\%)/芳烃潜含量(\%)$$

实际上，上式的定义不是很准确。因为在芳烃产率中包含了原料中原有的芳烃和由环烷烃及烷烃转化生成的芳烃，其中原有的芳烃并没有经过芳构化反应。此外，在铂重整中，原料中的烷烃极少转化为芳烃，而且环烷烃也不会全部转化成芳烃，故重整转化率一般都小于100%。但铂铼重整及其他双金属或多金属重整，由于促进了烷烃的环化脱氢反应，使得重整转化率经常大于100%。

重整原料中含有的烯烃会增加催化剂上的积炭，从而缩短生产周期，这是我们很不希望看到的。直馏重整原料一般含有的烯烃量极少，虽然我国目前的重整原料主要是直馏轻汽油馏分（生产中也称石脑油），但其来源有限，而国内原油一般重整原料油收率仅有4%～5%，不够重整装置处理。为了扩大重整原料的来源，可在直馏汽油中混入焦化汽油、催化裂化汽油、加氢裂化汽油或芳烃抽提的抽余油等。裂化汽油和焦化汽油则含有较多的烯烃和二烯烃，可对其进行加氢处理。焦化汽油和加氢汽油的芳烃潜含量较高，但仍然低于直馏汽油。抽余油则因已经过一次重整反应并抽出芳烃，故其芳烃潜含量较低，因此用抽余油只能在重整原料暂时不足时作为应急措施。

## （三）杂质含量

前面已经讨论过重整原料中含有少量的砷、铅、铜、铁、硫、氮等杂质，它们会使催化剂中毒失活。水和氯的含量控制不当也会造成催化剂活性下降或失活。为了保证催化剂在长周期运转中具有较高的活性和选择性，必须严格限制重整原料中的杂质含量，见表6-2。

表 6-2　重整原料杂质的含量限制　　　　　　　　　　　　　　单位：μg/g

| 杂质 | 铂重整 | 双金属及多金属重整 | 杂质 | 铂重整 | 双金属及多金属重整 |
|---|---|---|---|---|---|
| 砷 | $<2\times10^{-3}$ | $<1\times10^{-3}$ | 硫 | $<10$ | $<1$ |
| 铅 | $<20\times10^{-3}$ | $<5\times10^{-3}$ | 水 | $<20$ | $<5$ |
| 铜 | $<10\times10^{-3}$ |  | 氯 | $<5$ |  |
| 氮 | $<1$ | $<1$ |  |  |  |

**任务二 控制指标**

## 【任务描述】

① 图 6-2 是重整反应部分 DCS 图，在 A3 图纸上绘制重整反应部分带控制点的工艺流程图。

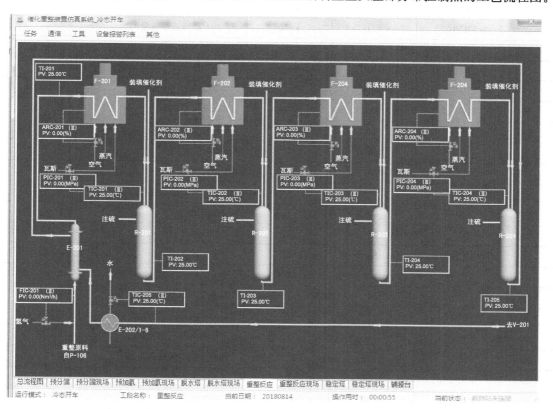

图 6-2　重整反应部分 DCS 图

② 根据图 6-2 回答问题：PIC-201、ARC-201、FIC-201 等仪表位号的意义是什么？各参数是如何调节的？

③ 认识催化重整工艺中的仪表。

**【知识拓展】**

催化重整工艺主要仪表包括控制仪表和显示仪表。主要控制仪表的位号、正常值、单位及说明见表 6-3，主要显示仪表的位号、正常值、单位及说明见表 6-4。

表 6-3　主要控制仪表

| 序号 | 位号 | 正常值 | 单位 | 说明 |
|---|---|---|---|---|
| 1 | FIC-101 | 22525 | kg/h | T-101 进料流量 |
| 2 | FIC-102 | 20272.5 | kg/h | T-101 回流流量 |
| 3 | LIC-101 | 50 | % | T-101 液位 |
| 4 | LIC-102 | 50 | % | V-101 液位 |
| 5 | PIC-101 | 0.30 | MPa | T-101 塔顶压力 |
| 6 | TIC-101 | 100 | ℃ | T-101 进料温度 |
| 7 | TIC-102 | 45 | ℃ | V-101 进料温度 |
| 8 | TIC-103 | 80 | ℃ | T-101 回流温度 |
| 9 | TIC-104 | 155 | ℃ | E-103 温度 |
| 10 | FIC-103 | 15542.25 | kg/h | E-105 汽油进量流量 |
| 11 | FIC-104 | 3000 | m³/h | E-105 氢气进量流量 |
| 12 | FIC-105 | 114 | kg/h | F-101 瓦斯进量流量 |
| 13 | FIC-106 | 18750 | kg/h | 重石脑油进量流量 |
| 14 | FIC-107 | 38019 | kg/h | V-102 流量 |
| 15 | LIC-103 | 50 | % | V-102 液位 |
| 16 | PIC-102 | 1.0 | MPa | V-102 出口压力 |
| 17 | TIC-105 | 310 | ℃ | F-101 温度 |
| 18 | TIC-106 | 30 | ℃ | E-107 温度 |
| 19 | FIC-108 | 36726.35 | kg/h | V-104 流量 |
| 20 | FIC-109 | 570.29 | kg/h | T-102 塔顶回流流量 |
| 21 | LIC-104 | 50 | % | V-103 液位 |
| 22 | LIC-105 | 50 | % | T-102 液位 |
| 23 | LIC-106 | 50 | % | T-103 液位 |
| 24 | PIC-103 | 0.8 | MPa | T-102 塔顶压力 |
| 25 | TIC-108 | 53 | ℃ | V-103 入口温度 |
| 26 | TIC-109 | 78 | ℃ | T-102 塔顶回流温度 |
| 27 | TIC-110 | 205 | ℃ | T-102 塔底再沸温度 |
| 28 | FIC-201 | 7000 | m³/h | E-201 入口氢气流量 |
| 29 | PIC-201 | 1.78 | MPa | F-201 压力 |
| 30 | PIC-202 | 1.78 | MPa | F-202 压力 |
| 31 | PIC-203 | 1.78 | MPa | F-203 压力 |

| 序号 | 位号 | 正常值 | 单位 | 说明 |
|------|------|--------|------|------|
| 32 | PIC-204 | 1.78 | MPa | F-204 压力 |
| 33 | TIC-201 | 500 | ℃ | F-201 温度 |
| 34 | TIC-202 | 500 | ℃ | F-202 温度 |
| 35 | TIC-203 | 500 | ℃ | F-203 温度 |
| 36 | TIC-204 | 500 | ℃ | F-204 温度 |
| 37 | TIC-205 | 69 | ℃ | V-201 入口温度 |
| 38 | FIC-202 | 38150.65 | kg/h | V-201 流量 |
| 39 | FIC-203 | 2012.45 | kg/h | T-201 塔顶回流流量 |
| 40 | FIC-204 | 29712.55 | kg/h | T-201 塔底流量 |
| 41 | LIC-201 | 50 | % | V-201 液位 |
| 42 | LIC-202 | 50 | % | V-202 液位 |
| 43 | LIC-203 | 50 | % | T-201 液位 |
| 44 | PIC-205 | 1.0 | MPa | V-201 出口压力 |
| 45 | PIC-206 | 0.6 | MPa | T-201 压力 |
| 46 | PIC-207 | 0.93 | MPa | T-201 塔底循环压力 |
| 47 | TIC-206 | 44 | ℃ | E-204 温度 |
| 48 | TIC-207 | 70 | ℃ | T-201 塔顶回流温度 |
| 49 | TIC-208 | 232 | ℃ | T-201 塔底再沸温度 |
| 50 | TIC-209 | 40 | ℃ | E-205 温度 |

**表 6-4　主要显示仪表**

| 序号 | 位号 | 正常值 | 单位 | 说明 |
|------|------|--------|------|------|
| 1 | TI-101 | 140 | ℃ | T-101 塔底温度 |
| 2 | PI-101 | 1.5 | MPa | R-102 入口压力 |
| 3 | PI-102 | 1.3 | MPa | R-102 出口压力 |
| 4 | PI-103 | 1.23 | MPa | R-101 入口压力 |
| 5 | PI-104 | 1.13 | MPa | R-101 出口压力 |
| 6 | TI-102 | 203 | ℃ | E-105 温度 |
| 7 | TI-103 | 267 | ℃ | R-101 入口温度 |
| 8 | TI-104 | 199 | ℃ | T-102 塔底温度 |
| 9 | TI-105 | 162 | ℃ | T-102 入口温度 |
| 10 | TI-201 | 392 | ℃ | E-201 出口温度 |
| 11 | TI-202 | 460 | ℃ | R-201 温度 |
| 12 | TI-203 | 467 | ℃ | R-202 温度 |
| 13 | TI-204 | 483 | ℃ | R-203 温度 |
| 14 | TI-205 | 493 | ℃ | R-204 温度 |
| 15 | TI-206 | 210 | ℃ | T-201 塔底温度 |
| 16 | TI-207 | 133 | ℃ | T-201 入口温度 |

## 任务三　仿真操作

### 【任务描述】

① 熟悉催化重整装置工艺流程及相关流量、压力、温度等的控制方法。

② 根据操作规程单人操作 DCS 仿真系统，完成装置冷态开车、正常停车、紧急停车、事故处理操作。

③ 两人一组同时登陆 DCS 系统和 VRS 交互系统，协作完成装置冷态开车、正常停车仿真操作。

### 【操作规程】

冷态开车操作规程见表 6-5。正常停车操作规程见表 6-6。紧急停车操作规程见表 6-7。事故一至事故四操作规程见表 6-8～表 6-11。

表 6-5　冷态开车操作规程

| 步骤 | 操作 | 分值 | 完成否 |
| --- | --- | --- | --- |
| 1 | 打开 E-102 给水调节阀 TIC-102 前阀 VX-137 | 10 | |
| 2 | 打开 E-102 给水调节阀 TIC-102 后阀 VX-136 | 10 | |
| 3 | E-102 给水,调节 TIC-102 开度为 50% | 10 | |
| 4 | 去现场全开预分馏进料泵 P-101 入口阀 VX-101 | 10 | |
| 5 | 启动预分馏进料泵 P-101 | 10 | |
| 6 | 去现场全开预分馏进料泵 P-101 出口阀 VX-102 | 10 | |
| 7 | 打开流量阀 FIC-101 前阀 VX-132 | 10 | |
| 8 | 打开流量阀 FIC-101 后阀 VX-133 | 10 | |
| 9 | 调节 FIC-101 开度为 50%,以 20000.00kg/h 的速度给 T-101 进原料油,将初顶石脑油引入装置,建立 T-101 液位 LIC-101 | 10 | |
| 10 | T-101 液面 LIC-101 满后(实际为 T-101 液面满 10min 后),暂停进料泵 P-101 | 10 | |
| 11 | 打开 E-103 调节阀 TIC-104 前阀 VX-144 | 10 | |
| 12 | 打开 E-103 调节阀 TIC-104 后阀 VX-145 | 10 | |
| 13 | 塔底建立液位后,投用 E-103 以 30～40℃/h 的速度调节 TIC-104 开度为 50%,升温至 150℃ | 10 | |
| 14 | 去现场全开预分馏空冷器 K-101 出口阀 VX-104 | 10 | |
| 15 | 去现场全开预分馏空冷器 K-101 入口阀 VX-103 | 10 | |
| 16 | 去现场全开 V-101 入口阀 VX-106,建立 V-101 液位 LIC-102 | 10 | |
| 17 | 去现场全开 V-101 出口阀 VX-107 | 10 | |
| 18 | V-101 液位 LIC-102 达到 15% 时,去现场全开 V-101 脱水阀 VX-110(实际为每小时脱水一次) | 10 | |
| 19 | 再次启动预分馏进料泵 P-101 向 T-101 进油 | 10 | |
| 20 | 打开 E-101 调节阀 TIC-101 前阀 VX-135 | 10 | |
| 21 | 打开 E-101 调节阀 TIC-101 后阀 VX-134 | 10 | |
| 22 | 投用 E-101,以 20～30℃/h 的速度调节 TIC-101 开度为 50%,　升温至 100℃ | 10 | |
| 23 | 投用空冷器 K-101 | 10 | |

| 步骤 | 操作 | 分值 | 完成否 |
|---|---|---|---|
| 24 | 去现场全开 V-101 不凝气去瓦斯管网现场阀 VX-105,防止憋压 | 10 | |
| 25 | 开启预分馏塔压力调节阀 PIC-101 前阀 VX-138 | 10 | |
| 26 | 开启预分馏塔压力调节阀 PIC-101 后阀 VX-139 | 10 | |
| 27 | 开启预分馏塔压力调节阀 PIC-101 | 10 | |
| 28 | 去现场全开预分馏塔回流泵 P-102 入口阀 VX-108 | 10 | |
| 29 | 启动预分馏塔回流泵 P-102 | 10 | |
| 30 | 当 V-101 液位 LIC-102 达到 50%时,去现场全开预分馏塔回流泵 P-102 出口阀 VX-109 | 10 | |
| 31 | 去现场全开 T-101 现场阀 VX-111 | 10 | |
| 32 | 打开 V-101 液位调节阀 LIC-102 前阀 VX-142 | 10 | |
| 33 | 打开 V-101 液位调节阀 LIC-102 后阀 VX-143 | 10 | |
| 34 | 打开 V-101 液位调节阀 LIC-102,开度为 50% | 10 | |
| 35 | 打开预分馏塔回流流量调节阀 FIC-102 前阀 VX-141 | 10 | |
| 36 | 打开预分馏塔回流流量调节阀 FIC-102 后阀 VX-140 | 10 | |
| 37 | 开启预分馏塔回流流量调节阀 FIC-102,开度为 50%,并根据 T-101 的回流温度(TIC-103)随时调整,开始打回流,建立全回流操作 | 10 | |
| 38 | 去现场全开预分馏塔塔底泵 P-103 入口阀 VX-112 | 10 | |
| 39 | 启动预加氢进料泵 P-103 | 10 | |
| 40 | 去现场全开预分馏塔塔底泵 P-103 出口阀 VX-113 | 10 | |
| 41 | 去现场开启 VX-115,向 R-101 中装填催化剂 | 10 | |
| 42 | 去现场开启 VX-116,向 R-102 中装填脱砷剂 | 10 | |
| 43 | 去现场关闭 VX-115,向 R-101 中装填催化剂完毕 | 10 | |
| 44 | 去现场关闭 VX-116,向 R-102 中装填脱砷剂完毕 | 10 | |
| 45 | 开启预加氢炉 F-101 瓦斯进量调节阀 FIC-105 前阀 VX-151 | 10 | |
| 46 | 开启预加氢炉 F-101 瓦斯进量调节阀 FIC-105 后阀 VX-150 | 10 | |
| 47 | 开启预加氢炉 F-101 瓦斯进量调节阀 FIC-105 | 10 | |
| 48 | 开启预加氢炉 F-101 空气进量调节阀 ARC-101,开度为 50% | 10 | |
| 49 | 去现场开启 VX-114,向预加氢炉 F-101 通蒸汽 | 10 | |
| 50 | 预加氢炉 F-101 点火 | 10 | |
| 51 | 去现场关闭 VX-114,停止向预加氢炉 F-101 通蒸汽 | 10 | |
| 52 | 调节 FIC-105,使 F-101 出口温度 TIC-105 以 15℃/h 的速度升温至 120℃,恒温 1min(实际恒温时间>8h),预加氢临氢系统恒温干燥 | 10 | |
| 53 | 调节 FIC-105,使 F-101 出口温度 TIC-105 以不大于 30℃/h 的速度升温至 250℃,恒温 1min(实际恒温时间>8h) | 10 | |
| 54 | 调节 FIC-105,使 F-101 出口温度 TIC-105 以不大于 30℃/h 的速度升温至 380℃,恒温 1min(实际恒温时间>8h) | 10 | |
| 55 | 干燥结束,调节 FIC-105,使预加氢临氢系统降温至 150℃ | 10 | |
| 56 | 去现场开启 VX-117,向 R-101 中注硫 | 10 | |
| 57 | 去现场关闭 VX-117,向 R-101 中注硫完毕 | 10 | |
| 58 | 打开 E-107 调节阀 TIC-106 前阀 VX-153 | 10 | |

续表

| 步骤 | 操作 | 分值 | 完成否 |
|---|---|---|---|
| 59 | 打开 E-107 调节阀 TIC-106 后阀 VX-152 | 10 | |
| 60 | 投用 E-107,调节 TIC-106 开度为 50% | 10 | |
| 61 | 打开调节阀 FIC-103 前阀 VX-146 | 10 | |
| 62 | 打开调节阀 FIC-103 后阀 VX-147 | 10 | |
| 63 | 以 6000.00～12000.00kg/h 的速度调节 FIC-103 开度为 50%,将 T-101 塔底油引入预加氢装置 | 10 | |
| 64 | 开启预加氢氢气进料流量调节阀 FIC-104 前阀 VX-149 | 10 | |
| 65 | 开启预加氢氢气进料流量调节阀 FIC-104 后阀 VX-148 | 10 | |
| 66 | 开启预加氢氢气进料流量调节阀 FIC-104,开度为 50% | 10 | |
| 67 | 开启预加氢炉 F-101 瓦斯进量调节阀 FIC-105,开度为 50% | 10 | |
| 68 | 去现场全开预加氢产物空冷器 K-102 出口阀 VX-119 | 10 | |
| 69 | 去现场全开预加氢产物空冷器 K-102 入口阀 VX-118 | 10 | |
| 70 | 投用预加氢产物空冷器 K-102 | 10 | |
| 71 | 开启 V-102 重石脑油进量流量调节阀 FIC-106 前阀 VX-159 | 10 | |
| 72 | 开启 V-102 重石脑油进量流量调节阀 FIC-106 后阀 VX-158 | 10 | |
| 73 | 开启 V-102 重石脑油进量流量调节阀 FIC-106,开度为 50%,建立 V-102 液位 LIC-103 | 10 | |
| 74 | 开启 V-102 出口压力调节阀 PIC-102 前阀 VX-156 | 10 | |
| 75 | 开启 V-102 出口压力调节阀 PIC-102 后阀 VX-157 | 10 | |
| 76 | 开启 V-102 出口压力调节阀 PIC-102,开度为 50% | 10 | |
| 77 | 去现场全开 V-102 现场阀 VX-120,防止憋压 | 10 | |
| 78 | 开启 V-102 流量调节阀 FIC-107 前阀 VX-155 | 10 | |
| 79 | 开启 V-102 流量调节阀 FIC-107 后阀 VX-154 | 10 | |
| 80 | 开启 V-102 流量调节阀 FIC-107,开度为 50%,建立 T-102 液位 LIC-105 | 10 | |
| 81 | 打开 E-109 给水调节阀 TIC-108 前阀 VX-167 | 10 | |
| 82 | 打开 E-109 给水调节阀 TIC-108 后阀 VX-166 | 10 | |
| 83 | E-109 给水,调节 TIC-108 开度为 50% | 10 | |
| 84 | 去现场全开脱水塔塔底循环泵 P-105 入口阀 VX-128 | 10 | |
| 85 | 以 16000.00kg/h 的速度启动脱水塔塔底循环泵 P-105 | 10 | |
| 86 | 去现场全开脱水塔塔底循环泵 P-105 出口阀 VX-129 | 10 | |
| 87 | 打开 E-110 温度调节阀 TIC-110 前阀 VX-172 | 10 | |
| 88 | 打开 E-110 温度调节阀 TIC-110 后阀 VX-173 | 10 | |
| 89 | 投用 E-110,以 30～40℃/h 的速度调节 TIC-110 开度为 50%,升温至 205℃ | 10 | |
| 90 | 去现场全开 V-103 入口阀 VX-122,建立 V-103 液位 LIC-104 | 10 | |
| 91 | 去现场全开 V-103 出口阀 VX-123 | 10 | |
| 92 | V-103 液位 LIC-104 达到 15% 时,去现场全开 V-103 脱水阀 VX-124(实际为每小时脱水一次) | 10 | |
| 93 | V-102 液位 LIC-103 达到 50% 时,T-101 液位 LIC-101 达到 80% | 10 | |
| 94 | V-102 液位 LIC-103 达到 50% 时,T-102 液位 LIC-105 达到 80% | 10 | |
| 95 | 去现场全开 V-103 不凝气去瓦斯管网现场阀 VX-121,防止憋压 | 10 | |

| 步骤 | 操作 | 分值 | 完成否 |
|---|---|---|---|
| 96 | 打开脱水塔压力调节阀 PIC-103 前阀 VX-168 | 10 | |
| 97 | 打开脱水塔压力调节阀 PIC-103 后阀 VX-169 | 10 | |
| 98 | T-102 液位 LIC-105 达到 50% 时,开启脱水塔压力调节阀 PIC-103 | 10 | |
| 99 | 去现场全开脱水塔回流泵 P-104 入口阀 VX-125 | 10 | |
| 100 | 启动脱水塔回流泵 P-104 | 10 | |
| 101 | 去现场全开脱水塔回流泵 P-104 出口阀 VX-126 | 10 | |
| 102 | 去现场全开 T-102 现场阀 VX-127 | 10 | |
| 103 | 开启 V-103 液位调节阀 LIC-104 前阀 VX-170 | 10 | |
| 104 | 开启 V-103 液位调节阀 LIC-104 后阀 VX-171 | 10 | |
| 105 | 开启 V-103 液位调节阀 LIC-104,开度为 50% | 10 | |
| 106 | 打开 T-102 塔顶回流流量调节阀 FIC-109 前阀 VX-165 | 10 | |
| 107 | 打开 T-102 塔顶回流流量调节阀 FIC-109 后阀 VX-164 | 10 | |
| 108 | 开启 T-102 塔顶回流流量调节阀 FIC-109,开度为 50%,并根据 T-102 的回流温度(TIC-109)随时调整,开始打回流,建立全回流操作 | 10 | |
| 109 | 开启脱水塔塔底液位调节阀 LIC-105 前阀 VX-163 | 10 | |
| 110 | 开启脱水塔塔底液位调节阀 LIC-105 后阀 VX-162 | 10 | |
| 111 | 开启脱水塔塔底液位调节阀 LIC-105,开度为 50%,建立 V-104 液位 LIC-106 | 10 | |
| 112 | 去现场全开重整进料泵 P-106 入口阀 VX-130 | 10 | |
| 113 | 启动重整进料泵 P-106 | 10 | |
| 114 | 去现场全开重整进料泵 P-106 出口阀 VX-131 | 10 | |
| 115 | 去现场开启 VX-201,向 R-201 中装填催化剂 | 10 | |
| 116 | 去现场开启 VX-202,向 R-202 中装填催化剂 | 10 | |
| 117 | 去现场开启 VX-203,向 R-203 中装填催化剂 | 10 | |
| 118 | 去现场开启 VX-204,向 R-204 中装填催化剂 | 10 | |
| 119 | 去现场关闭 VX-201,向 R-201 中装填催化剂完毕 | 10 | |
| 120 | 去现场关闭 VX-202,向 R-202 中装填催化剂完毕 | 10 | |
| 121 | 去现场关闭 VX-203,向 R-203 中装填催化剂完毕 | 10 | |
| 122 | 去现场关闭 VX-204,向 R-204 中装填催化剂完毕 | 10 | |
| 123 | 去现场开启 ZX-201,向 R-201 中注硫 | 10 | |
| 124 | 去现场开启 ZX-202,向 R-202 中注硫 | 10 | |
| 125 | 去现场开启 ZX-203,向 R-203 中注硫 | 10 | |
| 126 | 去现场开启 ZX-204,向 R-204 中注硫 | 10 | |
| 127 | 去现场关闭 ZX-201,向 R-201 中注硫完毕 | 10 | |
| 128 | 去现场关闭 ZX-202,向 R-202 中注硫完毕 | 10 | |
| 129 | 去现场关闭 ZX-203,向 R-203 中注硫完毕 | 10 | |
| 130 | 去现场关闭 ZX-204,向 R-204 中注硫完毕 | 10 | |
| 131 | 打开 E-202 给水调节阀 TIC-205 前阀 VX-228 | 10 | |

续表

| 步骤 | 操作 | 分值 | 完成否 |
|---|---|---|---|
| 132 | 打开 E-202 给水调节阀 TIC-205 后阀 VX-227 | 10 | |
| 133 | E-202 给水，调节 TIC-205 开度为 50% | 10 | |
| 134 | 开启重整第一加热炉 F-201 压力调节阀 PIC-201 前阀 VX-229 | 10 | |
| 135 | 开启重整第一加热炉 F-201 压力调节阀 PIC-201 后阀 VX-230 | 10 | |
| 136 | 开启重整第一加热炉 F-201 压力调节阀 PIC-201 | 10 | |
| 137 | 开启重整第二加热炉 F-202 压力调节阀 PIC-202 前阀 VX-231 | 10 | |
| 138 | 开启重整第二加热炉 F-202 压力调节阀 PIC-202 后阀 VX-232 | 10 | |
| 139 | 开启重整第二加热炉 F-202 压力调节阀 PIC-202 | 10 | |
| 140 | 开启重整第三加热炉 F-203 压力调节阀 PIC-203 前阀 VX-233 | 10 | |
| 141 | 开启重整第三加热炉 F-203 压力调节阀 PIC-203 后阀 VX-234 | 10 | |
| 142 | 开启重整第三加热炉 F-203 压力调节阀 PIC-203 | 10 | |
| 143 | 开启重整第四加热炉 F-204 压力调节阀 PIC-204 前阀 VX-235 | 10 | |
| 144 | 开启重整第四加热炉 F-204 压力调节阀 PIC-204 后阀 VX-236 | 10 | |
| 145 | 开启重整第四加热炉 F-204 压力调节阀 PIC-204 | 10 | |
| 146 | 开启重整第一加热炉 F-201 空气调节阀 ARC-201，开度为 50% | 10 | |
| 147 | 开启重整第二加热炉 F-202 空气调节阀 ARC-202，开度为 50% | 10 | |
| 148 | 开启重整第三加热炉 F-203 空气调节阀 ARC-203，开度为 50% | 10 | |
| 149 | 开启重整第四加热炉 F-204 空气调节阀 ARC-204，开度为 50% | 10 | |
| 150 | 去现场开启 VX-221，向 F-201 通蒸汽 | 10 | |
| 151 | 去现场开启 VX-222，向 F-202 通蒸汽 | 10 | |
| 152 | 去现场开启 VX-223，向 F-203 通蒸汽 | 10 | |
| 153 | 去现场开启 VX-224，向 F-204 通蒸汽 | 10 | |
| 154 | 重整第一加热炉 F-201 点火 | 10 | |
| 155 | 重整第二加热炉 F-202 点火 | 10 | |
| 156 | 重整第三加热炉 F-203 点火 | 10 | |
| 157 | 重整第四加热炉 F-204 点火 | 10 | |
| 158 | 去现场关闭 VX-221，停止向 F-201 通蒸汽 | 10 | |
| 159 | 去现场关闭 VX-222，停止向 F-202 通蒸汽 | 10 | |
| 160 | 去现场关闭 VX-223，停止向 F-203 通蒸汽 | 10 | |
| 161 | 去现场关闭 VX-224，停止向 F-204 通蒸汽 | 10 | |
| 162 | 调节 PIC-201，使重整第一加热炉 F-201 出口以 20～30℃/h 的速度升温至 250℃ | 10 | |
| 163 | 调节 PIC-202，使重整第二加热炉 F-202 出口以 20～30℃/h 的速度升温至 250℃ | 10 | |
| 164 | 调节 PIC-203，使重整第三加热炉 F-203 出口以 20～30℃/h 的速度升温至 250℃ | 10 | |
| 165 | 调节 PIC-204，使重整第四加热炉 F-204 出口以 20～30℃/h 的速度升温至 250℃ | 10 | |
| 166 | 调节 PIC-201，使重整第一加热炉 F-201 出口以 20℃/h 的速度升温至 400℃ | 10 | |
| 167 | 调节 PIC-202，使重整第二加热炉 F-202 出口以 20℃/h 的速度升温至 400℃ | 10 | |
| 168 | 调节 PIC-203，使重整第三加热炉 F-203 出口以 20℃/h 的速度升温至 400℃ | 10 | |

续表

| 步骤 | 操作 | 分值 | 完成否 |
|---|---|---|---|
| 169 | 调节 PIC-204,使重整第四加热炉 F-204 出口以 20℃/h 的速度升温至 400℃ | 10 | |
| 170 | 开启 V-104 流量调节阀 FIC-108 前阀 VX-160 | 10 | |
| 171 | 开启 V-104 流量调节阀 FIC-108 后阀 VX-161 | 10 | |
| 172 | 开启 V-104 流量调节阀 FIC-108,开度为 50% | 10 | |
| 173 | 开启 E-201 入口氢气流量调节阀 FIC-201 前阀 VX-225 | 10 | |
| 174 | 开启 E-201 入口氢气流量调节阀 FIC-201 后阀 VX-226 | 10 | |
| 175 | 开启 E-201 入口氢气流量调节阀 FIC-201,开度为 50% | 10 | |
| 176 | 调节 PIC-201,使重整第一加热炉 F-201 温度 TIC-201 为 500℃ | 10 | |
| 177 | 调节 PIC-202,使重整第二加热炉 F-202 温度 TIC-202 为 500℃ | 10 | |
| 178 | 调节 PIC-203,使重整第三加热炉 F-203 温度 TIC-203 为 500℃ | 10 | |
| 179 | 调节 PIC-204,使重整第四加热炉 F-204 温度 TIC-204 为 500℃ | 10 | |
| 180 | 建立 V-201 液位 LIC-201,去现场全开 V-201 出口 VX-206 | 10 | |
| 181 | 去现场全开重整高分离罐 V-201 氢气去氢气线现场阀 VX-205,防止憋压 | 10 | |
| 182 | 开启重整高压分离罐 V-201 压力调节阀 PIC-205 前阀 VX-243 | 10 | |
| 183 | 开启重整高压分离罐 V-201 压力调节阀 PIC-205 后阀 VX-244 | 10 | |
| 184 | 开启重整高压分离罐 V-201 压力调节阀 PIC-205 | 10 | |
| 185 | 打开 E-204 给水调节阀 TIC-206 前阀 VX-246 | 10 | |
| 186 | 打开 E-204 给水调节阀 TIC-206 后阀 VX-245 | 10 | |
| 187 | E-204 给水,调节 TIC-206 开度为 50% | 10 | |
| 188 | 打开 E-205 给水调节阀 TIC-209 前阀 VX-240 | 10 | |
| 189 | 打开 E-205 给水调节阀 TIC-209 后阀 VX-239 | 10 | |
| 190 | E-205 给水,调节 TIC-209 开度为 50% | 10 | |
| 191 | 去现场全开稳定塔进料泵 P-201 入口阀 VX-207 | 10 | |
| 192 | 启动稳定塔进料泵 P-201 | 10 | |
| 193 | 去现场全开稳定塔进料泵 P-201 出口阀 VX-208 | 10 | |
| 194 | 开启 V-201 流量调节阀 FIC-202 前阀 VX-241 | 10 | |
| 195 | 开启 V-201 流量调节阀 FIC-202 后阀 VX-242 | 10 | |
| 196 | 开启 V-201 流量调节阀 FIC-202,开度为 50%,并根据 V-201 的液位(LIC-201)随时调整,建立 T-201 液位 LIC-203 | 10 | |
| 197 | 去现场全开稳定塔塔底循环泵 P-203 入口阀 VX-218 | 10 | |
| 198 | 以 6000.00~12000.00kg/h 的速度启动稳定塔塔底循环泵 P-203 | 10 | |
| 199 | 去现场全开稳定塔塔底循环泵 P-203 出口阀 VX-219 | 10 | |
| 200 | 开启稳定塔重沸炉 F-205 压力调节阀 PIC-207 前阀 VX-253 | 10 | |
| 201 | 开启稳定塔重沸炉 F-205 压力调节阀 PIC-207 后阀 VX-254 | 10 | |
| 202 | 开启稳定塔重沸炉 F-205 压力调节阀 PIC-207 | 10 | |
| 203 | 开启稳定塔重沸炉 F-205 空气调节阀 ARC-205,开度为 50% | 10 | |
| 204 | 去现场开启 VX-220,向 F-205 通蒸汽 | 10 | |

| 步骤 | 操作 | 分值 | 完成否 |
|---|---|---|---|
| 205 | 稳定塔重沸炉 F-205 点火 | 10 | |
| 206 | 去现场关闭 VX-220,停止向 F-205 通蒸汽 | 10 | |
| 207 | 调节 PIC-207 开度为 50%,使 T-201 塔底再沸温度 TIC-208 以 15～30℃/h 的速度升温至 232℃ | 10 | |
| 208 | 去现场全开空冷器 K-201 出口阀 VX-210 | 10 | |
| 209 | 去现场全开空冷器 K-201 入口阀 VX-209 | 10 | |
| 210 | 去现场全开 V-202 入口阀 VX-211,建立 V-202 液位 LIC-202 | 10 | |
| 211 | 去现场全开 V-202 出口阀 VX-212 | 10 | |
| 212 | V-202 液位 LIC-202 达到 15% 时,去现场全开 V-202 脱水阀 VX-216(实际为每小时脱水一次) | 10 | |
| 213 | 投用空冷器 K-201 | 10 | |
| 214 | 去现场全开稳定塔回流罐 V-202 不凝气去瓦斯管网现场阀 VX-213,防止憋压 | 10 | |
| 215 | 开启稳定塔压力调节阀 PIC-206 前阀 VX-249 | 10 | |
| 216 | 开启稳定塔压力调节阀 PIC-206 后阀 VX-250 | 10 | |
| 217 | 开启稳定塔压力调节阀 PIC-206 | 10 | |
| 218 | 去现场全开稳定塔回流泵 P-202 入口阀 VX-214 | 10 | |
| 219 | 启动稳定塔回流泵 P-202 | 10 | |
| 220 | 当 V-202 液位 LIC-202 达到 50% 时,去现场全开稳定塔回流泵 P-202 出口阀 VX-215 | 10 | |
| 221 | 去现场全开 T-201 现场阀 VX-217 | 10 | |
| 222 | 开启 V-202 液位调节阀 LIC-202 前阀 VX-251 | 10 | |
| 223 | 开启 V-202 液位调节阀 LIC-202 后阀 VX-252 | 10 | |
| 224 | 开启 V-202 液位调节阀 LIC-202,开度为 50% | 10 | |
| 225 | 开启稳定塔回流流量调节阀 FIC-203 前阀 VX-248 | 10 | |
| 226 | 开启稳定塔回流流量调节阀 FIC-203 后阀 VX-247 | 10 | |
| 227 | 开启稳定塔回流流量调节阀 FIC-203,开度为 50%,并根据 T-201 的回流温度(TIC-207)随时调整,开始打回流,建立全回流操作 | 10 | |
| 228 | 开启稳定塔塔底流量调节阀 FIC-204 前阀 VX-238 | 10 | |
| 229 | 开启稳定塔塔底流量调节阀 FIC-204 后阀 VX-237 | 10 | |
| 230 | 开启稳定塔塔底流量调节阀 FIC-204,开度为 50%,并根据 T-201 的液位(LIC-203)随时调整 | 10 | |
| 231 | 当 T-101 进料温度 TIC-101 接近 100℃ 时,投自动,设为 100℃ | 10 | |
| 232 | 当 T-101 液位 LIC-101 接近 50% 时,投自动,设为 50% | 10 | |
| 233 | 当 T-101 进料流量 FIC-101 接近 22525kg/h 时,投串级 | 10 | |
| 234 | 当 T-101 再沸温度 TIC-104 接近 155℃ 时,投自动,设为 155℃ | 10 | |
| 235 | 当 T-101 塔顶压力 PIC-101 接近 0.30MPa 时,投自动,设为 0.30MPa | 10 | |
| 236 | 当 V-101 液位 LIC-102 接近 50% 时,投自动,设为 50% | 10 | |
| 237 | 当 T-101 回流温度 TIC-103 接近 80℃ 时,投自动,设为 80℃ | 10 | |
| 238 | 当 T-101 回流流量 FIC-102 接近 20272.5kg/h 时,投串级 | 10 | |
| 239 | 当预加氢进料流量 FIC-103 接近 15542.25kg/h 时,投自动,设为 15542.25kg/h | 10 | |

| 步骤 | 操作 | 分值 | 完成否 |
|---|---|---|---|
| 240 | 当预加氢氢气进料流量 FIC-104 接近 3000m³/h 时,投自动,设为 3000m³/h | 10 | |
| 241 | 当 F-101 温度 TIC-105 接近 310℃时,投自动,设为 310℃ | 10 | |
| 242 | 当预加氢炉 F-101 瓦斯进量流量 FIC-105 接近 114kg/h 时,投串级 | 10 | |
| 243 | 当 V-102 液位 LIC-103 接近 50%时,投自动,设为 50% | 10 | |
| 244 | 当 V-102 流量 FIC-107 接近 38018.2kg/h 时,投串级 | 10 | |
| 245 | 当 V-102 压力 PIC-102 接近 1.0MPa 时,投自动,设为 1.0MPa | 10 | |
| 246 | 当 T-102 塔底再沸温度 TIC-110 接近 205℃时,投自动,设为 205℃ | 10 | |
| 247 | 当 V-103 入口温度 TIC-108 接近 53℃时,投自动,设为 53℃ | 10 | |
| 248 | 当 T-102 塔顶压力 PIC-103 接近 0.80MPa 时,投自动,设为 0.80MPa | 10 | |
| 249 | 当 T-102 回流温度 TIC-109 接近 78℃时,投自动,设为 78℃ | 10 | |
| 250 | 当 T-102 回流流量 FIC-109 接近 570.29kg/h 时,投串级 | 10 | |
| 251 | 当 V-103 液位 LIC-104 接近 50%时,投自动,设为 50% | 10 | |
| 252 | 当 T-102 液位 LIC-105 接近 50%时,投自动,设为 50% | 10 | |
| 253 | 当 V-104 液位 LIC-106 接近 50%时,投自动,设为 50% | 10 | |
| 254 | 当 T-101 塔底流量 FIC-108 接近 36726.35kg/h 时,投串级 | 10 | |
| 255 | 当 E-201 入口氢气流量 FIC-201 接近 7000m³/h 时,投自动,设为 7000m³/h | 10 | |
| 256 | 当重整第一加热炉 F-201 温度 TIC-201 接近 500℃时,投自动,设为 500℃ | 10 | |
| 257 | 当重整第一加热炉 F-201 压力 PIC-201 接近 1.78MPa 时,投串级 | 10 | |
| 258 | 当重整第二加热炉 F-202 温度 TIC-202 接近 500℃时,投自动,设为 500℃ | 10 | |
| 259 | 当重整第二加热炉 F-202 压力 PIC-202 接近 1.78MPa 时,投串级 | 10 | |
| 260 | 当重整第三加热炉 F-203 温度 TIC-203 接近 500℃时,投自动,设为 500℃ | 10 | |
| 261 | 当重整第三加热炉 F-203 压力 PIC-203 接近 1.78MPa 时,投串级 | 10 | |
| 262 | 当重整第四加热炉 F-204 温度 TIC-204 接近 500℃时,投自动,设为 500℃ | 10 | |
| 263 | 当重整第四加热炉 F-204 压力 PIC-204 接近 1.78MPa 时,投串级 | 10 | |
| 264 | 当重整高压分离罐 V-201 入口温度 TIC-205 接近 69℃时,投自动,设为 69℃ | 10 | |
| 265 | 当 V-201 压力 PIC-205 接近 1.0MPa 时,投自动,设为 1.0MPa | 10 | |
| 266 | 当 T-201 塔顶压力 PIC-206 接近 0.60MPa 时,投自动,设为 0.60MPa | 10 | |
| 267 | 当 V-201 液位 LIC-201 接近 50%时,投自动,设为 50% | 10 | |
| 268 | 当 V-201 流量 FIC-202 接近 36701.83kg/h 时,投串级 | 10 | |
| 269 | 当 T-201 回流温度 TIC-207 接近 70℃时,投自动,设为 70℃ | 10 | |
| 270 | 当 T-201 回流流量 FIC-203 接近 1745.64kg/h 时,投串级 | 10 | |
| 271 | 当 V-202 液位 LIC-202 接近 50%时,投自动,设为 50% | 10 | |
| 272 | 当 T-201 塔底再沸温度 TIC-208 接近 232℃时,投自动,设为 232℃ | 10 | |
| 273 | 当 T-201 塔底再沸压力 PIC-207 接近 0.93MPa 时,投串级 | 10 | |
| 274 | 当 T-201 液位 LIC-203 接近 50%时,投自动,设为 50% | 10 | |

| 步骤 | 操作 | 分值 | 完成否 |
|---|---|---|---|
| 275 | 当 T-201 塔底流量 FIC-204 接近 29712.55kg/h 时,投串级 | 10 | |
| 质量指标 | | | |
| 276 | 预分馏塔进料温度 TIC-101 | 10 | |
| 277 | 预分馏塔塔顶压力 PIC-101 | 10 | |
| 278 | 预分馏塔塔底油温度 TI-101 | 10 | |
| 279 | 预加氢反应器 R-101 入口温度 TI-103 | 10 | |
| 280 | V-102 压力 PIC-102 | 10 | |
| 281 | 脱水塔塔顶压力 PIC-103 | 10 | |
| 282 | 脱水塔塔底油温度 TI-104 | 10 | |
| 283 | E-201 出口温度 TI-201 | 10 | |
| 284 | 重整第一反应器 R-201 温度 TIC-201 | 10 | |
| 285 | 重整第二反应器 R-202 温度 TIC-202 | 10 | |
| 286 | 重整第三反应器 R-203 温度 TIC-203 | 10 | |
| 287 | 重整第四反应器 R-204 温度 TIC-204 | 10 | |
| 288 | 重整高压分离罐 V-201 入口温度 TIC-205 | 10 | |
| 289 | V-201 压力 PIC-205 | 10 | |
| 290 | T-201 塔顶压力 PIC-206 | 10 | |
| 291 | T-201 塔底温度 TI-206 | 10 | |

**表 6-6　正常停车操作规程**

| 步骤 | 操作 | 分值 | 完成否 |
|---|---|---|---|
| 1 | 关闭 E-201 入口氢气流量调节阀 FIC-201,停止加氢 | 10 | |
| 2 | 关闭 E-201 入口氢气流量调节阀 FIC-201 前阀 VX-225 | 10 | |
| 3 | 关闭 E-201 入口氢气流量调节阀 FIC-201 后阀 VX-226 | 10 | |
| 4 | 调节 PIC-201,当重整第一加热炉 F-201 温度 TIC-201 以 20℃/h 的速度降至 450℃时,F-201 熄火 | 10 | |
| 5 | 调节 PIC-202,当重整第二加热炉 F-202 温度 TIC-202 以 20℃/h 的速度降至 450℃时,F-202 熄火 | 10 | |
| 6 | 调节 PIC-203,当重整第三加热炉 F-203 温度 TIC-203 以 20℃/h 的速度降至 450℃时,F-203 熄火 | 10 | |
| 7 | 调节 PIC-204,当重整第四加热炉 F-204 温度 TIC-204 以 20℃/h 的速度降至 450℃时,F-204 熄火 | 10 | |
| 8 | 关闭重整进料泵 P-106 出口阀 VX-131 | 10 | |
| 9 | 停重整进料泵 P-106 | 10 | |
| 10 | 关闭预分馏进料泵 P-101 出口阀 VX-102 | 10 | |
| 11 | 停预分馏进料泵 P-101 | 10 | |
| 12 | 关闭预分馏进料流量调节阀 FIC-101,停止进料 | 10 | |
| 13 | 关闭预分馏进料流量调节阀 FIC-101 前阀 VX-132 | 10 | |
| 14 | 关闭预分馏进料流量调节阀 FIC-101 后阀 VX-133 | 10 | |
| 15 | 关闭 TIC-104,停止加热 | 10 | |
| 16 | 关闭 TIC-104 前阀 VX-144 | 10 | |

续表

| 步骤 | 操作 | 分值 | 完成否 |
|---|---|---|---|
| 17 | 关闭 TIC-104 后阀 VX-145 | 10 | |
| 18 | V-101 油品抽真空后,关闭 V-101 入口阀 VX-106 | 10 | |
| 19 | 关闭 V-101 出口阀 VX-107 | 10 | |
| 20 | 关闭 V-101 脱水阀 VX-110 | 10 | |
| 21 | 关闭预分馏回流泵 P-102 出口阀 VX-109 | 10 | |
| 22 | 停预分馏塔回流泵 P-102 | 10 | |
| 23 | 调节 FIC-105,当 TIC-105 以 30℃/h 的速度降至 250℃时,预加氢炉 F-101 熄火 | 10 | |
| 24 | 关闭预分馏塔塔底泵 P-103 出口阀 VX-113 | 10 | |
| 25 | 停预分馏塔塔底泵 P-103 | 10 | |
| 26 | 关闭预加氢进料流量调节阀 FIC-103,停止进料 | 10 | |
| 27 | 关闭预加氢进料流量调节阀 FIC-103 前阀 VX-146 | 10 | |
| 28 | 关闭预加氢进料流量调节阀 FIC-103 后阀 VX-147 | 10 | |
| 29 | 关闭预加氢氢气进料流量调节阀 FIC-104,停止加氢 | 10 | |
| 30 | 关闭预加氢氢气进料流量调节阀 FIC-104 前阀 VX-149 | 10 | |
| 31 | 关闭预加氢氢气进料流量调节阀 FIC-104 后阀 VX-148 | 10 | |
| 32 | 关闭 V-102 重石脑油进量流量调节阀 FIC-106,停止重石脑油进料 | 10 | |
| 33 | 关闭 V-102 重石脑油进量流量调节阀 FIC-106 前阀 VX-159 | 10 | |
| 34 | 关闭 V-102 重石脑油进量流量调节阀 FIC-106 后阀 VX-158 | 10 | |
| 35 | 开大 V-102 流量调节阀 FIC-107,增加 T-102 进料量 | 10 | |
| 36 | 以 30℃/h 的速度降低 T-102 塔底再沸温度 TIC-110 至 100℃ | 10 | |
| 37 | 关闭脱水塔塔底循环泵 P-105 出口阀 VX-129 | 10 | |
| 38 | 停脱水塔塔底循环泵 P-105 | 10 | |
| 39 | V-103 油品抽真空后,关闭 V-103 入口阀 VX-122 | 10 | |
| 40 | 关闭 V-103 出口阀 VX-123 | 10 | |
| 41 | 关闭 V-103 脱水阀 VX-124 | 10 | |
| 42 | 关闭脱水塔回流泵 P-104 出口阀 VX-126 | 10 | |
| 43 | 停脱水塔回流泵 P-104 | 10 | |
| 44 | V-201 油品抽真空后,关闭 V-201 出口阀 VX-206 | 10 | |
| 45 | 关闭稳定塔进料泵 P-201 出口阀 VX-208 | 10 | |
| 46 | 停稳定塔进料泵 P-201 | 10 | |
| 47 | 关闭稳定塔塔底循环泵 P-203 出口阀 VX-219 | 10 | |
| 48 | 停稳定塔塔底循环泵 P-203 | 10 | |
| 49 | 关闭 T-201 塔底再沸压力调节阀 PIC-207,停止引瓦斯入装置 | 10 | |
| 50 | 关闭 T-201 塔底再沸压力调节阀 PIC-207 前阀 VX-253 | 10 | |
| 51 | 关闭 T-201 塔底再沸压力调节阀 PIC-207 后阀 VX-254 | 10 | |
| 52 | 稳定塔重沸炉 F-205 熄火 | 10 | |
| 53 | V-202 油品抽真空后,关闭 V-202 入口阀 VX-211 | 10 | |

续表

| 步骤 | 操作 | 分值 | 完成否 |
|---|---|---|---|
| 54 | 关闭 V-202 出口阀 VX-212 | 10 | |
| 55 | 关闭 V-202 脱水阀 VX-216 | 10 | |
| 56 | 关闭稳定塔回流泵 P-202 出口阀 VX-215 | 10 | |
| 57 | 关闭稳定塔回流泵 P-202 | 10 | |
| 58 | 关闭 T-102 现场阀 VX-127 | 10 | |
| 59 | 关闭 T-201 现场阀 VX-217 | 10 | |

表 6-7　紧急停车操作规程

| 步骤 | 操作 | 分值 | 完成否 |
|---|---|---|---|
| 1 | 预加氢炉 F-101 立即熄火 | 10 | |
| 2 | 重整第一加热炉 F-201 立即熄火 | 10 | |
| 3 | 重整第二加热炉 F-202 立即熄火 | 10 | |
| 4 | 重整第三加热炉 F-203 立即熄火 | 10 | |
| 5 | 重整第四加热炉 F-204 立即熄火 | 10 | |
| 6 | 稳定塔重沸炉 F-205 立即熄火 | 10 | |
| 7 | 关闭预加氢炉 F-101 瓦斯进量流量调节阀 FIC-105 | 10 | |
| 8 | 关闭预加氢炉 F-101 瓦斯进量流量调节阀 FIC-105 前阀 VX-151 | 10 | |
| 9 | 关闭预加氢炉 F-101 瓦斯进量流量调节阀 FIC-105 后阀 VX-150 | 10 | |
| 10 | 关闭重整第一加热炉 F-201 压力调节阀 PIC-201 | 10 | |
| 11 | 关闭重整第一加热炉 F-201 压力调节阀 PIC-201 前阀 VX-229 | 10 | |
| 12 | 关闭重整第一加热炉 F-201 压力调节阀 PIC-201 后阀 VX-230 | 10 | |
| 13 | 关闭重整第二加热炉 F-202 压力调节阀 PIC-202 | 10 | |
| 14 | 关闭重整第二加热炉 F-202 压力调节阀 PIC-202 前阀 VX-231 | 10 | |
| 15 | 关闭重整第二加热炉 F-202 压力调节阀 PIC-202 后阀 VX-232 | 10 | |
| 16 | 关闭重整第三加热炉 F-203 压力调节阀 PIC-203 | 10 | |
| 17 | 关闭重整第三加热炉 F-203 压力调节阀 PIC-203 前阀 VX-233 | 10 | |
| 18 | 关闭重整第三加热炉 F-203 压力调节阀 PIC-203 后阀 VX-234 | 10 | |
| 19 | 关闭重整第四加热炉 F-204 压力调节阀 PIC-204 | 10 | |
| 20 | 关闭重整第四加热炉 F-204 压力调节阀 PIC-204 前阀 VX-235 | 10 | |
| 21 | 关闭重整第四加热炉 F-204 压力调节阀 PIC-204 后阀 VX-236 | 10 | |
| 22 | 关闭稳定塔重沸炉 F-205 压力调节阀 PIC-207 | 10 | |
| 23 | 关闭稳定塔重沸炉 F-205 压力调节阀 PIC-207 前阀 VX-253 | 10 | |
| 24 | 关闭稳定塔重沸炉 F-205 压力调节阀 PIC-207 后阀 VX-254 | 10 | |
| 25 | 关闭预分馏塔塔底泵 P-103 出口阀 VX-113 | 10 | |
| 26 | 停预分馏塔塔底泵 P-103 | 10 | |
| 27 | 关闭重整进料泵 P-106 出口阀 VX-131 | 10 | |

续表

| 步骤 | 操作 | 分值 | 完成否 |
|---|---|---|---|
| 28 | 停重整进料泵 P-106 | 10 | |
| 29 | 关闭预分馏进料泵 P-101 出口阀 VX-102 | 10 | |
| 30 | 停预分馏进料泵 P-101 | 10 | |
| 31 | 关闭稳定塔进料泵 P-201 出口阀 VX-208 | 10 | |
| 32 | 停稳定塔进料泵 P-201 | 10 | |
| 33 | 关闭 V-201 现场阀 VX-205 | 10 | |
| 34 | 关闭 V-102 现场阀 VX-120 | 10 | |

**表 6-8 事故一——循环水中断操作规程**

| 步骤 | 操作 | 分值 | 完成否 |
|---|---|---|---|
| 1 | 关闭重整第一加热炉 F-201 压力调节阀 PIC-201 | 10 | |
| 2 | 关闭重整第二加热炉 F-202 压力调节阀 PIC-202 | 10 | |
| 3 | 关闭重整第三加热炉 F-203 压力调节阀 PIC-203 | 10 | |
| 4 | 关闭重整第四加热炉 F-204 压力调节阀 PIC-204 | 10 | |
| 5 | 关闭稳定塔重沸炉 F-205 压力调节阀 PIC-207 | 10 | |
| 6 | 停重整进料泵 P-106 | 10 | |
| 7 | 关闭重整高压分离罐 V-201 压力调节阀 PIC-205 | 10 | |
| 8 | 关闭 V-102 压力调节阀 PIC-102 | 10 | |
| 9 | 关闭预加氢炉 F-101 瓦斯进量流量调节阀 FIC-105 | 10 | |
| 10 | 停预分馏塔塔底泵 P-103 | 10 | |
| 11 | 停预分馏进料泵 P-101 | 10 | |

**表 6-9 事故二——重整原料中断操作规程**

| 步骤 | 操作 | 分值 | 完成否 |
|---|---|---|---|
| 1 | 调节 PIC-201,使重整第一加热炉 F-201 出口温度降至 370～400℃ | 10 | |
| 2 | 调节 PIC-202,使重整第二加热炉 F-202 出口温度降至 370～400℃ | 10 | |
| 3 | 调节 PIC-203,使重整第三加热炉 F-203 出口温度降至 370～400℃ | 10 | |
| 4 | 调节 PIC-204,使重整第四加热炉 F-204 出口温度降至 370～400℃ | 10 | |
| 5 | 关闭重整氢气进料流量调节阀 FIC-201 | 10 | |
| 6 | 停预分馏塔塔底泵 P-103 | 10 | |
| 7 | 关闭预分馏塔塔底泵 P-103 出口阀 VX-113 | 10 | |
| 8 | 停预分馏进料泵 P-101 | 10 | |
| 9 | 关闭预分馏进料泵 P-101 出口阀 VX-102 | 10 | |
| 10 | 关闭 V-102 压力调节阀 PIC-102 | 10 | |
| 11 | 调节 FIC-105,使 F-101 出口温度 TIC-105 降至 270℃ | 10 | |

表 6-10　事故三——供电中断操作规程

| 步骤 | 操作 | 分值 | 完成否 |
|---|---|---|---|
| 1 | 关闭重整第一加热炉 F-201 压力调节阀 PIC-201 | 10 | |
| 2 | 关闭重整第二加热炉 F-202 压力调节阀 PIC-202 | 10 | |
| 3 | 关闭重整第三加热炉 F-203 压力调节阀 PIC-203 | 10 | |
| 4 | 关闭重整第四加热炉 F-204 压力调节阀 PIC-204 | 10 | |
| 5 | 关闭稳定塔重沸炉 F-205 压力调节阀 PIC-207 | 10 | |
| 6 | 关闭预加氢炉 F-101 瓦斯进量流量调节阀 FIC-105 | 10 | |
| 7 | 关闭预加氢氢气进料流量调节阀 FIC-104 | 10 | |
| 8 | 关闭重整高压分离罐 V-201 压力调节阀 PIC-205 | 10 | |
| 9 | 关闭 V-102 压力调节阀 PIC-102 | 10 | |
| 10 | 调节 FIC-202,控制 V-201 的液位 LIC-201 在 30%～80% 之间 | 10 | |
| 11 | 关闭重整进料泵 P-106 出口阀 VX-131 | 10 | |
| 12 | 关闭预分馏塔塔底泵 P-103 出口阀 VX-113 | 10 | |
| 13 | 关闭预分馏进料泵 P-101 出口阀 VX-102 | 10 | |

表 6-11　事故四——循环水中断操作规程

| 步骤 | 操作 | 分值 | 完成否 |
|---|---|---|---|
| 1 | 调节 PIC-201,使重整第一加热炉 F-201 出口温度降至 370～400℃ | 10 | |
| 2 | 调节 PIC-202,使重整第二加热炉 F-202 出口温度降至 370～400℃ | 10 | |
| 3 | 调节 PIC-203,使重整第三加热炉 F-203 出口温度降至 370～400℃ | 10 | |
| 4 | 调节 PIC-204,使重整第四加热炉 F-204 出口温度降至 370～400℃ | 10 | |
| 5 | 停重整进料泵 P-106 | 10 | |
| 6 | 关闭重整氢气进料流量调节阀 FIC-201 | 10 | |
| 7 | 停预加氢进料泵 P-103 | 10 | |
| 8 | 停预分馏进料泵 P-101 | 10 | |
| 9 | 关闭 V-102 压力调节阀 PIC-102 | 10 | |

## 【知识拓展】

影响重整反应的主要因素有催化剂的性能、原料性质、工艺技术、操作条件和设备结构等。而实际生产过程中具备可调性的主要是操作条件,重整反应的主要操作条件有反应温度、反应压力、氢油比和空速等。

### 1. 反应温度

提高反应温度不仅能使化学反应速率加快,而且对强吸热的脱氢反应的化学平衡也很有利,但提高反应温度会使加氢裂化反应加剧、液体产物收率下降、催化剂积炭加快并且会受到设备材质和催化剂耐热性能的限制,因此,在选择反应温度时应综合考虑各方面的因素。由于重整反应是强吸热反应,反应时温度下降,因此为得到较高的重整平衡转化率和保持较快的反应速率,就必须维持合适的反应温度,这就需要在反应过程中不断地补充热量。为此,重整反应器一般由三至四个反应器串联而成,反应器通过加热炉加热到所需的反应温度。这样,由进出反应器的物料温差提供反应过程所用的热量,这一温差称为反应器温降,正常生产过程中，反应器温降依次减小。反应器的入口温度一般为 480～520℃，使用新鲜催化剂时，反应器入口温度较低，随着生产周期的延长，催化剂的活性逐渐下降，采用逐渐提高各反应器入口温度的方法弥补由于催化剂活性下降而造成的芳烃转化率或汽油辛烷值下降。但是，这种提升是有限的。当温度提高后仍然不能满足实际生产要求时，固定床反应过程必须停工，对催化剂进行再生。对连续重整反应器要补充或更换新鲜催化剂。

催化重整采用多个串联的反应器，这就提出了一个反应器入口温度分布的问题。实际上各个反应器内的反应情况是不一样的。例如：反应速率较快的环烷烃脱氢反应主要是在前面的反应器内进行。而反应速率较低的加氢裂化反应和环化脱氢反应则延续到后面的反应器。因此，应当按各个反应器的反应情况分别采用不同的反应条件。反应器入口温度的分布曾经有过几种不同的方案：由前往后逐个递减；由前往后逐个递增；几个反应器的入口温度都相同。近年来，多数重整装置趋向于采用前面反应器的温度较低、后面反应器的温度较高的由前往后逐个递增的方案。

各个反应器进行反应的类型和程度不一样，也造成每个反应器的温降不同，结果是反应温降依次降低，同时也造成催化剂在每个反应器的装入量或停留时间不同，一般是催化剂在第一个反应器的装入量最小或停留时间最短，最后一个反应器与其相反。表 6-12 列出了某固定床重整过程反应器的温降和催化剂的装入比例。

**表 6-12 固定床重整过程反应器的温降和催化剂的装入比例**

| 项目 | 第一反应器 | 第二反应器 | 第三反应器 | 第四反应器 | 总计 |
|---|---|---|---|---|---|
| 催化剂装入比例 | 1.0 | 1.5 | 3.0 | 4.5 | 10.0 |
| 温降/℃ | 76 | 41 | 18 | 8 | 143 |

由于催化剂床层温度是变化的，因此应用加权平均温度表示反应温度。所谓加权平均温度（或称权重平均温度），就是考虑到不同温度下的催化剂数量而计算得到的平均温度，其定义如下：

$$加权平均入口温度 = \sum_{i=1}^{3或4} x_i T_{i入} \quad （i_{max} = 3 或 4）$$

$$加权平均床层温度 = \sum_{i=1}^{3或4} x_i \frac{T_{i入} + T_{i出}}{2} \quad （i_{max} = 3 或 4）$$

式中　$x_i$——各反应器装入催化剂量占全部催化剂量的百分数；

$T_{i入}$——各反应器的入口温度；

$T_{i出}$——各反应器的出口温度。

床层温度变化不是线性的，严格地讲，各反应器的平均床层温度不应是出口温度、入口温度的算术平均值，而应是积分平均值或根据动力学原理计算得到的当量反应温度。但由于后者不易求得，所以一般简单地用算术平均值。

**2. 反应压力**

提高反应压力对生成芳烃的环烷烃脱氢反应、烷烃环化脱氢反应都不利，但对加氢裂化反应有利。因此，从增加芳烃产率的角度来看，希望采用较低的反应压力。在较低的压力下可以得到较高的汽油产率和芳烃产率，氢气的产率和纯度也较高。但是在低压下催化剂受氢气保护的程度下降，积炭速度较快，从而使操作周期缩短。选择适宜的反应压力应从以下三方面考虑。

第一，工艺技术。有两种方法：一种是采用较低压力，经常再生催化剂，例如采用连续重整工艺或循环再生强化重整工艺；另一种是采用较高的压力，虽然转化率不太高，但可延长操作周期，例如采用固定床半再生式重整工艺。

第二，原料性质。易生焦的原料要采用较高的反应压力，例如高烷烃原料比高环烷烃原料容易生焦，重馏分也容易生焦，对这类易生焦的原料通常要采用较高的反应压力。

第三，催化剂性能。催化剂的容焦能力大、稳定性好，则可以采用较低的反应压力。例如铂铼等双金属及多金属催化剂有较高的稳定性和容焦能力，可以采用较低的反应压力，这样既能提高芳烃转化率，又能维持较长的操作周期。

综上所述，半再生式铂重整采用 2～3MPa 的反应压力，铂铼重整一般采用 1.8MPa 左右的反应压力。连续再生式重整装置的压力可低至约 0.8MPa，新一代的连续再生式重整装置的压力已降低到 0.35MPa。重整技术的发展就是反应压力从高到低的变化过程，反应压力已成为反映重整技术水平高低的重要标志。

在现代重整装置中，最后一个反应器中的催化剂通常占全部催化剂的 50%。所以，选用最后一个反应器入口压力作为反应压力是合适的。

### 3. 空速

在石油化工工业中，对有催化剂参与的化学过程，一般情况下，固定床用空速表示原料与催化剂的接触时间，流化床用剂油比表示原料与催化剂的接触时间，又用接触时间间接地反映反应时间。连续重整是一种移动床，介于二者之间，情况比较复杂，在此不予多述。

重整空速以催化剂的总用量为准，定义如下：

$$质量空速 = \frac{原料油流量(t/h)}{催化剂总用量(t)}$$

$$体积空速 = \frac{原料油流量(m^3/h, 20℃)}{催化剂总用量(m^3)}$$

降低空速可以使反应物与催化剂的接触时间延长。催化重整中各类反应的反应速率不同，空速的影响也不同。环烷烃脱氢反应的速率很快，在重整条件下很容易达到化学平衡，空速的大小对这类反应影响不大；而烷烃环化脱氢反应和加氢裂化反应速率慢，空速对这类反应有较大的影响。所以，在加氢裂化反应影响不大的情况下，适当采用较低的空速对提高芳烃产率和汽油辛烷值有好处。

通常在生产芳烃时，采用较高的空速；生产高辛烷值汽油时，采用较低的空速，以增加反应深度，使汽油辛烷值提高。但空速较低增加了加氢裂化反应程度，汽油收率降低，导致氢消耗量和催化剂结焦增加。

选择空速时还应考虑原料的性质和装置的处理量。环烷基原料可以采用较高的空速；而烷基原料则采用较低的空速。空速越大，装置处理量越大。

### 4. 氢油比

氢油比常用两种表示方法，即

$$氢油摩尔比 = \frac{循环氢流量(kmol/h)}{原料油流量(kmol/h)}$$

$$氢油体积比 = \frac{循环氢流量(m^3/h)}{原料油流量(m^3/h, 20℃)}$$

在重整反应中，除反应生成的氢气外，还要在原料油进入反应器之前混合一部分氢气，这部分氢气不参与重整反应，工业上称为循环氢。通入循环氢起如下作用：

第一，为了抑制生焦反应，减少催化剂上积炭，起到保护催化剂的作用。

第二，起到热载体的作用，减小反应床层的温降，使反应温度不致降得太低。

第三，稀释原料，使原料更均匀地分布于催化剂床层上。

在总压不变时提高氢油比，意味着提高氢分压，有利于抑制生焦反应。但提高氢油比使循环氢量增加，压缩机动力消耗增加。在氢油比过大时，会由于减少了反应时间而降低转化率。

由此可见，对于稳定性高的催化剂和生焦倾向小的原料，可以采用较小的氢油比；反之则需用较高的氢油比。铂重整装置采用的氢油摩尔比一般为5～8，使用铂铼催化剂时氢油摩尔比一般小于5，连续再生式重整装置的氢油摩尔比为1～3。

# 第七章
## 延迟焦化装置

**【工艺流程】**

本系统为秦皇岛博赫科技开发有限公司以真实延迟焦化装置为原型开发研制的虚拟化仿真系统，装置主要由焦化系统、吸收稳定系统、干气系统及液态烃脱硫系统等几个部分组成。主要设备有焦炭塔（T101）、焦化分馏塔（T102）、吸收塔（T201）、解吸塔（T202）、稳定塔（T203）、再吸收塔（T204）、液化气脱硫抽提塔（T301）、干气脱硫塔（T302）、液化气脱硫醇抽提塔（T304）、液化气砂滤塔（T305）、液化气脱硫吸附塔（T307）和加热炉（F101）。

图 7-1 为延迟焦化工艺总流程图。自常减压装置来的减压渣油（130℃）经原料-柴油及回流换热器（E101A～D）、原料-轻蜡油换热器（E102A、E102B）、原料-中段回流换热器（E103）、原料-重蜡油及回流换热器（E104）换热后与焦化分馏塔塔底循环油混合后（335℃）进入加热炉进料缓冲罐（V102），然后由加热炉进料泵（P102A、P102B）抽出入炉 F1101，加热到 500℃左右经过四通阀进入焦炭塔（T101A、T101B）底部。

原料在焦炭塔内进行裂解和缩合反应，生成焦炭和油气。高温油气自焦炭塔塔顶至分馏塔下段，经过洗涤板从蒸发段上升进入集油箱以上分馏段，分馏出富气、汽油、柴油和蜡油馏分；焦炭聚集在焦炭塔内。

循环油自塔底抽出，经泵（P109A、P109B）升压后分为两部分：一部分返回原料油进料线与渣油混合；一部分经换热器（E105A～D）、循环油蒸汽发生器（E125）换热后作为冷洗油返回焦化分馏塔人字塔板上部和塔底部。

重蜡油从蜡油集油箱中由重蜡油泵（P108A、P108B）抽出，一部分作为内回流返回分馏塔，另一部分经 E104、稳定塔塔底再沸器（E203）换热后回流返回分馏塔。另一路重蜡油再经过重蜡油蒸汽发生器（E106）、低温水-重蜡油换热器（E114A、E114B）换热到 80℃后再分为两路：一路作为急冷油与焦炭塔塔顶油气混合；另一路重蜡油出装置。

轻蜡油从分馏塔自流进入轻蜡油汽提塔（T103），塔顶油气返回焦化分馏塔，塔底油由轻蜡油泵（P107A、P107B）抽出，经 E102A、B、除氧水-轻蜡油换热器（E110A、E110B）、低温水-轻蜡油换热器（E113A、E113B）换热到 80℃后出装置。

中段回流由中段回流泵（P106A、P106B）抽出，经换热器（E103）、解吸塔塔底再沸器（E202）后，返回分馏塔。

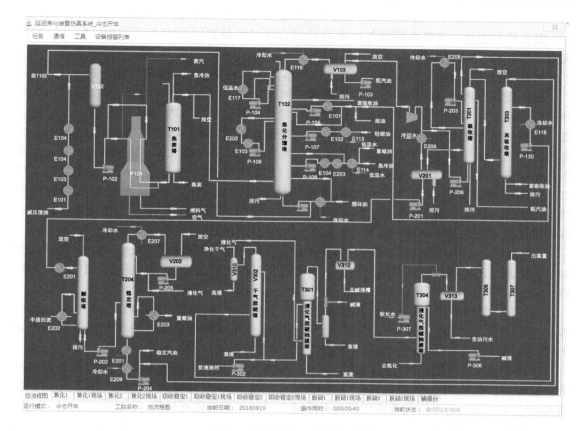

图 7-1 延迟焦化工艺总流程图

柴油由柴油泵（P105A、P105B）抽出后，一部分作为内回流返塔，一部分经柴油及回流蒸汽发生器（E111）、E101A～D 换热至 170℃后再分为两部分，一部分作为回流返回分馏塔，其余经过富吸收油-柴油换热器（E107）、低温水-柴油换热器（E112A、E112B）和柴油空冷器（E119A～D）冷却到 60℃后分为两路。其中，一路经柴油吸收剂泵（P130A、P130B）升压后再经柴油吸收剂冷却器（E118）冷到 40℃，作为吸收剂进入再吸收塔（T203），另一路柴油出装置。

分馏塔塔顶循环回流由塔顶循环回流泵（P104A、P104B）抽出，一部分作为内回流返回分馏塔，另一部分经低温水-塔顶循环换热器（E117A、E117B）冷却到 99℃后返塔。

分馏塔塔顶油气（119℃）经过分馏塔塔顶后冷器（E116A～D）冷却到 40℃后进入分馏塔塔顶油气分离罐（V103）进行油、气、水分离，汽油由汽油泵（P103A、P103B）抽出送至吸收塔（T201）。富气至富气压缩机（C501）升压，经混合富气冷凝器（E206A～D）进入进料平衡罐（V201）。V201 和 V103 所产生的含硫污水出装置。

经过压缩富气冷凝器冷凝冷却后的富气进入进料平衡罐（V201）进行气液分离，分离出来的气体进入吸收塔（T201）下部；分离出来的凝缩油经解吸塔进料泵（P201A、P201B）和解吸塔进料换热器（E201）换热到 80℃后进入解吸塔（T202）顶部。由泵 P103A、P103B 送来的粗汽油作为 T201 的富气吸收剂。稳定汽油泵 P204A、P204B 将稳定汽油送至 T201 作为补充吸收剂。

吸收塔顶部出来的贫气进入再吸收塔（T203），用柴油吸收剂再次吸收，以回收吸收塔塔顶携带出来的汽油组分。再吸收塔塔底富吸收油返回分馏塔（T102），塔顶干气送至脱硫装置。

吸收塔塔底油与解吸塔塔顶气体混合经混合富气冷凝器（E206A-D）冷却到40℃后进入进料平衡罐（V201）。

吸收塔设置一个中段回流，用于取走吸收塔中的多余热量，有效地回收余热。

解吸塔塔底再沸器（E202）由分馏塔中段回流供热，以除去在吸收塔吸收下来的$C_2$组分，塔底温度为71℃。解吸塔塔底脱乙烷汽油经稳定塔进料泵（P202A、P202B）打至稳定塔。塔顶气体经稳定塔塔顶空冷器（E207）冷凝冷却后进入稳定塔塔顶回流罐（V202）。分离出的液化石油气由稳定塔塔顶回流泵抽出，将一部分液化石油气送至脱硫装置，另一部分作为稳定塔塔顶回流；塔底稳定汽油在再沸器（E203）中被来自焦化分馏塔的重蜡油加热以脱除汽油中的$C_3$、$C_4$组分。由塔底出来的稳定汽油经E201、低温水-稳定汽油换热器（E208A、E208B）、稳定汽油冷却器（E209A、E209B）冷却到40℃后分为两路，一路稳定汽油出装置，另一路经稳定汽油泵（P204A、P204B）升压后送回吸收塔作补充吸收剂。

自P205A、P205B来的液化石油气直接进入液化石油气脱硫抽提塔（T301），用浓度为30％的甲基二乙醇胺溶液进行溶液抽提，脱除硫化氢后的液化石油气经液化石油气胺液回收器（V311）分液后，送至石油气-碱液混合器。

自T203来的干气，经干气分液罐（V302）分液后，进入干气脱硫塔（T302），与浓度为30％的甲基二乙醇胺溶液逆流接触，干气中的硫化氢被溶剂吸收，塔顶净化干气经净化干气胺液回收器（V310）分液后，送至工厂燃料气管网。

液化石油气脱硫抽提塔（T301）以及干气脱硫塔（T302）的塔底富液合并送至溶剂再生装置再生。再生后的贫液由溶剂再生装置直接送至溶剂储罐（V301），经溶剂升压泵（P302A、P302B）送至液化石油气脱硫抽提塔和干气脱硫塔循环使用。

液化石油气自液化石油气胺液回收器（V311）来，经液化石油气-碱液混合器与10％碱液混合后，进入液化石油气预碱洗沉降罐（V312），经沉降分离后，碱液循环使用。液化石油气至液化石油气脱硫醇抽提塔（T304），用溶解有磺化酞菁钴催化剂的碱液进行液液抽提，脱硫醇后的液化石油气再用软化水洗涤以除去微量碱，经液化石油气砂滤塔（T305）进一步分离碱雾、水分，再经液化石油气脱硫吸附塔（T307）精脱硫后送至罐区。

## 【工艺原理】

延迟焦化工艺是焦炭化过程（简称焦化）主要的工业化形式，由于延迟焦化工艺技术简单、投资及操作费用较低、经济效益较好，因此，世界上85％以上的焦化处理装置都采用延迟焦化工艺。也有部分国外炼油厂采用流化焦化工艺，这种工艺使焦化过程连续化，解决了除焦问题，而且焦炭产率降低，液体产率提高；另外，由于该工艺加热炉只起到预热原料的作用，炉出口温度较低，从而避免了加热炉管结焦的问题，所以该工艺在原料的选择范围上比延迟焦化有更大的灵活性，但是该工艺技术复杂，投资和操作费用较高，且焦炭只能作为一般燃料利用，故流化焦化技术没有得到太广泛的应用。近年来还有一种焦化工艺叫作灵活焦化，这种工艺不生产石油焦，但是除了生产焦化气体、液体外，还副产难处理的空气煤气（又称为低热值煤气），加之其技术复杂、投资费用高，该工艺也未被广泛采用。而其他比较早的焦化工艺（如釜式焦化等）基本已被淘汰。

延迟焦化工艺的基本原理就是以渣油为原料，原料经加热炉加热到高温（500℃左右），迅速转移到焦炭塔中进行深度热裂化反应，即把焦化反应延迟到焦炭塔中进行，减轻炉管结焦程度，延长装置运行周期。焦化过程产生的油气从焦炭塔顶部出来到分馏塔中进行分馏，可获得焦化干气、汽油、柴油、蜡油产品；留在焦炭塔中的焦炭经除焦系统处理，可获得焦炭产品（也称石油焦）。

焦化过程是一种渣油轻质化过程。作为轻质化过程，焦化过程的主要优点是它可以加工残碳值及重金属含量很高的各种劣质渣油，而且过程比较简单，投资和操作费用较低。它的主要缺点是焦炭产率高及液体产物的质量差。焦炭产率一般为原料残碳值的 1.4～2 倍，数量较大。但焦炭在多数情况下只能作为普通固体燃料出售，售价还很低。尽管焦化过程尚不是一个很理想的渣油轻质化过程，但在现代炼油工业中，通过合理地配置石油资源和优化装置结构，它仍然是一个十分重要的提高轻质油收率的有效途径。

渣油在热的作用下主要发生两类反应：一类是热裂解反应，它是吸热反应；另一类是缩合反应，它是放热反应。总体来讲，焦化反应在宏观上表现为吸热反应。而异构化反应几乎不发生。

【任务描述】

① 图 7-1 是延迟焦化工艺总流程图，在 A3 图纸上绘制该工艺流程图。

② 根据图 7-1 回答问题：延迟焦化工艺主要设备有哪些？各设备的作用是什么？焦化反应是如何"延迟"的？

【知识拓展】

# 一、延迟焦化主要化学反应

延迟焦化属于油品的热加工过程，所处理的原料是石油的重质馏分或重油、残油等，它们的组成复杂，是各类烃和非烃的高度复杂混合物。在受热时，首先反应的是那些对热不稳定的烃类，随着反应的进一步加深，热稳定性较高的烃类也会进行反应。烃类在加热条件下的反应基本上可分为两个类型，即裂解与缩合（包括叠合）。裂解产生较小的分子为气体，缩合则朝着分子变大的方向进行，高度缩合的结果是产生胶质、沥青质乃至最后生成碳氢比很高的焦炭。

烃类的热反应中分解反应、脱氢反应是吸热反应，而叠合、缩合等反应是放热反应。由于分解反应占据主导地位，因此，烃类的热反应通常表现为吸热反应。反应热的大小随原料油的性质、反应深度等因素的变化而变化，其范围在 500～2000kJ/[kg(汽油＋气体)] 之间。

## （一）裂解反应

热裂解反应是指烃类分子发生 C—C 键和 C—H 键的断裂，但 C—H 键的断裂要比 C—C 键断裂困难，因此，在热裂解条件下主要发生 C—C 键断裂，即大分子裂化为小分子。烃类的裂解反应是依照自由基反应机理进行的，并且是一个吸热过程。

各类烃中正构烷烃热稳定性最差，且分子量越大越不稳定。如在 425℃ 下裂化 1h，$C_{10}H_{22}$ 的转化率为 27.5%，而 $C_{32}H_{66}$ 的转化率则为 84.5%。大分子异构烷烃在加热条件下也可以发生 C—H 键的断裂反应，结果生成烯烃和氢气。这种 C—H 键断裂的反应在小分子烷烃中容易发生，随着分子量的增大，脱氢的倾向迅速降低。

环烷烃的热稳定性较高，在高温下（575～600℃）五元环烷烃可裂解成两个烯烃分子。除此之外，五元环的重要反应是脱氢反应，生成环戊烯。六元环烷烃的反应与五元环烷烃相似，唯脱氢较为困难，需要更高的温度。六元环烷烃的裂解产物有低分子的烷烃、烯烃、氢气及丁二烯。带长侧链的环烷烃，在加热条件下，首先是断侧链，然后才是断环，而且侧链越长，越易断裂，断下来的侧链发生的反应与烷烃相似。多环环烷烃热分解，可生成烷烃、烯烃、环烯烃及环二烯烃，同时也可以逐步脱氢生成芳烃。

芳烃，特别是低分子芳烃，如苯及甲苯对热极为稳定。带侧链的芳烃主要发生断侧链反应，即"去烷基化"，但反应温度较高。直侧链较支侧链不易断裂，而叔碳基侧链较仲碳基侧链更容易脱去。侧链越长越易脱掉，而甲苯是不进行脱烷基反应的。侧链的脱氢反应，也只有在很高的温度下才能发生。

直馏原料中几乎没有烯烃存在，但其他烃类在热分解过程中都能生成烯烃，烯烃在加热条件下可以发生裂解反应，其碳链断裂一般发生在双键的 $\beta$ 位上，其断裂规律与烷烃相似。

### （二）缩合反应

石油烃在热的作用下除进行分解反应外，还同时进行着缩合反应，所以产品中存在相当数量的沸点高于原料油的大分子缩合物，以至焦炭。缩合反应主要是在芳烃及烯烃中进行。

芳烃缩合生成大分子芳烃及稠环芳烃，烯烃之间缩合生成大分子烷烃或烯烃，芳烃和烯烃缩合成大分子芳烃，缩合反应总趋势为：

芳烃，烯烃（烷烃→烯烃）→缩合产物→胶质、沥青质→碳青质

热加工过程包括减黏裂化、热裂化和焦化等多种工艺过程，其反应机理基本上是相同的，只是反应深度不同而已。

## 二、渣油热反应的特征

渣油是多种烃类化合物组成的极为复杂的混合物，其组分的热反应行为自然遵循各族烃类的热反应规律。但作为一种复杂的混合物，渣油的热反应行为不是各族烃类热反应行为的简单相加，它具有自己的特点。

#### 1. 平行-顺序反应特征

渣油热反应比单体烃更明显地表现出平行-顺序特征。图 7-2 和图 7-3 表示出了这个特征。

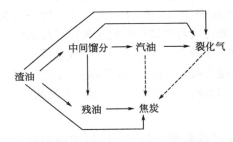

图 7-2　渣油的平行-顺序反应特征

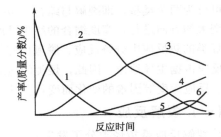

图 7-3　渣油热反应产物分布随时间的变化

1—原料；2—中间馏分；3—汽油；4—裂化气；

5—残油；6—焦炭

由图可见，随着反应深度的增大，反应产物的分布也在变化。作为中间产物的汽油和中间馏分油的产率，在反应进行到某个深度时会出现最大值，而作为最终产物的气体和焦炭则在某个反应深度时开始产生，并随着反应深度的增大而单调地增大。

#### 2. 生焦倾向性高的特征

渣油热反应时容易生焦，除了由于渣油自身含有较多的胶质和沥青质外，还因为不同族的烃类之间的相互作用促进了生焦反应。芳香烃的热稳定性高，在单独进行反应时，不仅裂解反应速率低，而且生焦速率也低。例如在 450℃ 下进行反应，要生成 1% 的焦炭，烷烃（$C_{25}H_{52}$）要 144min，十氢萘要 1650min，而萘则需 670000min。但是如果将萘与烷烃或烯烃混合后进行热反应，则生焦速率显著提高。

含胶质甚多的原料油，如将它用不含胶质且对热很稳定的油品稀释，可以使生焦量减小。当两种化学组成不同的原料油混合进行热反应时，所生成的焦炭可能比它们单独反应时

更多，也可能减少。在进行原料油的混合时应予以注意。

### 3.相分离特征

减压渣油是一种胶体分散体系，其分散相是以沥青质为核心并吸附以胶质形成的胶束。由于胶质的胶溶作用，在受热之前渣油胶体体系是比较稳定的。在热转化过程中，由于体系的化学组成发生变化，当反应进行到一定深度后，渣油的胶体性质就会受到破坏。由于缩合反应，渣油中作为分散相的沥青质的含量逐渐增多，而裂解反应不仅使分散介质的黏度变小，还使其芳香性减弱，同时，作为胶溶组分的胶质含量则逐渐减少。这些变化都会导致分散相和分散介质之间的相容性变差。这种变化趋势发展到一定程度后，就会导致沥青质不能全部在体系中稳定地胶溶而发生部分沥青质聚集，在渣油中出现第二相（液相）。第二相中的沥青质浓度很高，促进了缩合生焦反应。

渣油受热过程中的相分离问题在实际生产中也有重要意义。例如，渣油热加工过程中，渣油要通过加热炉管，由于受热及反应，在某段炉管中可能会出现相分离现象而导致生焦。避免出现相分离现象或缩短渣油在这段炉管中的停留时间对减少炉管内结焦、延长开工周期是十分重要的。又如在降低燃料油黏度的减黏裂化过程中，若反应深度控制不当，引起分相、分层现象，对生产合格燃料油也是不允许的。

## 控制指标

### 【任务描述】

① 图 7-4 是延迟焦化部分 DCS 图，在 A3 图纸上绘制该系统带控制点的工艺流程图。

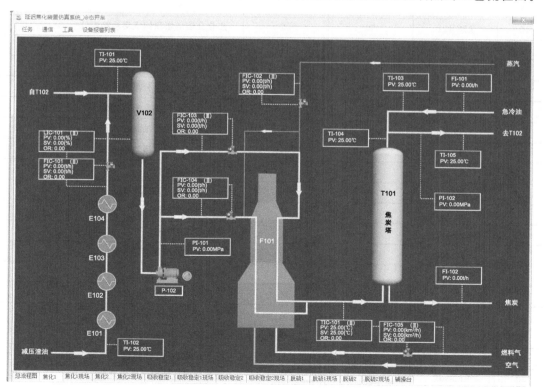

图 7-4　延迟焦化部分 DCS 图

② 根据图 7-4 回答问题：FIC-101、TIC-101、FIC-106 等仪表位号的意义是什么？各参数是如何调节的？TIC-101、FIC-106 是如何实现串级控制的？为什么要串级？

③ 认识延迟焦化工艺中的仪表。

**【知识拓展】**

延迟焦化工艺主要仪表包括控制仪表和显示仪表。主要控制仪表的位号、正常值、单位及说明见表 7-1，主要显示仪表的位号、正常值、单位及说明见表 7-2。

表 7-1　主要控制仪表

| 序号 | 位号 | 正常值 | 单位 | 说明 |
|---|---|---|---|---|
| 1 | TIC-101 | 500 | ℃ | 加热炉出口温度 |
| 2 | TIC-121 | 119 | ℃ | 焦化分馏塔塔顶温度 |
| 3 | TIC-122 | 40 | ℃ | 焦化分馏塔塔顶冷却温度 |
| 4 | TIC-123 | 360 | ℃ | 焦化分馏塔塔底温度 |
| 5 | TIC-201 | 38 | ℃ | 吸收塔中段回流温度 |
| 6 | TIC-202 | 40 | ℃ | 气压机出口冷却温度 |
| 7 | TIC-203 | 40 | ℃ | 柴油吸收剂入口温度 |
| 8 | TIC-221 | 200 | ℃ | 解吸塔塔底再沸温度 |
| 9 | TIC-222 | 40 | ℃ | 稳定塔顶冷却温度 |
| 10 | TIC-223 | 226 | ℃ | 稳定塔塔底再沸温度 |
| 11 | TIC-224 | 40 | ℃ | 稳定汽油出口温度 |
| 12 | LIC-101 | 50 | % | 原料油罐液位 |
| 13 | LIC-121 | 50 | % | 焦化分馏塔塔顶回流集油箱液位 |
| 14 | LIC-122 | 50 | % | 焦化分馏塔塔底液位 |
| 15 | LIC-123 | 50 | % | 焦化分馏塔塔顶分离罐水位 |
| 16 | LIC-124 | 50 | % | 焦化分馏塔塔顶分离罐液位 |
| 17 | LIC-125 | 50 | % | 焦化分馏塔柴油集油箱液位 |
| 18 | LIC-126 | 50 | % | 焦化分馏塔重蜡油集油箱液位 |
| 19 | LIC-201 | 50 | % | 气压机出口分离罐液位 |
| 20 | LIC-202 | 50 | % | 吸收塔塔底液位 |
| 21 | LIC-203 | 50 | % | 气压机出口分离罐水位 |
| 22 | LIC-204 | 50 | % | 再吸收塔塔底液位 |
| 23 | LIC-221 | 50 | % | 解吸塔塔底液位 |
| 24 | LIC-222 | 50 | % | 稳定塔顶回流罐液位 |
| 25 | LIC-223 | 50 | % | 稳定塔塔底液位 |
| 26 | LIC-301 | 50 | % | 胺液回收器 V310 液位 |
| 27 | LIC-302 | 50 | % | 干气脱硫塔底液位 |
| 28 | LIC-303 | 50 | % | 预碱洗沉降池液位 |
| 29 | LIC-304 | 50 | % | 胺液回收器 V311 液位 |
| 30 | LIC-305 | 50 | % | 液化气脱硫抽提塔底液位 |
| 31 | LIC-321 | 50 | % | 液化气脱硫醇抽提塔底液位 |

续表

| 序号 | 位号 | 正常值 | 单位 | 说明 |
|------|------|--------|------|------|
| 32 | LIC-322 | 50 | % | 水洗碱沉降池液位 |
| 33 | FIC-101 | 142.86 | t/h | 原料油罐入口流量 |
| 34 | FIC-102 | 1.8 | t/h | 蒸汽流量 |
| 35 | FIC-103 | 107.14 | t/h | 加热炉一路入口流量 |
| 36 | FIC-104 | 107.15 | t/h | 加热炉二路入口流量 |
| 37 | FIC-105 | | t/h | 燃料气流量 |
| 38 | FIC-121 | 188.82 | t/h | 焦化分馏塔塔顶回流流量 |
| 39 | FIC-122 | 101.41 | t/h | 焦化分馏塔中段回流流量 |
| 40 | FIC-123 | 71.43 | t/h | 焦化分馏塔塔底流量 |
| 41 | FIC-124 | 19.5 | t/h | 焦化分馏塔轻蜡油出口流量 |
| 42 | FIC-125 | 57.14 | t/h | 焦化分馏塔柴油出口流量 |
| 43 | FIC-126 | | t/h | 焦化分馏塔重蜡油回流流量 |
| 44 | FIC-127 | 8.57 | t/h | 焦化分馏塔重蜡油出口流量 |
| 45 | FIC-128 | 20 | t/h | 急冷油流量 |
| 46 | FIC-129 | | t/h | 焦化分馏塔塔底循环油流量 |
| 47 | FIC-130 | 114.83 | t/h | 焦化分馏塔塔底回流流量 |
| 48 | FIC-201 | 51.30 | t/h | 吸收塔中段回流流量 |
| 49 | FIC-202 | 20 | t/h | 柴油吸收剂流量 |
| 50 | FIC-221 | 53.19 | t/h | 稳定塔进料流量 |
| 51 | FIC-222 | 9.34 | t/h | 稳定塔塔顶回流流量 |
| 52 | FIC-223 | 20.82 | t/h | 稳定汽油出口流量 |
| 53 | FIC-224 | 28.59 | t/h | 稳定汽油吸收剂流量 |
| 54 | FIC-301 | 8.48 | t/h | 干气脱硫塔入口贫液流量 |
| 55 | FIC-302 | 2.39 | t/h | 液化气脱硫抽提塔入口贫液流量 |
| 56 | FIC-321 | 20 | t/h | 软化水流量 |
| 57 | FIC-322 | 2.7 | t/h | 碱液流量 |
| 58 | PIC-201 | 1.1 | MPa | 再吸收塔塔顶压力 |
| 59 | PIC-221 | 1.3 | MPa | 解吸塔塔顶压力 |
| 60 | PIC-222 | 1.2 | MPa | 稳定塔塔顶压力 |
| 61 | PIC-301 | 0.6 | MPa | 干气脱硫塔塔顶压力 |
| 62 | PIC-321 | 1.2 | MPa | 脱硫吸附塔塔顶压力 |

表 7-2 主要显示仪表

| 序号 | 位号 | 正常值 | 单位 | 说明 |
|------|------|--------|------|------|
| 1 | TI-101 | 330 | ℃ | 原料油罐入口温度 |
| 2 | TI-102 | 130 | ℃ | 减压渣油温度 |
| 3 | TI-103 | 80 | ℃ | 急冷油温度 |
| 4 | TI-104 | 460 | ℃ | 焦化塔塔顶温度 |

续表

| 序号 | 位号 | 正常值 | 单位 | 说明 |
|---|---|---|---|---|
| 5 | TI-121 | 99 | ℃ | 焦化分馏塔塔顶回流温度 |
| 6 | TI-122 | 246 | ℃ | 焦化分馏塔中段回流温度 |
| 7 | TI-123 | 415 | ℃ | 焦化分馏塔入口温度 |
| 8 | TI-124 | 360 | ℃ | 焦化分馏塔塔底温度 |
| 9 | TI-125 | 270 | ℃ | 焦化分馏塔塔底回流温度 |
| 10 | TI-201 | 40 | ℃ | 再吸收塔塔顶温度 |
| 11 | TI-202 | 40 | ℃ | 再吸收塔塔底温度 |
| 12 | TI-203 | 46 | ℃ | 吸收塔塔底温度 |
| 13 | TI-204 | 40 | ℃ | 粗汽油温度 |
| 14 | TI-221 | 80 | ℃ | 解吸塔入口温度 |
| 15 | TI-222 | 64 | ℃ | 稳定塔塔顶温度 |
| 16 | TI-223 | 83 | ℃ | 解吸塔塔顶温度 |
| 17 | TI-224 | 171 | ℃ | 解吸塔塔底温度 |
| 18 | TI-225 | 218 | ℃ | 稳定塔塔底温度 |
| 19 | TI-301 | 40 | ℃ | 干气脱硫塔入口温度 |
| 20 | TI-302 | 40 | ℃ | 干气脱硫塔塔底温度 |
| 21 | TI-303 | 40 | ℃ | 液化气脱硫抽提塔入口温度 |
| 22 | TI-304 | 40 | ℃ | 液化气脱硫抽提塔塔顶温度 |
| 23 | TI-305 | 40 | ℃ | 液化气脱硫抽提塔塔底温度 |
| 24 | TI-321 | 40 | ℃ | 软化水温度 |
| 25 | TI-322 | 40 | ℃ | 含油污水温度 |
| 26 | PI-101 | 4.2 | MPa | 原料油泵出口压力 |
| 27 | PI-102 | 0.17 | MPa | 焦化塔塔顶压力 |
| 28 | PI-201 | 1.2 | MPa | 吸收塔塔顶压力 |
| 29 | PI-301 | 2.32 | MPa | 贫液溶剂泵出口压力 |
| 30 | PI-321 | 0.5 | MPa | 软化水泵出口压力 |
| 31 | PI-322 | 1.94 | MPa | 碱液泵出口压力 |

## 任务三 仿真操作

### 【任务描述】

① 熟悉延迟焦化装置工艺流程及相关流量、压力、温度等的控制方法。

② 根据操作规程单人操作 DCS 仿真系统,完成装置冷态开车、正常停车、紧急停车、事故处理操作。

③ 两人一组同时登陆 DCS 系统和 VRS 交互系统,协作完成装置冷态开车、正常停车仿真操作。

### 【操作规程】

冷态开车操作规程见表 7-3。正常停车操作规程见表 7-4。紧急停车操作规程见表 7-5。

事故一——气压机 K-201 故障操作规程见表 7-6。事故二——粗汽油中断操作规程见表 7-7。

表 7-3　冷态开车操作规程

| 步骤 | 操作 | 分值 | 完成否 |
|---|---|---|---|
| | 冷态开车——开车准备 | | |
| 1 | 打开原料油缓冲罐入口流量调节阀 FIC-101 前阀 XV-143 | 10 | |
| 2 | 打开原料油缓冲罐入口流量调节阀 FIC-101 后阀 XV-142 | 10 | |
| 3 | 打开原料油缓冲罐入口流量调节阀 FIC-101 至 50% | 10 | |
| 4 | 当原料油缓冲罐液位 LIC-101 超过 50% 后,关闭入口流量调节阀 FIC-101 | 10 | |
| 5 | 去现场全开 T102 一段回流低温水手动阀 XV-121 | 10 | |
| 6 | 去现场全开轻蜡油出口低温水手动阀 XV-135 | 10 | |
| 7 | 去现场全开重蜡油出口低温水手动阀 XV-138 | 10 | |
| 8 | 去现场全开焦化分馏塔塔底冷却水手动阀 XV-141 | 10 | |
| | 冷态开车——脱硫系统建立循环 | | |
| 9 | 去现场全开贫液溶剂泵 P-302 入口手动阀 XV-301 | 10 | |
| 10 | 启动贫液溶剂泵 P-302 | 10 | |
| 11 | 去现场全开贫液溶剂泵 P-302 出口手动阀 XV-302 | 10 | |
| 12 | 打开干气脱硫塔入口贫液流量调节阀 FIC-301 前阀 XV-332 | 10 | |
| 13 | 打开干气脱硫塔入口贫液流量调节阀 FIC-301 后阀 XV-331 | 10 | |
| 14 | 打开干气脱硫入口贫液流量调节阀 FIC-301 至 50% | 10 | |
| 15 | 打开液化气脱硫抽提塔入口贫液流量调节阀 FIC-302 前阀 XV-334 | 10 | |
| 16 | 打开液化气脱硫抽提塔入口贫液流量调节阀 FIC-302 后阀 XV-333 | 10 | |
| 17 | 打开液化气脱硫抽提塔入口贫液流量调节阀 FIC-302 至 50% | 10 | |
| 18 | 去现场全开碱液手动阀 XV-303 | 10 | |
| 19 | 打开液位调节阀 LIC-302 前阀 XV-330 | 10 | |
| 20 | 打开液位调节阀 LIC-302 后阀 XV-329 | 10 | |
| 21 | 当干气脱硫塔底液位 LIC-302 超过 30% 后,打开液位调节阀 LIC-302 至 50% | 10 | |
| 22 | 打开液位调节阀 LIC-305 前阀 XV-339 | 10 | |
| 23 | 打开液位调节阀 LIC-305 后阀 XV-340 | 10 | |
| 24 | 当液化气脱硫抽提塔塔底液位 LIC-305 超过 30% 后,打开液位调节阀 LIC-305 至 50% | 10 | |
| 25 | 打开液位调节阀 LIC-303 前阀 XV-335 | 10 | |
| 26 | 打开液位调节阀 LIC-303 后阀 XV-336 | 10 | |
| 27 | 当预碱洗沉降池 V312 液位 LIC-303 超过 30% 后,打开液位调节阀 LIC-303 至 50% | 10 | |
| 28 | 去现场全开碱液泵 P-306 入口手动阀 XV-324 | 10 | |
| 29 | 启动碱液泵 P-306 | 10 | |
| 30 | 去现场全开碱液泵 P-306 出口手动阀 XV-323 | 10 | |
| 31 | 打开碱液流量调节阀 FIC-322 前阀 XV-346 | 10 | |
| 32 | 打开碱液流量调节阀 FIC-322 后阀 XV-345 | 10 | |
| 33 | 打开碱液流量调节阀 FIC-322 至 50% | 10 | |
| 34 | 去现场全开软化水泵 P-307 入口手动阀 XV-321 | 10 | |

| 步骤 | 操作 | 分值 | 完成否 |
|---|---|---|---|
| 35 | 启动软化水泵 P-307 | 10 | |
| 36 | 去现场全开软化水泵 P-307 出口手动阀 XV-322 | 10 | |
| 37 | 打开软化水流量调节阀 FIC-321 前阀 XV-341 | 10 | |
| 38 | 打开软化水流量调节阀 FIC-321 后阀 XV-342 | 10 | |
| 39 | 打开软化水流量调节阀 FIC-321 至 50% | 10 | |
| 40 | 打开液位调节阀 LIC-321 前阀 XV-344 | 10 | |
| 41 | 打开液位调节阀 LIC-321 后阀 XV-343 | 10 | |
| 42 | 当液化气脱硫醇抽提塔液位 LIC-321 超过 30% 后,打开液位调节阀 LIC-321 至 50% | 10 | |
| 43 | 打开液位调节阀 LIC-322 前阀 XV-347 | 10 | |
| 44 | 打开液位调节阀 LIC-322 后阀 XV-348 | 10 | |
| 45 | 当水洗碱沉降池液位 LIC-322 超过 30% 后,打开液位调节阀 LIC-322 至 50% | 10 | |
| 冷态开车——原料油进料升温 | | | |
| 46 | 去现场全开加热炉空气手动阀 XV-103 | 10 | |
| 47 | 打开加热炉燃料气流量调节阀 FIC-105 前阀 XV-151 | 10 | |
| 48 | 打开加热炉燃料气流量调节阀 FIC-105 后阀 XV-150 | 10 | |
| 49 | 打开加热炉燃料气流量调节阀 FIC-105 至 10% | 10 | |
| 50 | 去现场打开加热炉点火按钮 IG-101 | 10 | |
| 51 | 去现场全开原料油进料泵 P-102 入口手动阀 XV-101 | 10 | |
| 52 | 启动原料油进料泵 P-102 | 10 | |
| 53 | 去现场全开原料油进料泵 P-102 出口手动阀 XV-102 | 10 | |
| 54 | 打开加热炉一路进料流量调节阀 FIC-103 前阀 XV-144 | 10 | |
| 55 | 打开加热炉一路进料流量调节阀 FIC-103 后阀 XV-145 | 10 | |
| 56 | 打开加热炉一路进料流量调节阀 FIC-103 至 30% | 10 | |
| 57 | 打开加热炉二路进料流量调节阀 FIC-104 前阀 XV-146 | 10 | |
| 58 | 打开加热炉二路进料流量调节阀 FIC-104 后阀 XV-147 | 10 | |
| 59 | 打开加热炉二路进料流量调节阀 FIC-104 至 30% | 10 | |
| 60 | 打开原料油罐入口流量调节阀 FIC-101 至 50% | 10 | |
| 61 | 打开加热炉蒸汽进料调节阀 FIC-102 前阀 XV-148 | 10 | |
| 62 | 打开加热炉蒸汽进料调节阀 FIC-102 后阀 XV-149 | 10 | |
| 63 | 打开加热炉蒸汽进料调节阀 FIC-102 至 50% | 10 | |
| 64 | 去现场全开焦化塔塔底手动阀 XV-106 | 10 | |
| 65 | 去现场全开焦化塔塔顶放空手动阀 XV-105 | 10 | |
| 66 | 调整加热炉燃料气流量调节阀 FIC-105 开度至 50% | 10 | |
| 冷态开车——焦化分馏塔进料操作 | | | |
| 67 | 当加热炉出口温度 TIC-101 达到 450℃ 左右时,去现场关闭焦化塔塔顶放空手动阀 XV-105 | 10 | |
| 68 | 去现场全开焦化塔塔顶去分馏塔 T102 手动阀 XV-104 | 10 | |
| 69 | 去现场全开焦化分馏塔塔顶放空手动阀 XV-127 | 10 | |

| 步骤 | 操作 | 分值 | 完成否 |
|---|---|---|---|
| 70 | 当焦化分馏塔塔底液位 LIC-122 超过 30％后，去现场全开焦化分馏塔塔底泵 P-109 入口手动阀 XV-139 | 10 | |
| 71 | 启动焦化分馏塔塔底泵 P-109 | 10 | |
| 72 | 去现场全开焦化分馏塔塔底泵 P-109 出口手动阀 XV-140 | 10 | |
| 73 | 打开焦化分馏塔塔底流量调节阀 FIC-123 前阀 XV-159 | 10 | |
| 74 | 打开焦化分馏塔塔底流量调节阀 FIC-123 后阀 XV-158 | 10 | |
| 75 | 打开焦化分馏塔塔底流量调节阀 FIC-123 至 50％ | 10 | |
| 76 | 调整加热炉入口一路流量调节阀 FIC-103 开度至 50％ | 10 | |
| 77 | 调整加热炉入口二路流量调节阀 FIC-104 开度至 50％ | 10 | |
| 78 | 打开焦化分馏塔塔顶温度调节阀 TIC-122 前阀 XV-160 | 10 | |
| 79 | 打开焦化分馏塔塔顶温度调节阀 TIC-122 后阀 XV-161 | 10 | |
| 80 | 打开焦化分馏塔塔顶温度调节阀 TIC-122 至 50％ | 10 | |
| 81 | 当分馏塔塔底温度 TIC-123 超过 200℃后，去现场全开焦化分馏塔中段回流泵 P-106 入口手动阀 XV-124 | 10 | |
| 82 | 启动焦化分馏塔中段回流泵 P-106 | 10 | |
| 83 | 去现场全开焦化分馏塔中段回流泵 P-106 出口手动阀 XV-125 | 10 | |
| 84 | 打开焦化分馏塔中段回流流量调节阀 FIC-122 前阀 XV-156 | 10 | |
| 85 | 打开焦化分馏塔中段回流流量调节阀 FIC-122 后阀 XV-157 | 10 | |
| 86 | 打开焦化分馏塔中段回流流量调节阀 FIC-122 至 50％ | 10 | |
| 87 | 去现场全开焦化分馏塔塔顶回流泵 P-104 入口手动阀 XV-122 | 10 | |
| 88 | 启动焦化分馏塔塔顶回流泵 P-104 | 10 | |
| 89 | 去现场全开焦化分馏塔塔顶回流泵 P-104 出口手动阀 XV-123 | 10 | |
| 90 | 打开焦化分馏塔塔顶回流流量调节阀 FIC-121 前阀 XV-152 | 10 | |
| 91 | 打开焦化分馏塔塔顶回流流量调节阀 FIC-121 后阀 XV-153 | 10 | |
| 92 | 打开焦化分馏塔塔顶回流流量调节阀 FIC-121 至 50％ | 10 | |
| 93 | 打开液位调节阀 LIC-121 前阀 XV-154 | 10 | |
| 94 | 打开液位调节阀 LIC-121 后阀 XV-155 | 10 | |
| 95 | 当焦化分馏塔塔顶回流集油箱液位 LIC-121 达到 30％后，打开液位调节阀 LIC-121 至 50％ | 10 | |
| 96 | 打开焦化分馏塔塔底回流流量调节阀 FIC-130 前阀 XV-179 | 10 | |
| 97 | 打开焦化分馏塔塔底回流流量调节阀 FIC-130 后阀 XV-178 | 10 | |
| 98 | 当焦化分馏塔塔底温度 TIC-123 超过 300℃后，打开焦化分馏塔塔底回流流量调节阀 FIC-130 至 50％ | 10 | |
| 99 | 当重蜡油集油箱液位 LIC-126 超过 30％后，去现场全开重蜡油泵 P-108 入口手动阀 XV-136 | 10 | |
| 100 | 启动重蜡油泵 P-108 | 10 | |
| 101 | 去现场全开重蜡油泵 P-108 出口手动阀 XV-137 | 10 | |
| 102 | 打开重蜡油回流流量调节阀 FIC-126 前阀 XV-173 | 10 | |
| 103 | 打开重蜡油回流流量调节阀 FIC-126 后阀 XV-172 | 10 | |
| 104 | 打开重蜡油回流流量调节阀 FIC-126 至 50％ | 10 | |

| 步骤 | 操作 | 分值 | 完成否 |
|---|---|---|---|
| 105 | 打开重蜡油出口流量调节阀 FIC-127 前阀 XV-174 | 10 | |
| 106 | 打开重蜡油出口流量调节阀 FIC-127 后阀 XV-175 | 10 | |
| 107 | 打开重蜡油出口流量调节阀 FIC-127 至 50% | 10 | |
| 108 | 打开急冷油出口流量调节阀 FIC-128 前阀 XV-176 | 10 | |
| 109 | 打开急冷油出口流量调节阀 FIC-128 后阀 XV-177 | 10 | |
| 110 | 打开急冷油出口流量调节阀 FIC-128 至 50% | 10 | |
| 111 | 去现场全开轻蜡油泵 P-107 入口手动阀 XV-133 | 10 | |
| 112 | 启动轻蜡油泵 P-107 | 10 | |
| 113 | 去现场全开轻蜡油泵 P-107 出口手动阀 XV-134 | 10 | |
| 114 | 打开轻蜡油出口流量调节阀 FIC-124 前阀 XV-170 | 10 | |
| 115 | 打开轻蜡油出口流量调节阀 FIC-124 后阀 XV-171 | 10 | |
| 116 | 打开轻蜡油出口流量调节阀 FIC-124 至 50% | 10 | |
| 117 | 当柴油集油箱液位 LIC-125 达到 30% 后,去现场全开柴油泵 P-105 入口手动阀 XV-131 | 10 | |
| 118 | 启动柴油泵 P-105 | 10 | |
| 119 | 去现场全开柴油泵 P-105 出口手动阀 XV-132 | 10 | |
| 120 | 打开柴油出口流量调节阀 FIC-125 前阀 XV-168 | 10 | |
| 121 | 打开柴油出口流量调节阀 FIC-125 后阀 XV-169 | 10 | |
| 122 | 打开柴油出口流量调节阀 FIC-125 至 50% | 10 | |
| 123 | 打开柴油集油箱液位调节阀 LIC-125 前阀 XV-167 | 10 | |
| 124 | 打开柴油集油箱液位调节阀 LIC-125 后阀 XV-166 | 10 | |
| 125 | 打开柴油集油箱液位调节阀 LIC-125 至 50% | 10 | |
| 126 | 打开水位调节阀 LIC-123 前阀 XV-162 | 10 | |
| 127 | 打开水位调节阀 LIC-123 后阀 XV-163 | 10 | |
| 128 | 当焦化分馏塔塔顶分离罐水位 LIC-123 超过 30% 后,打开水位调节阀 LIC-123 至 50% | 10 | |
| 129 | 当焦化分馏塔塔顶分离罐液位 LIC-124 超过 30% 后,去现场全开粗汽油泵 P-103 入口手动阀 XV-129 | 10 | |
| 130 | 启动粗汽油泵 P-103 | 10 | |
| 131 | 去现场全开粗汽油泵 P-103 出口手动阀 XV-130 | 10 | |
| 132 | 打开焦化分馏塔塔顶分离罐液位调节阀 LIC-124 前阀 XV-164 | 10 | |
| 133 | 打开焦化分馏塔塔顶分离罐液位调节阀 LIC-124 后阀 XV-165 | 10 | |
| 134 | 打开焦化分馏塔塔顶分离罐液位调节阀 LIC-124 至 50% | 10 | |
| 冷态开车——吸收稳定系统进料操作 | | | |
| 135 | 去现场全开柴油吸收剂泵 P-130 入口手动阀 XV-213 | 10 | |
| 136 | 启动柴油吸收剂泵 P-130 | 10 | |
| 137 | 去现场全开柴油吸收剂泵 P-130 出口手动阀 XV-212 | 10 | |
| 138 | 打开柴油吸收剂流量调节阀 FIC-202 前阀 XV-243 | 10 | |
| 139 | 打开柴油吸收剂流量调节阀 FIC-202 后阀 XV-242 | 10 | |

续表

| 步骤 | 操作 | 分值 | 完成否 |
|---|---|---|---|
| 140 | 打开柴油吸收剂流量调节阀 FIC-202 至 50％ | 10 | |
| 141 | 打开柴油吸收剂温度调节阀 TIC-203 前阀 XV-244 | 10 | |
| 142 | 打开柴油吸收剂温度调节阀 TIC-203 后阀 XV-245 | 10 | |
| 143 | 打开柴油吸收剂温度调节阀 TIC-203 至 50％ | 10 | |
| 144 | 去现场关闭焦化分馏塔顶放空手动阀 XV-127 | 10 | |
| 145 | 去现场全开焦化分馏塔顶去气压机 K-201 手动阀 XV-128 | 10 | |
| 146 | 去现场全开气压机 K-201 入口手动阀 XV-203 | 10 | |
| 147 | 启动气压机 K-201 | 10 | |
| 148 | 去现场全开气压机 K-201 出口手动阀 XV-204 | 10 | |
| 149 | 打开压缩机出口温度调节阀 TIC-202 前阀 XV-232 | 10 | |
| 150 | 打开压缩机出口温度调节阀 TIC-202 后阀 XV-233 | 10 | |
| 151 | 打开压缩机出口温度调节阀 TIC-202 至 50％ | 10 | |
| 152 | 去现场全开吸收塔顶去再吸收塔手动阀 XV-211 | 10 | |
| 153 | 去现场全开吸收塔中段回流泵 P-203 入口手动阀 XV-202 | 10 | |
| 154 | 启动吸收塔中段回流泵 P-203 | 10 | |
| 155 | 去现场全开吸收塔中段回流泵 P-203 出口手动阀 XV-201 | 10 | |
| 156 | 打开吸收塔中段回流流量调节阀 FIC-201 前阀 XV-230 | 10 | |
| 157 | 打开吸收塔中段回流流量调节阀 FIC-201 后阀 XV-231 | 10 | |
| 158 | 打开吸收塔中段回流流量调节阀 FIC-201 至 50％ | 10 | |
| 159 | 打开吸收塔中段回流温度调节阀 TIC-201 前阀 XV-228 | 10 | |
| 160 | 打开吸收塔中段回流温度调节阀 TIC-201 后阀 XV-229 | 10 | |
| 161 | 打开吸收塔中段回流温度调节阀 TIC-201 至 50％ | 10 | |
| 162 | 打开水位调节阀 LIC-203 前阀 XV-236 | 10 | |
| 163 | 打开水位调节阀 LIC-203 后阀 XV-237 | 10 | |
| 164 | 当压缩机出口分离罐水位 LIC-203 超过 30％后，打开水位调节阀 LIC-203 至 50％ | 10 | |
| 165 | 打开再吸收塔塔底液位调节阀 LIC-204 前阀 XV-246 | 10 | |
| 166 | 打开再吸收塔塔底液位调节阀 LIC-204 后阀 XV-247 | 10 | |
| 167 | 当再吸收塔塔底液位 LIC-204 超过 30％后，打开再吸收塔塔底液位调节阀 LIC-204 至 50％ | 10 | |
| 168 | 打开压力调节阀 PIC-201 前阀 XV-240 | 10 | |
| 169 | 打开压力调节阀 PIC-201 后阀 XV-241 | 10 | |
| 170 | 当再吸收塔塔顶压力 PIC-201 达到 1MPa 左右时，打开压力调节阀 PIC-201 至 50％ | 10 | |
| 171 | 当吸收塔塔底液位 LIC-202 超过 30％后，去现场全开吸收塔塔底泵 P-206 入口手动阀 XV-207 | 10 | |
| 172 | 启动吸收塔塔底泵 P-206 | 10 | |
| 173 | 去现场全开吸收塔塔底泵 P-206 出口手动阀 XV-208 | 10 | |
| 174 | 打开吸收塔塔底液位调节阀 LIC-202 前阀 XV-239 | 10 | |
| 175 | 打开吸收塔塔底液位调节阀 LIC-202 后阀 XV-238 | 10 | |
| 176 | 打开吸收塔塔底液位调节阀 LIC-202 至 50％ | 10 | |

| 步骤 | 操作 | 分值 | 完成否 |
|---|---|---|---|
| 177 | 当压缩机出口分离罐液位 LIC-201 超过 30％后,去现场全开解吸塔进料泵 P-201 入口手动阀 XV-205 | 10 | |
| 178 | 启动解吸塔进料泵 P-201 | 10 | |
| 179 | 去现场全开解吸塔进料泵 P-201 出口手动阀 XV-206 | 10 | |
| 180 | 打开压缩机出口分离罐液位调节阀 LIC-201 前阀 XV-235 | 10 | |
| 181 | 打开压缩机出口分离罐液位调节阀 LIC-201 后阀 XV-234 | 10 | |
| 182 | 打开压缩机出口分离罐液位调节阀 LIC-201 至 50％ | 10 | |
| 183 | 打开压力调节阀 PIC-221 前阀 XV-249 | 10 | |
| 184 | 打开压力调节阀 PIC-221 后阀 XV-248 | 10 | |
| 185 | 当解吸塔顶压力 PIC-221 达到 1MPa 左右时,打开压力调节阀 PIC-221 至 50％ | 10 | |
| 186 | 当解吸塔塔底液位 LIC-221 超过 30％后,去现场全开稳定塔进料泵 P-202 入口手动阀 XV-222 | 10 | |
| 187 | 启动稳定塔进料泵 P-202 | 10 | |
| 188 | 去现场全开稳定塔进料泵 P-202 出口手动阀 XV-223 | 10 | |
| 189 | 打开稳定塔进料流量调节阀 FIC-221 前阀 XV-253 | 10 | |
| 190 | 打开稳定塔进料流量调节阀 FIC-221 后阀 XV-252 | 10 | |
| 191 | 打开稳定塔进料流量调节阀 FIC-221 至 50％ | 10 | |
| 192 | 打开稳定塔塔底温度调节阀 TIC-224 前阀 XV-254 | 10 | |
| 193 | 打开稳定塔塔底温度调节阀 TIC-224 后阀 XV-255 | 10 | |
| 194 | 打开稳定塔塔底温度调节阀 TIC-224 至 50％ | 10 | |
| 195 | 打开稳定塔塔顶温度调节阀 TIC-222 前阀 XV-256 | 10 | |
| 196 | 打开稳定塔塔顶温度调节阀 TIC-222 后阀 XV-257 | 10 | |
| 197 | 打开稳定塔塔顶温度调节阀 TIC-222 至 50％ | 10 | |
| 198 | 去现场全开稳定汽油泵 P-204 入口手动阀 XV-226 | 10 | |
| 199 | 启动稳定汽油泵 P-204 | 10 | |
| 200 | 去现场全开稳定汽油泵 P-204 出口手动阀 XV-227 | 10 | |
| 201 | 打开稳定汽油去吸收塔流量调节阀 FIC-224 前阀 XV-268 | 10 | |
| 202 | 打开稳定汽油去吸收塔流量调节阀 FIC-224 后阀 XV-269 | 10 | |
| 203 | 打开稳定汽油去吸收塔流量调节阀 FIC-224 至 50％ | 10 | |
| 204 | 打开稳定汽油流量调节阀 FIC-223 前阀 XV-266 | 10 | |
| 205 | 打开稳定汽油流量调节阀 FIC-223 后阀 XV-267 | 10 | |
| 206 | 当稳定塔塔底液位 LIC-223 达到 50％左右时,打开稳定汽油流量调节阀 FIC-223 至 50％ | 10 | |
| 207 | 当稳定塔塔顶回流罐液位 LIC-222 超过 10％后,去现场全开液化气泵 P-205 入口手动阀 XV-225 | 10 | |
| 208 | 启动液化气泵 P-205 | 10 | |
| 209 | 去现场全开液化气泵 P-205 出口手动阀 XV-224 | 10 | |
| 210 | 打开稳定塔塔顶回流流量调节阀 FIC-222 前阀 XV-259 | 10 | |
| 211 | 打开稳定塔塔顶回流流量调节阀 FIC-222 后阀 XV-258 | 10 | |
| 212 | 打开稳定塔塔顶回流流量调节阀 FIC-222 至 50％ | 10 | |

续表

| 步骤 | 操作 | 分值 | 完成否 |
|---|---|---|---|
| 213 | 打开压力调节阀 PIC-222 前阀 XV-260 | 10 | |
| 214 | 打开压力调节阀 PIC-222 后阀 XV-261 | 10 | |
| 215 | 当稳定塔塔顶压力 PIC-222 达到 1MPa 左右时,打开压力调节阀 PIC-222 至 50% | 10 | |
| 216 | 打开液位调节阀 LIC-222 前阀 XV-262 | 10 | |
| 217 | 打开液位调节阀 LIC-222 后阀 XV-263 | 10 | |
| 218 | 当稳定塔塔顶回流罐液位 LIC-222 达到 50% 左右时,打开液位调节阀 LIC-222 至 50% | 10 | |
| | 冷态开车——脱硫进料操作 | | |
| 219 | 打开压力调节阀 PIC-301 前阀 XV-325 | 10 | |
| 220 | 打开压力调节阀 PIC-301 后阀 XV-326 | 10 | |
| 221 | 当干气脱硫塔塔顶压力 PIC-301 达到 0.5MPa 后,打开压力调节阀 PIC-301 至 50% | 10 | |
| 222 | 打开液位调节阀 LIC-301 前阀 XV-328 | 10 | |
| 223 | 打开液位调节阀 LIC-301 后阀 XV-327 | 10 | |
| 224 | 当胺液回收器 V310 液位 LIC-301 超过 30% 后,打开液位调节阀 LIC-301 至 50% | 10 | |
| 225 | 打开液位调节阀 LIC-304 前阀 XV-337 | 10 | |
| 226 | 打开液位调节阀 LIC-304 后阀 XV-338 | 10 | |
| 227 | 当胺液回收器 V311 液位 LIC-304 超过 30% 后,打开液位调节阀 LIC-304 至 50% | 10 | |
| 228 | 打开压力调节阀 PIC-321 前阀 XV-349 | 10 | |
| 229 | 打开压力调节阀 PIC-321 后阀 XV-350 | 10 | |
| 230 | 当液化气脱硫吸附塔塔顶压力 PIC-321 超过 1MPa 后,打开压力调节阀 PIC-321 至 50% | 10 | |
| | 冷态开车——调至正常 | | |
| 231 | 调节原料油罐液位 LIC-101 至 50% 左右,投自动,设为 50% | 10 | |
| 232 | 原料油罐入口流量 FIC-101 投串级 | 10 | |
| 233 | 调节加热炉出口温度 TIC-101 至 500℃ 左右时,投自动,设为 500℃ | 10 | |
| 234 | 燃料气流量 FIC-105 投串级 | 10 | |
| 235 | 调节焦化分馏塔塔顶温度 TIC-121 至 119℃ 左右时,投自动,设为 119℃ | 10 | |
| 236 | 焦化分馏塔塔顶回流流量 FIC-121 投串级 | 10 | |
| 237 | 调节焦化分馏塔塔顶冷却温度 TIC-122 至 40℃ 左右时,投自动,设为 40℃ | 10 | |
| 238 | 调节焦化分馏塔塔底温度 TIC-123 至 360℃ 左右时,投自动,设为 360℃ | 10 | |
| 239 | 焦化分馏塔塔底回流流量 FIC-130 投串级 | 10 | |
| 240 | 调节焦化分馏塔塔顶回流集油箱液位 LIC-121 至 50% 左右时,投自动,设为 50% | 10 | |
| 241 | 调节焦化分馏塔塔底液位 LIC-122 至 50% 左右时,投自动,设为 50% | 10 | |
| 242 | 调节焦化分馏塔塔顶分离罐水位 LIC-123 至 50% 左右时,投自动,设为 50% | 10 | |
| 243 | 调节焦化分馏塔塔底分离罐液位 LIC-124 至 50% 左右时,投自动,设为 50% | 10 | |
| 244 | 调节柴油集油箱液位 LIC-125 至 50% 左右时,投自动,设为 50% | 10 | |
| 245 | 调节重蜡油集油箱液位 LIC-126 至 50% 左右时,投自动,设为 50% | 10 | |
| 246 | 重蜡油出口流量 FIC-127 投串级 | 10 | |
| 247 | 调节吸收塔中段回流温度 TIC-201 至 38℃ 左右时,投自动,设为 38℃ | 10 | |

| 步骤 | 操作 | 分值 | 完成否 |
|---|---|---|---|
| 248 | 调节压缩机出口温度 TIC-202 至 40℃,投自动,设为 40℃ | 10 | |
| 249 | 调节柴油吸收剂温度 TIC-203 至 40℃,投自动,设为 40℃ | 10 | |
| 250 | 调节压缩机出口分离罐液位 LIC-201 至 50%左右时,投自动,设为 50% | 10 | |
| 251 | 调节压缩机出口水位 LIC-203 至 50%左右时,投自动,设为 50% | 10 | |
| 252 | 调节吸收塔塔底液位 LIC-202 至 50%左右时,投自动,设为 50% | 10 | |
| 253 | 调节再吸收塔塔底液位 LIC-204 至 50%左右时,投自动,设为 50% | 10 | |
| 254 | 调节再吸收塔塔顶压力 PIC-201 至 1.1MPa 左右时,投自动,设为 1.1MPa | 10 | |
| 255 | 调节稳定塔塔顶温度 TIC-222 至 40℃左右时,投自动,设为 40℃ | 10 | |
| 256 | 调节解吸塔塔底液位 LIC-221 至 50%左右时,投自动,设为 50% | 10 | |
| 257 | 稳定塔进料流量 FIC-221 投串级 | 10 | |
| 258 | 调节稳定塔塔顶回流罐液位 LIC-222 至 50%左右时,投自动,设为 50% | 10 | |
| 259 | 调节稳定塔塔底液位 LIC-223 至 50%左右时,投自动,设为 50% | 10 | |
| 260 | 稳定汽油出口流量 FIC-223 投串级 | 10 | |
| 261 | 调节解吸塔塔顶压力 PIC-221 至 1.3MPa 左右时,投自动,设为 1.3MPa | 10 | |
| 262 | 调节稳定塔塔顶压力 PIC-222 至 1.2MPa 左右时,投自动,设为 1.2MPa | 10 | |
| 263 | 调节干气脱硫塔液位 LIC-302 至 50%左右时,投自动,设为 50% | 10 | |
| 264 | 调节胺液回收器 V310 液位 LIC-301 至 50%左右时,投自动,设为 50% | 10 | |
| 265 | 调节预碱洗沉降槽液位 LIC-303 至 50%左右时,投自动,设为 50% | 10 | |
| 266 | 调节胺液回收器 V311 液位 LIC-304 至 50%左右时,投自动,设为 50% | 10 | |
| 267 | 调节液化气脱硫抽提塔液位 LIC-305 至 50%左右时,投自动,设为 50% | 10 | |
| 268 | 调节干气脱硫塔塔顶压力 PIC-301 至 0.6MPa 左右时,投自动,设为 0.6MPa | 10 | |
| 269 | 调节液化气脱硫醇抽提塔液位 LIC-321 至 50%左右时,投自动,设为 50% | 10 | |
| 270 | 调节水洗槽液位 LIC-322 至 50%左右时,投自动,设为 50% | 10 | |
| 271 | 调节脱硫吸附塔塔顶压力 PIC-321 至 1.2MPa 左右时,投自动,设为 1.2MPa | 10 | |
| 冷态开车——质量指标 | | | |
| 272 | 原料油罐液位 LIC-101 | 10 | |
| 273 | 加热炉出口温度 TIC-101 | 10 | |
| 274 | 焦化分馏塔塔顶回流集油箱液位 LIC-121 | 10 | |
| 275 | 焦化分馏塔液位 LIC-122 | 10 | |
| 276 | 焦化分馏塔塔顶分离罐液位 LIC-124 | 10 | |
| 277 | 柴油集油箱液位 LIC-125 | 10 | |
| 278 | 重蜡油集油箱液位 LIC-126 | 10 | |
| 279 | 焦化分馏塔塔顶温度 TIC-121 | 10 | |
| 280 | 焦化分馏塔塔底温度 TIC-123 | 10 | |
| 281 | 吸收塔塔底液位 LIC-202 | 10 | |
| 282 | 压缩机出口分离罐液位 LIC-201 | 10 | |
| 283 | 再吸收塔塔底液位 LIC-204 | 10 | |

| 步骤 | 操作 | 分值 | 完成否 |
|---|---|---|---|
| 284 | 再吸收塔塔顶压力 PIC-201 | 10 | |
| 285 | 解吸塔塔底液位 LIC-221 | 10 | |
| 286 | 稳定塔塔顶回流罐液位 LIC-222 | 10 | |
| 287 | 稳定塔塔底液位 LIC-223 | 10 | |
| 288 | 解吸塔塔底再沸温度 TI-221 | 10 | |
| 289 | 稳定塔塔底再沸温度 TI-223 | 10 | |
| 290 | 解吸塔顶压力 PIC-221 | 10 | |
| 291 | 稳定塔塔顶压力 PIC-222 | 10 | |

**表 7-4　正常停车操作规程**

| 步骤 | 操作 | 分值 | 完成否 |
|---|---|---|---|
| | **正常停车——降温、降负荷** | | |
| 1 | 关闭原料油罐入口流量调节阀 FIC-101 | 10 | |
| 2 | 关闭原料油罐入口流量调节阀 FIC-101 前阀 XV-143 | 10 | |
| 3 | 关闭原料油罐入口流量调节阀 FIC-101 后阀 XV-142 | 10 | |
| 4 | 关闭焦化分馏塔塔底流量调节阀 FIC-123 | 10 | |
| 5 | 关闭焦化分馏塔塔底流量调节阀 FIC-123 前阀 XV-159 | 10 | |
| 6 | 关闭焦化分馏塔塔底流量调节阀 FIC-123 后阀 XV-158 | 10 | |
| 7 | 去现场全开焦化分馏塔塔底排污手动阀 XV-126 | 10 | |
| 8 | 调整燃料气流量调节阀 FIC-105 开度至 10％ | 10 | |
| 9 | 调整加热炉入口一路流量调节阀 FIC-103 开度至 20％ | 10 | |
| 10 | 调整加热炉入口二路流量调节阀 FIC-104 开度至 20％ | 10 | |
| | **正常停车——焦化塔停车** | | |
| 11 | 关闭加热炉入口一路流量调节阀 FIC-103 | 10 | |
| 12 | 关闭加热炉入口一路流量调节阀 FIC-103 前阀 XV-144 | 10 | |
| 13 | 关闭加热炉入口一路流量调节阀 FIC-103 后阀 XV-145 | 10 | |
| 14 | 关闭加热炉入口二路流量调节阀 FIC-104 | 10 | |
| 15 | 关闭加热炉入口二路流量调节阀 FIC-104 前阀 XV-146 | 10 | |
| 16 | 关闭加热炉入口二路流量调节阀 FIC-104 后阀 XV-147 | 10 | |
| 17 | 去现场关闭原料油进料泵 P-102 出口手动阀 XV-102 | 10 | |
| 18 | 停原料油进料泵 P-102 | 10 | |
| 19 | 去现场关闭原料油进料泵 P-102 入口手动阀 XV-101 | 10 | |
| 20 | 关闭燃料气流量调节阀 FIC-105 | 10 | |
| 21 | 关闭燃料气流量调节阀 FIC-105 前阀 XV-151 | 10 | |
| 22 | 关闭燃料气流量调节阀 FIC-105 后阀 XV-150 | 10 | |
| 23 | 去现场关闭加热炉点火按钮 IG-101 | 10 | |
| 24 | 关闭急冷油流量调节阀 FIC-128 | 10 | |

| 步骤 | 操作 | 分值 | 完成否 |
|---|---|---|---|
| 25 | 关闭急冷油流量调节阀 FIC-128 前阀 XV-176 | 10 | |
| 26 | 关闭急冷油流量调节阀 FIC-128 后阀 XV-177 | 10 | |
| 27 | 全开重蜡油出口流量调节阀 FIC-127 | 10 | |
| 28 | 去现场关闭焦化塔塔顶去分馏塔手动阀 XV-104 | 10 | |
| 29 | 去现场全开焦化塔塔顶放空手动阀 XV-105 | 10 | |
| | 正常停车——焦化分馏塔停车 | | |
| 30 | 去现场关闭焦化分馏塔塔顶去压缩机手动阀 XV-128 | 10 | |
| 31 | 去现场全开焦化分馏塔塔顶放空手动阀 XV-127 | 10 | |
| 32 | 去现场关闭气压机 K-201 出口手动阀 XV-204 | 10 | |
| 33 | 停气压机 K-201 | 10 | |
| 34 | 去现场关闭气压机 K-201 入口手动阀 XV-203 | 10 | |
| 35 | 去现场全开再吸收塔底排污手动阀 XV-214 | 10 | |
| 36 | 关闭再吸收塔塔底液位调节阀 LIC-204 | 10 | |
| 37 | 关闭再吸收塔塔底液位调节阀 LIC-204 前阀 XV-246 | 10 | |
| 38 | 关闭再吸收塔塔底液位调节阀 LIC-204 后阀 XV-247 | 10 | |
| 39 | 关闭焦化分馏塔塔顶回流流量调节阀 FIC-121 | 10 | |
| 40 | 关闭焦化分馏塔塔顶回流流量调节阀 FIC-121 前阀 XV-152 | 10 | |
| 41 | 关闭焦化分馏塔塔顶回流流量调节阀 FIC-121 后阀 XV-153 | 10 | |
| 42 | 当焦化分馏塔塔顶回流集油箱液位 LIC-121 降至 0 后，关闭液位调节阀 LIC-121 | 10 | |
| 43 | 关闭液位调节阀 LIC-121 前阀 XV-154 | 10 | |
| 44 | 关闭液位调节阀 LIC-121 后阀 XV-155 | 10 | |
| 45 | 去现场关闭焦化分馏塔塔顶回流泵 P-104 出口手动阀 XV-123 | 10 | |
| 46 | 停焦化分馏塔塔顶回流泵 P-104 | 10 | |
| 47 | 去现场关闭焦化分馏塔塔顶回流泵 P-104 入口手动阀 XV-122 | 10 | |
| 48 | 关闭焦化分馏塔中段回流流量调节阀 FIC-122 | 10 | |
| 49 | 关闭焦化分馏塔中段回流流量调节阀 FIC-122 前阀 XV-156 | 10 | |
| 50 | 关闭焦化分馏塔中段回流流量调节阀 FIC-122 后阀 XV-157 | 10 | |
| 51 | 去现场关闭焦化分馏塔中段回流泵 P-106 出口手动阀 XV-125 | 10 | |
| 52 | 停焦化分馏塔中段回流泵 P-106 | 10 | |
| 53 | 去现场关闭焦化分馏塔中段回流泵 P-106 入口手动阀 XV-124 | 10 | |
| 54 | 关闭轻蜡油出口流量调节阀 FIC-124 | 10 | |
| 55 | 关闭轻蜡油出口流量调节阀 FIC-124 前阀 XV-170 | 10 | |
| 56 | 关闭轻蜡油出口流量调节阀 FIC-124 后阀 XV-171 | 10 | |
| 57 | 去现场关闭轻蜡油泵 P-107 出口手动阀 XV-134 | 10 | |
| 58 | 停轻蜡油泵 P-107 | 10 | |
| 59 | 去现场关闭轻蜡油泵 P-107 入口手动阀 XV-133 | 10 | |
| 60 | 当焦化分馏塔塔顶分离罐水位 LIC-123 降至 0 后，关闭水位调节阀 LIC-123 | 10 | |

| 步骤 | 操作 | 分值 | 完成否 |
|---|---|---|---|
| 61 | 关闭水位调节阀 LIC-123 前阀 XV-162 | 10 | |
| 62 | 关闭水位调节阀 LIC-123 后阀 XV-163 | 10 | |
| 63 | 当焦化分馏塔塔顶分离罐液位 LIC-124 降至 0 后,关闭液位调节阀 LIC-124 | 10 | |
| 64 | 关闭液位调节阀 LIC-124 前阀 XV-164 | 10 | |
| 65 | 关闭液位调节阀 LIC-124 后阀 XV-165 | 10 | |
| 66 | 去现场关闭粗汽油泵 P-103 出口手动阀 XV-130 | 10 | |
| 67 | 停粗汽油泵 P-103 | 10 | |
| 68 | 去现场关闭粗汽油泵 P-103 入口手动阀 XV-129 | 10 | |
| 69 | 关闭柴油集油箱液位调节阀 LIC-125 | 10 | |
| 70 | 关闭柴油集油箱液位调节阀 LIC-125 前阀 XV-167 | 10 | |
| 71 | 关闭柴油集油箱液位调节阀 LIC-125 后阀 XV-166 | 10 | |
| 72 | 当柴油集油箱液位 LIC-125 降至 0 后,关闭柴油出口流量调节阀 FIC-125 | 10 | |
| 73 | 关闭柴油出口流量调节阀 FIC-125 前阀 XV-168 | 10 | |
| 74 | 关闭柴油出口流量调节阀 FIC-125 后阀 XV-169 | 10 | |
| 75 | 去现场关闭柴油泵 P-105 出口手动阀 XV-132 | 10 | |
| 76 | 停柴油泵 P-105 | 10 | |
| 77 | 去现场关闭柴油泵 P-105 入口手动阀 XV-131 | 10 | |
| 78 | 关闭焦化分馏塔重蜡油回流流量调节阀 FIC-126 | 10 | |
| 79 | 关闭焦化分馏塔重蜡油回流流量调节阀 FIC-126 前阀 XV-173 | 10 | |
| 80 | 关闭焦化分馏塔重蜡油回流流量调节阀 FIC-126 后阀 XV-172 | 10 | |
| 81 | 当焦化分馏塔重蜡油集油箱液位 LIC-126 降至 0 后,关闭重蜡油出口流量调节阀 FIC-127 | 10 | |
| 82 | 关闭重蜡油出口流量调节阀 FIC-127 前阀 XV-174 | 10 | |
| 83 | 关闭重蜡油出口流量调节阀 FIC-127 后阀 XV-175 | 10 | |
| 84 | 去现场关闭重蜡油泵 P-108 出口手动阀 XV-137 | 10 | |
| 85 | 停重蜡油泵 P-108 | 10 | |
| 86 | 去现场关闭重蜡油泵 P-108 入口手动阀 XV-136 | 10 | |
| 87 | 关闭焦化分馏塔塔底回流量调节阀 FIC-130 | 10 | |
| 88 | 关闭焦化分馏塔塔底回流量调节阀 FIC-130 前阀 XV-179 | 10 | |
| 89 | 关闭焦化分馏塔塔底回流量调节阀 FIC-130 后阀 XV-178 | 10 | |
| 90 | 去现场关闭焦化分馏塔塔底泵 P-109 出口手动阀 XV-140 | 10 | |
| 91 | 停焦化分馏塔塔底泵 P-109 | 10 | |
| 92 | 去现场关闭焦化分馏塔塔底泵 P-109 入口手动阀 XV-139 | 10 | |
| 正常停车——吸收稳定系统停车 | | | |
| 93 | 关闭柴油吸收剂流量调节阀 FIC-202 | 10 | |
| 94 | 关闭柴油吸收剂流量调节阀 FIC-202 前阀 XV-243 | 10 | |
| 95 | 关闭柴油吸收剂流量调节阀 FIC-202 后阀 XV-242 | 10 | |
| 96 | 去现场关闭柴油吸收剂泵 P-130 出口手动阀 XV-212 | 10 | |

| 步骤 | 操作 | 分值 | 完成否 |
|---|---|---|---|
| 97 | 停柴油吸收剂泵 P-130 | 10 | |
| 98 | 去现场关闭柴油吸收剂泵 P-130 入口手动阀 XV-213 | 10 | |
| 99 | 关闭吸收塔中段回流流量调节阀 FIC-201 | 10 | |
| 100 | 关闭吸收塔中段回流流量调节阀 FIC-201 前阀 XV-230 | 10 | |
| 101 | 关闭吸收塔中段回流流量调节阀 FIC-201 后阀 XV-231 | 10 | |
| 102 | 去现场关闭吸收塔中段回流泵 P-203 出口手动阀 XV-201 | 10 | |
| 103 | 停吸收塔中段回流泵 P-203 | 10 | |
| 104 | 去现场关闭吸收塔中段回流泵 P-203 入口手动阀 XV-202 | 10 | |
| 105 | 关闭稳定塔塔底去吸收塔流量调节阀 FIC-224 | 10 | |
| 106 | 关闭稳定塔塔底去吸收塔流量调节阀 FIC-224 前阀 XV-268 | 10 | |
| 107 | 关闭稳定塔塔底去吸收塔流量调节阀 FIC-224 后阀 XV-269 | 10 | |
| 108 | 全开稳定汽油出口流量调节阀 FIC-223 | 10 | |
| 109 | 去现场全开吸收塔底排污手动阀 XV-209 | 10 | |
| 110 | 关闭吸收塔塔底液位调节阀 LIC-202 | 10 | |
| 111 | 关闭吸收塔塔底液位调节阀 LIC-202 前阀 XV-239 | 10 | |
| 112 | 关闭吸收塔塔底液位调节阀 LIC-202 后阀 XV-238 | 10 | |
| 113 | 去现场关闭吸收塔塔底泵 P-206 出口手动阀 XV-208 | 10 | |
| 114 | 停吸收塔塔底泵 P-206 | 10 | |
| 115 | 去现场关闭吸收塔塔底泵 P-206 入口手动阀 XV-207 | 10 | |
| 116 | 当压缩机出口分离罐水位 LIC-203 降至 0 后,关闭液位调节阀 LIC-203 | 10 | |
| 117 | 关闭液位调节阀 LIC-203 前阀 XV-236 | 10 | |
| 118 | 关闭液位调节阀 LIC-203 后阀 XV-237 | 10 | |
| 119 | 当压缩机出口分离罐液位 LIC-201 降至 0 后,关闭液位调节阀 LIC-201 | 10 | |
| 120 | 关闭液位调节阀 LIC-201 前阀 XV-235 | 10 | |
| 121 | 关闭液位调节阀 LIC-201 后阀 XV-234 | 10 | |
| 122 | 去现场关闭解吸塔进料泵 P-201 出口手动阀 XV-206 | 10 | |
| 123 | 停解吸塔进料泵 P-201 | 10 | |
| 124 | 去现场关闭解吸塔进料泵 P-201 入口手动阀 XV-205 | 10 | |
| 125 | 当再吸收塔顶压力 PIC-201 降至 0 后,关闭压力调节阀 PIC-201 | 10 | |
| 126 | 关闭压力调节阀 PIC-201 前阀 XV-240 | 10 | |
| 127 | 关闭压力调节阀 PIC-201 后阀 XV-241 | 10 | |
| 128 | 去现场全开解吸塔塔底排污手动阀 XV-221 | 10 | |
| 129 | 关闭稳定塔进料流量调节阀 FIC-221 | 10 | |
| 130 | 关闭稳定塔进料流量调节阀 FIC-221 前阀 XV-253 | 10 | |
| 131 | 关闭稳定塔进料流量调节阀 FIC-221 后阀 XV-252 | 10 | |
| 132 | 去现场关闭稳定塔进料泵 P-202 出口手动阀 XV-223 | 10 | |
| 133 | 停稳定塔进料泵 P-202 | 10 | |

| 步骤 | 操作 | 分值 | 完成否 |
|---|---|---|---|
| 134 | 去现场关闭稳定塔进料泵 P-202 入口手动阀 XV-222 | 10 | |
| 135 | 当解吸塔塔顶压力 PIC-221 降至 0 后,关闭压力调节阀 PIC-221 | 10 | |
| 136 | 关闭压力调节阀 PIC-221 前阀 XV-249 | 10 | |
| 137 | 关闭压力调节阀 PIC-221 后阀 XV-248 | 10 | |
| 138 | 关闭稳定塔塔顶回流流量调节阀 FIC-222 | 10 | |
| 139 | 关闭稳定塔塔顶回流流量调节阀 FIC-222 前阀 XV-259 | 10 | |
| 140 | 关闭稳定塔塔顶回流流量调节阀 FIC-222 后阀 XV-258 | 10 | |
| 141 | 当稳定塔顶回流罐液位 LIC-222 降至 0 后,关闭液位调节阀 LIC-222 | 10 | |
| 142 | 关闭液位调节阀 LIC-222 前阀 XV-262 | 10 | |
| 143 | 关闭液位调节阀 LIC-222 后阀 XV-263 | 10 | |
| 144 | 去现场关闭稳定塔塔顶回流泵 P-205 出口手动阀 XV-224 | 10 | |
| 145 | 停稳定塔塔顶回流泵 P-205 | 10 | |
| 146 | 去现场关闭稳定塔塔顶回流泵 P-205 入口手动阀 XV-225 | 10 | |
| 147 | 当稳定塔塔顶压力 PIC-222 降至 0 后,关闭压力调节阀 PIC-222 | 10 | |
| 148 | 关闭压力调节阀 PIC-222 前阀 XV-260 | 10 | |
| 149 | 关闭压力调节阀 PIC-222 后阀 XV-261 | 10 | |
| 150 | 当稳定塔塔底液位 LIC-223 降至 0 后,关闭稳定汽油出口流量调节阀 FIC-223 | 10 | |
| 151 | 关闭稳定汽油出口流量调节阀 FIC-223 前阀 XV-266 | 10 | |
| 152 | 关闭稳定汽油出口流量调节阀 FIC-223 后阀 XV-267 | 10 | |
| 153 | 去现场关闭稳定汽油泵 P-204 出口手动阀 XV-227 | 10 | |
| 154 | 停稳定汽油泵 P-204 | 10 | |
| 155 | 去现场关闭稳定汽油泵 P-204 入口手动阀 XV-226 | 10 | |
| | **正常停车——脱硫系统停车** | | |
| 156 | 关闭干气脱硫塔贫液入口流量调节阀 FIC-301 | 10 | |
| 157 | 关闭干气脱硫塔贫液入口流量调节阀 FIC-301 前阀 XV-332 | 10 | |
| 158 | 关闭干气脱硫塔贫液入口流量调节阀 FIC-301 后阀 XV-331 | 10 | |
| 159 | 关闭液化气脱硫抽提塔贫液入口流量调节阀 FIC-302 | 10 | |
| 160 | 关闭液化气脱硫抽提塔贫液入口流量调节阀 FIC-302 前阀 XV-334 | 10 | |
| 161 | 关闭液化气脱硫抽提塔贫液入口流量调节阀 FIC-302 后阀 XV-333 | 10 | |
| 162 | 去现场关闭贫液溶剂泵 P-302 出口手动阀 XV-302 | 10 | |
| 163 | 停贫液溶剂泵 P-302 | 10 | |
| 164 | 去现场关闭贫液溶剂泵 P-302 入口手动阀 XV-301 | 10 | |
| 165 | 去现场关闭碱液手动阀 XV-303 | 10 | |
| 166 | 关闭碱液流量调节阀 FIC-322 | 10 | |
| 167 | 关闭碱液流量调节阀 FIC-322 前阀 XV-346 | 10 | |
| 168 | 关闭碱液流量调节阀 FIC-322 后阀 XV-345 | 10 | |
| 169 | 去现场关闭碱液泵 P-306 出口手动阀 XV-323 | 10 | |

| 步骤 | 操作 | 分值 | 完成否 |
|---|---|---|---|
| 170 | 停碱液泵 P-306 | 10 | |
| 171 | 去现场关闭碱液泵 P-306 入口手动阀 XV-324 | 10 | |
| 172 | 关闭软化水流量调节阀 FIC-321 | 10 | |
| 173 | 关闭软化水流量调节阀 FIC-321 前阀 XV-341 | 10 | |
| 174 | 关闭软化水流量调节阀 FIC-321 后阀 XV-342 | 10 | |
| 175 | 去现场关闭软化水泵 P-307 出口手动阀 XV-322 | 10 | |
| 176 | 停软化水泵 P-307 | 10 | |
| 177 | 去现场关闭软化水泵 P-307 入口手动阀 XV-321 | 10 | |
| 178 | 当干气脱硫塔塔顶压力 PIC-301 降至 0 后,关闭压力调节阀 PIC-301 | 10 | |
| 179 | 关闭压力调节阀 PIC-301 前阀 XV-326 | 10 | |
| 180 | 关闭压力调节阀 PIC-301 后阀 XV-325 | 10 | |
| 181 | 当胺液回收器 V310 液位 LIC-301 降至 0 后,关闭液位调节阀 LIC-301 | 10 | |
| 182 | 关闭液位调节阀 LIC-301 前阀 XV-328 | 10 | |
| 183 | 关闭液位调节阀 LIC-301 后阀 XV-327 | 10 | |
| 184 | 当干气脱硫塔塔底液位 LIC-302 降至 0 后,关闭液位调节阀 LIC-302 | 10 | |
| 185 | 关闭液位调节阀 LIC-302 前阀 XV-330 | 10 | |
| 186 | 关闭液位调节阀 LIC-302 后阀 XV-329 | 10 | |
| 187 | 当液化气脱硫抽提塔液位 LIC-305 降至 0 后,关闭液位调节阀 LIC-305 | 10 | |
| 188 | 关闭液位调节阀 LIC-305 前阀 XV-339 | 10 | |
| 189 | 关闭液位调节阀 LIC-305 后阀 XV-340 | 10 | |
| 190 | 当胺液回收器 V311 液位 LIC-304 降至 0 后,关闭液位调节阀 LIC-304 | 10 | |
| 191 | 关闭液位调节阀 LIC-304 前阀 XV-337 | 10 | |
| 192 | 关闭液位调节阀 LIC-304 后阀 XV-338 | 10 | |
| 193 | 当预碱洗沉降槽液位 LIC-303 降至 0 后,关闭液位调节阀 LIC-303 | 10 | |
| 194 | 关闭液位调节阀 LIC-303 前阀 XV-335 | 10 | |
| 195 | 关闭液位调节阀 LIC-303 后阀 XV-336 | 10 | |
| 196 | 当液化气脱硫醇抽提塔塔底液位 LIC-321 降至 0 后,关闭液位调节阀 LIC-321 | 10 | |
| 197 | 关闭液位调节阀 LIC-321 前阀 XV-344 | 10 | |
| 198 | 关闭液位调节阀 LIC-321 后阀 XV-343 | 10 | |
| 199 | 当水洗槽液位 LIC-322 降至 0 后,关闭液位调节阀 LIC-322 | 10 | |
| 200 | 关闭液位调节阀 LIC-322 前阀 XV-347 | 10 | |
| 201 | 关闭液位调节阀 LIC-322 后阀 XV-348 | 10 | |
| 202 | 当脱硫吸附塔塔顶压力 PIC-321 降至 0 后,关闭压力调节阀 PIC-321 | 10 | |
| 203 | 关闭压力调节阀 PIC-321 前阀 XV-349 | 10 | |
| 204 | 关闭压力调节阀 PIC-321 后阀 XV-350 | 10 | |
| 正常停车——质量指标 | | | |
| 205 | 焦化分馏塔塔顶回流集油箱液位 LIC-121 | 10 | |

| 步骤 | 操作 | 分值 | 完成否 |
|---|---|---|---|
| 206 | 焦化分馏塔液位 LIC-122 | 10 | |
| 207 | 焦化分馏塔塔顶分离罐液位 LIC-124 | 10 | |
| 208 | 柴油集油箱液位 LIC-125 | 10 | |
| 209 | 重蜡油集油箱液位 LIC-126 | 10 | |
| 210 | 吸收塔塔底液位 LIC-202 | 10 | |
| 211 | 压缩机出口分离罐液位 LIC-201 | 10 | |
| 212 | 再吸收塔塔底液位 LIC-204 | 10 | |
| 213 | 再吸收塔顶压力 PIC-201 | 10 | |
| 214 | 解吸塔底液位 LIC-221 | 10 | |
| 215 | 稳定塔顶回流罐液位 LIC-222 | 10 | |
| 216 | 稳定塔塔底液位 LIC-223 | 10 | |
| 217 | 解吸塔顶压力 PIC-221 | 10 | |
| 218 | 稳定塔塔顶压力 PIC-222 | 10 | |

**表 7-5 紧急停车操作规程**

| 步骤 | 操作 | 分值 | 完成否 |
|---|---|---|---|
| 1 | 关闭加热炉燃料气流量调节阀 FIC-105 | 10 | |
| 2 | 关闭加热炉燃料气流量调节阀 FIC-105 前阀 XV-151 | 10 | |
| 3 | 关闭加热炉燃料气流量调节阀 FIC-105 后阀 XV-150 | 10 | |
| 4 | 去现场关闭加热炉点火按钮 IG-101 | 10 | |
| 5 | 关闭加热炉一路入口流量调节阀 FIC-103 | 10 | |
| 6 | 关闭加热炉一路入口流量调节阀 FIC-103 前阀 XV-144 | 10 | |
| 7 | 关闭加热炉一路入口流量调节阀 FIC-103 后阀 XV-145 | 10 | |
| 8 | 关闭加热炉二路入口流量调节阀 FIC-104 | 10 | |
| 9 | 关闭加热炉二路入口流量调节阀 FIC-104 前阀 XV-146 | 10 | |
| 10 | 关闭加热炉二路入口流量调节阀 FIC-104 后阀 XV-147 | 10 | |
| 11 | 关闭柴油出口流量调节阀 FIC-125 | 10 | |
| 12 | 关闭柴油出口流量调节阀 FIC-125 前阀 XV-168 | 10 | |
| 13 | 关闭柴油出口流量调节阀 FIC-125 后阀 XV-169 | 10 | |
| 14 | 关闭轻蜡油出口流量调节阀 FIC-124 | 10 | |
| 15 | 关闭轻蜡油出口流量调节阀 FIC-124 前阀 XV-170 | 10 | |
| 16 | 关闭轻蜡油出口流量调节阀 FIC-124 后阀 XV-171 | 10 | |
| 17 | 去现场关闭轻蜡油泵 P-107 出口手动阀 XV-134 | 10 | |
| 18 | 停轻蜡油泵 P-107 | 10 | |
| 19 | 去现场关闭轻蜡油泵 P-107 入口手动阀 XV-133 | 10 | |
| 20 | 关闭重蜡油出口流量调节阀 FIC-127 | 10 | |
| 21 | 关闭重蜡油出口流量调节阀 FIC-127 前阀 XV-174 | 10 | |
| 22 | 关闭重蜡油出口流量调节阀 FIC-127 后阀 XV-175 | 10 | |
| 23 | 关闭焦化分馏塔塔底流量调节阀 FIC-123 | 10 | |

| 步骤 | 操作 | 分值 | 完成否 |
|---|---|---|---|
| 24 | 关闭焦化分馏塔塔底流量调节阀 FIC-123 前阀 XV-159 | 10 | |
| 25 | 关闭焦化分馏塔塔底流量调节阀 FIC-123 后阀 XV-158 | 10 | |
| 26 | 打开循环油流量调节阀 FIC-129 前阀 XV-180 | 10 | |
| 27 | 打开循环油流量调节阀 FIC-129 后阀 XV-181 | 10 | |
| 28 | 打开循环油流量调节阀 FIC-129 至 30% | 10 | |
| 29 | 关闭焦化分馏塔塔顶回流流量调节阀 FIC-121 | 10 | |
| 30 | 关闭焦化分馏塔塔顶回流流量调节阀 FIC-121 前阀 XV-152 | 10 | |
| 31 | 关闭焦化分馏塔塔顶回流流量调节阀 FIC-121 后阀 XV-153 | 10 | |
| 32 | 关闭焦化分馏塔中段回流流量调节阀 FIC-122 | 10 | |
| 33 | 关闭焦化分馏塔中段回流流量调节阀 FIC-122 前阀 XV-156 | 10 | |
| 34 | 关闭焦化分馏塔中段回流流量调节阀 FIC-122 后阀 XV-157 | 10 | |
| 35 | 去现场关闭焦化分馏塔中段回流泵 P-106 出口手动阀 XV-125 | 10 | |
| 36 | 停焦化分馏塔中段回流泵 P-106 | 10 | |
| 37 | 去现场关闭焦化分馏塔中段回流泵 P-106 入口手动阀 XV-124 | 10 | |
| 38 | 去现场关闭气压机 K-201 出口手动阀 XV-204 | 10 | |
| 39 | 停气压机 K-201 | 10 | |
| 40 | 去现场关闭气压机 K-201 入口手动阀 XV-203 | 10 | |
| 41 | 关闭吸收塔中段回流流量调节阀 FIC-201 | 10 | |
| 42 | 关闭吸收塔中段回流流量调节阀 FIC-201 前阀 XV-230 | 10 | |
| 43 | 关闭吸收塔中段回流流量调节阀 FIC-201 后阀 XV-231 | 10 | |
| 44 | 去现场关闭吸收塔中段回流泵 P-203 出口手动阀 XV-201 | 10 | |
| 45 | 停吸收塔中段回流泵 P-203 | 10 | |
| 46 | 去现场关闭吸收塔中段回流泵 P-203 入口手动阀 XV-202 | 10 | |

**表 7-6　事故一——气压机 K-201 故障操作规程**

| 步骤 | 操作 | 分值 | 完成否 |
|---|---|---|---|
| 1 | 去现场全开焦化分馏塔塔顶放空手动阀 XV-127 | 10 | |
| 2 | 去现场关闭气压机 K-201 出口手动阀 XV-204 | 10 | |
| 3 | 去现场关闭气压机 K-201 入口手动阀 XV-203 | 10 | |
| 4 | 去现场关闭焦化分馏塔塔顶去气压机手动阀 XV-128 | 10 | |
| 5 | 关闭吸收塔中段回流流量调节阀 FIC-201 | 10 | |
| 6 | 去现场关闭吸收塔中段回流泵 P-203 出口手动阀 XV-201 | 10 | |
| 7 | 停吸收塔中段回流泵 P-203 | 10 | |
| 8 | 去现场关闭吸收塔中段回流泵 P-203 入口手动阀 XV-202 | 10 | |
| 质量指标 | | | |
| 9 | 原料油罐液位 LIC-101 | 10 | |
| 10 | 加热炉出口温度 TIC-101 | 10 | |
| 11 | 焦化分馏塔塔顶回流集油箱液位 LIC-121 | 10 | |

| 步骤 | 操作 | 分值 | 完成否 |
|---|---|---|---|
| 12 | 焦化分馏塔液位 LIC-122 | 10 | |
| 13 | 焦化分馏塔塔顶分离罐液位 LIC-124 | 10 | |
| 14 | 柴油集油箱液位 LIC-125 | 10 | |
| 15 | 重蜡油集油箱液位 LIC-126 | 10 | |
| 16 | 焦化分馏塔塔顶温度 TIC-121 | 10 | |
| 17 | 焦化分馏塔塔底温度 TIC-123 | 10 | |

表 7-7　事故二——粗汽油中断操作规程

| 步骤 | 操作 | 分值 | 完成否 |
|---|---|---|---|
| 1 | 去现场关闭粗汽油泵 P-103 出口手动阀 XV-130 | 10 | |
| 2 | 启动粗汽油备泵 P-103(备) | 10 | |
| 3 | 去现场全开粗汽油泵 P-103 出口手动阀 XV-130 | 10 | |
| 4 | 调整焦化分馏塔塔顶分离罐液位调节阀 LIC-124 至 70% | 10 | |
| 5 | 当焦化分馏塔塔顶分离罐液位 LIC-124 在 50% 左右时,调整液位调节阀 LIC-124 开度至 50% | 10 | |
| 质量指标 | | | |
| 6 | 焦化分馏塔塔顶分离罐液位 LIC-124 | 10 | |
| 7 | 焦化分馏塔塔顶回流集油箱液位 LIC-121 | 10 | |
| 8 | 吸收塔塔底液位 LIC-202 | 10 | |
| 9 | 压缩机出口分离罐液位 LIC-201 | 10 | |
| 10 | 再吸收塔塔底液位 LIC-204 | 10 | |
| 11 | 再吸收塔塔顶压力 PIC-201 | 10 | |
| 12 | 解吸塔塔底液位 LIC-221 | 10 | |
| 13 | 稳定塔塔顶回流罐液位 LIC-222 | 10 | |
| 14 | 稳定塔塔底液位 LIC-223 | 10 | |
| 15 | 解吸塔塔底再沸温度 TIC-221 | 10 | |
| 16 | 稳定塔塔底再沸温度 TIC-223 | 10 | |
| 17 | 解吸塔塔顶压力 PIC-221 | 10 | |
| 18 | 稳定塔塔顶压力 PIC-222 | 10 | |

## 【知识拓展】

影响延迟焦化的主要因素有原料性质、循环比、操作温度、操作压力等。

### 1. 原料性质

焦化过程中的产品分布及其性质在很大程度上取决于原料的性质。一般而言,对于不同原油,随着原料油的密度增大,焦炭产率增大;对于来自同一种原油而拔出深度不同的减压渣油,随着减压渣油产率的下降,焦化产物中蜡油产率和焦炭产率增加,而轻质油产率则下降。不同原料油所得产品的性质各不相同。

### 2. 循环比

在生产过程中,反应物料实际上是新鲜原料与循环油的混合物。循环比定义为:

$$循环比＝循环油/新鲜原料油$$

$$联合循环比＝（新鲜原料油量＋循环油量）/新鲜原料油量＝1＋循环比$$

循环油并不单独存在，在分馏塔下部脱过热段，因反应油气温度降低，重组分油冷凝冷却后进入塔底，这部分油就称为循环油。它与原料油在塔底混合后一起送入加热炉的辐射管，而新鲜原料油则进入对流管中预热。因此，在生产实际中，循环油流量可由辐射管进料量与对流管进料流量之差来求得。对于较重的、易结焦的原料，由于单程裂化深度受到限制，就要采用较大的循环比，有时达1.0左右；对于一般原料，循环比为0.1～0.5。循环比增大，可使焦化汽油、柴油收率增加，焦化蜡油收率降低，焦炭和焦化气体收率增加。

降低循环比也是延迟焦化工艺发展的趋势之一，其目的是通过增产焦化蜡油来扩大催化裂化和加氢裂化的原料油量，再通过加大裂化装置处理量来提高成品汽油、柴油的产量。另外，在加热炉能力确定的情况下，低循环比还可以增加装置的处理能力。降低循环比的办法是减少分馏塔下部重瓦斯油回流量，提高蒸发段和塔底温度。

### 3. 操作温度

操作温度一般是指焦化加热炉出口温度或焦炭塔温度。它的变化直接影响炉管内和焦炭塔内的反应深度，从而影响焦化产物的产率和性质。提高焦炭塔温度将使气体和石脑油收率增加、瓦斯油收率降低、焦炭产率降低，并使焦炭中的挥发分含量下降。但是，焦炭塔温度过高，容易造成泡沫夹带并使焦炭硬度增大，造成除焦困难。温度过高还会使加热炉炉管和转油线的结焦倾向增大，影响操作周期。如果焦炭塔温度过低，则焦化反应不完全，将生成软焦或沥青。

我国的延迟焦化装置加热炉出口温度一般均控制在495～505℃范围之内。

### 4. 操作压力

操作压力是指焦炭塔塔顶压力，焦炭塔塔顶最低压力是为克服焦化分馏塔及后续系统压降所需的压力。操作温度和循环比固定之后，提高操作压力将使塔内焦炭中滞留的重质烃增多、气体产物在塔内的停留时间延长，增加了二次裂化反应的概率，从而使焦炭产率增加、气体产率略有增加、$C_5$以上液体产品产率下降，焦炭的挥发分含量也会略有增加。延迟焦化工艺的发展趋势之一是尽量降低操作压力，以提高液体产品的收率。一般焦炭塔的操作压力在0.1～0.28MPa之间，但在生产针状焦时，为了使富芳烃的油品进行深度反应，采用约0.7MPa的操作压力。

# 参 考 文 献

[1] 李萍萍，李勇. 石油加工生产技术. 北京：化学工业出版社，2014.

[2] 陈长生. 石油加工生产技术. 北京：高等教育出版社，2007.

[3] 徐春明，杨朝合. 石油炼制工程. 第4版. 北京：石油工业出版社，2009.

[4] 郑哲奎，温守东. 汽柴油生产技术. 北京：化学工业出版社，2012.

[5] 博赫科技开发有限公司常减压装置、催化裂化装置、催化重整、加氢裂化、延迟焦化装置仿真实训操作说明书，2017.

[6] 王雷. 炼油工艺学. 北京：中国石化出版社，2011.

[7] 沈本贤. 石油炼制工艺学. 北京：石油工业出版社，2009.

参 考 文 献